装配式建筑系列专题

大力推广装配式建筑必读
——制度·政策·国内外发展

住房和城乡建设部住宅产业化促进中心　编　著

文林峰　主　编

刘美霞　武　振　武洁青　等　副主编

中国建筑工业出版社

图书在版编目（CIP）数据

大力推广装配式建筑必读——制度·政策·国内外发展/
住房和城乡建设部住宅产业化促进中心编著. —北京：中
国建筑工业出版社，2016.5
（装配式建筑系列专题）
ISBN 978-7-112-19422-3

Ⅰ.①大… Ⅱ.①住… Ⅲ.①建筑工程 Ⅳ.①TU

中国版本图书馆CIP数据核字（2016）第097575号

责任编辑：封　毅　周方圆
书籍设计：锋尚设计
责任校对：李欣慰　刘梦然

装配式建筑系列专题
大力推广装配式建筑必读——制度·政策·国内外发展
住房和城乡建设部住宅产业化促进中心　编著

*

中国建筑工业出版社出版、发行（北京西郊百万庄）
各地新华书店、建筑书店经销
北京锋尚制版有限公司制版
北京建筑工业印刷厂印刷

*

开本：787×1092毫米　1/16　印张：22¼　字数：457千字
2016年5月第一版　　2019年1月第五次印刷
定价：**58.00**元
ISBN 978-7-112-19422-3
（28696）

本书编委会

编　　著：住房和城乡建设部住宅产业化促进中心

主　　编：文林峰

副 主 编：刘美霞　武　振　武洁青　刘洪娥　王洁凝　王广明　杜阳阳

编委会成员：

杨家骥	岑　岩	叶浩文	居理宏	王全良	孙大海	张　沂	刘东卫	伍止超
樊则森	肖　明	宗德林	楚先锋	谷明旺	卢　求	虞向科	高　阳	邓文敏
吕胜利	张　龙	李晓明	樊　骅	蒋勤俭	杨思忠	唐　芬	张淑凡	韩彦军
白晓军	张　波							

主要参加人员：（按姓氏字母排序）

蔡志成	曹新颖	陈　彤	段冠宇	范宏滨	付灿华	付学勇	甘生宇	顾洪才
郭　戈	郭　宁	郭剑永	胡　海	胡育科	江国胜	矫贵峰	康　庄	李丽红
李世男	李斯文	李迎迎	李正茂	李忠富	林国海	林树枝	龙玉峰	陆海天
马　涛	毛林海	那鲲鹏	齐祥然	钱嘉宏	全　威	尚　进	宋　兵	田春雨
田宏有	王　蕴	王俊达	王世星	王双军	魏　勇	徐盛发	杨健康	叶　明
余小溪	余亚超	喻　弟	喻逦秋	曾　强	张　迪	张　岩	张鸿斌	张明祥
张书航	张文龄	赵　静	赵　钿	赵丰东	赵中宇	周　冲	周炳高	朱爱萍
朱连吉	朱晓锋							

发展装配式建筑正当时

随着我国经济社会发展的转型升级，特别是城镇化战略的加速推进，建筑业在改善人民居住环境、提升生活质量中的地位凸显。但遗憾的是，目前我国传统"粗放"的建造模式仍较普遍，一方面，生态环境严重破坏，资源能源低效利用；另一方面，建筑安全事故高发，建筑质量亦难以保障。因此，传统的工程建设模式亟待转型。

当前，全国各级建设主管部门和相关建设企业正在全面认真贯彻落实中央城镇化工作会议与中央城市工作会议的各项部署。大力发展装配式建筑是绿色、循环与低碳发展的必然要求，是提高绿色建筑和节能建筑建造水平的重要手段，不但体现了"创新、协调、绿色、开放、共享"的发展理念，更是大力推进建设领域"供给侧结构性改革"、培育新兴产业、实现我国新型城镇化建设模式转变的重要途径。国内外的实践表明，装配式建筑优点显著，代表了当代先进建造技术的发展趋势，有利于提高生产效率、改善施工安全和工程质量，有利于提高建筑综合品质和性能，有利于减少用工、缩短工期、减少资源能源消耗、降低建筑垃圾和扬尘等。当前我国大力发展装配式建筑正当其时。

但是，各地在推进装配式建筑过程中，普遍反映对装配式建筑行业发展现状和趋势的把握还不够准确，对相关专业技术路径、体系和标准的理解还比较生疏。面对新生事物和新的挑战，我们需要积极借鉴别人的理论研究与实践成果，需要不断加强探索与学习，也需要及时归纳和总结自己的探索与实践。近年来，住房和城乡建设部住宅产业化促进中心坚持跟踪关注国内外装配式建筑领域的最新进展，坚持突出问题导向，坚持有针对性地组织国内权威专家开展相关专题研究，至今已累计开展了31个专题系列研究，本书就是汇总了相关专题的初步研究成果，其内容涉及面广，涵盖国内外装配式建筑领域的最新理论与实践，从政策制度、体制机制、技术体系、标准规范，再到钢结构、木结构、全装修等专项研究。本书旨在为加快推进我国装配式建筑的规模化发展提供有益的参考和借鉴，更好地指导各地建设主管部门推动装配式建筑发展，创新政策机制和监管模式；帮助装配式建筑全产业链企业，包括科研、咨询、设计、生产、施工、装修等单位，尽快了解并掌握装配式建筑技术规范，提高装配式建筑的组织效率、生产质量和产品性能，加快提升装配式建筑的产业化与规模化发展。

　　本书尽管收集了大量资料，并汲取了多方面研究的精华，但由于时间仓促和能力所限，书中内容难免存在疏漏之处，特别是对有些专业方面情况的研究还不够全面深入，对有些统计数据和资料掌握也不够及时完整，恐难以准确客观反映国内外装配式建筑发展的全貌，这需要在今后工作中继续补充完善，也欢迎大家提出宝贵意见和建议。最后，向参与本书撰写及对书中内容作出贡献的各级领导、专家以及企业家们表示诚挚的感谢！

本书编委会
2016年5月

目 录
Contents

专题1　装配式建筑发展历程与现状 ……………………………………… 01

　主要观点摘要 ………………………………………………………… 01

　1　发展沿革 ………………………………………………………… 04

　2　引进与借鉴 ……………………………………………………… 13

　3　装配式建筑发展现状 …………………………………………… 15

　4　主要问题 ………………………………………………………… 19

专题2　装配式建筑经济政策评估与建议 ………………………………… 22

　主要观点摘要 ………………………………………………………… 22

　1　出台支持政策的必要性 ………………………………………… 25

　2　土地方面政策 …………………………………………………… 26

　3　规划方面政策 …………………………………………………… 28

　4　财政方面政策 …………………………………………………… 31

　5　税收方面政策 …………………………………………………… 34

　6　金融方面政策 …………………………………………………… 35

　7　建设环节的支持政策 …………………………………………… 36

专题3　装配式建筑监管机制 ……………………………………………… 42

　主要观点摘要 ………………………………………………………… 42

　1　监管现状分析 …………………………………………………… 45

　2　地方主要做法 …………………………………………………… 47

　3　存在问题与瓶颈 ………………………………………………… 52

　4　发展思路与建议 ………………………………………………… 53

5 构建信息化监管体系 ································· 56

专题4　装配式建筑发展目标 ················· 60

主要观点摘要 ······································· 60

1 各地出台政策文件中的目标项目分析 ········· 62

2 省级目标与市级目标侧重点分析 ············· 62

3 我国装配式建筑发展目标 ··················· 64

附表：部分省市出台的相关目标 ··············· 66

专题5　农村装配式建筑发展状况 ··········· 99

主要观点摘要 ······································· 99

1 农房建设总体情况及存在问题 ··············· 102

2 推进农村装配式建筑的重要意义 ············· 105

3 推进农村装配式建筑发展的建议 ············· 110

附件：国外农村装配式建筑经验做法 ··········· 119

专题6　住宅全装修发展状况 ··············· 123

主要观点摘要 ······································· 123

1 国内外发展情况 ··························· 126

2 发展现状 ······························· 128

3 存在问题 ······························· 132

4 政策建议 ······························· 135

附表：国家、行业及地方有关住宅全装修的标准规范 ··· 138

附件：江苏省成品住房发展现状及建议 ········· 140

专题7　钢结构建筑发展状况 ··············· 147

主要观点摘要 ······································· 147

1 国内外发展情况 ··························· 150

2 钢结构住宅的关键环节 …………………………………… 157

3 钢结构建筑主要问题 …………………………………… 165

4 政策建议 …………………………………………………… 168

专题8　木结构建筑发展状况 ……………………………… 173

主要观点摘要 ……………………………………………… 173

1 发展历程 ………………………………………………… 176

2 发展成就 ………………………………………………… 177

3 政策环境 ………………………………………………… 178

4 标准规范 ………………………………………………… 179

5 行业企业 ………………………………………………… 183

6 问题分析 ………………………………………………… 184

7 发展建议 ………………………………………………… 187

专题9　日本装配式建筑发展状况 ……………………… 192

主要观点摘要 ……………………………………………… 192

1 发展历程 ………………………………………………… 194

2 政策特点 ………………………………………………… 197

3 标准和规范 ……………………………………………… 199

4 主体结构工业化体系分类 …………………………… 202

5 构件（PC）加工 ……………………………………… 209

6 现场施工 ………………………………………………… 211

7 SI体系和内装工业化 ………………………………… 213

专题10　美国装配式建筑发展状况 ……………………… 217

主要观点摘要 ……………………………………………… 217

1 发展历程 ………………………………………………… 219

2 相关标准 ………………………………………………… 220

3 实现方式 ………………………………………………… 221

4 主要特点 ……………………………………………………… 223

5 未来发展及挑战 ……………………………………………… 226

专题11　德国装配式建筑发展状况 …………………………… 229

主要观点摘要 …………………………………………………… 229

1 发展历程 ……………………………………………………… 231

2 发展现状 ……………………………………………………… 232

3 标准规范 ……………………………………………………… 236

4 技术体系 ……………………………………………………… 238

5 经验借鉴与启示 ……………………………………………… 248

专题12　英国装配式建筑发展状况 …………………………… 250

主要观点摘要 …………………………………………………… 250

1 发展历程 ……………………………………………………… 252

2 主要技术体系 ………………………………………………… 254

3 住房市场的影响 ……………………………………………… 256

4 挑战分析 ……………………………………………………… 257

5 参与方调查分析 ……………………………………………… 258

6 政策经验借鉴 ………………………………………………… 259

专题13　西班牙装配式建筑发展状况 ………………………… 261

主要观点摘要 …………………………………………………… 261

1 欧洲装配式建筑发展历程 …………………………………… 263

2 装配式建筑和全产业链发展概况 …………………………… 263

3 企业情况 ……………………………………………………… 264

4 经验借鉴与启示 ……………………………………………… 268

专题14　新加坡装配式建筑发展状况 …………………………… 270

主要观点摘要………………………………………………… 270
1　发展历程…………………………………………………… 272
2　政策措施及其发展规划…………………………………… 272
3　相关规范标准……………………………………………… 278
4　发展方向…………………………………………………… 280
5　经验借鉴与启示…………………………………………… 281

专题15　我国香港地区装配式建筑发展状况 ………………… 283

主要观点摘要………………………………………………… 283
1　发展状况…………………………………………………… 284
2　施工情况…………………………………………………… 288
3　经验借鉴与启示…………………………………………… 289
4　部分项目情况……………………………………………… 290

专题16　我国台湾地区装配式建筑发展状况 ………………… 294

主要观点摘要………………………………………………… 294
1　发展历程…………………………………………………… 296
2　行业现状…………………………………………………… 297
3　发展方向…………………………………………………… 298
4　经验借鉴与启示…………………………………………… 299

专题17　日本木结构建筑技术 …………………………………… 300

1　发展概况…………………………………………………… 300
2　工业化制法………………………………………………… 300

专题18 芬兰木结构建筑技术 ·········· 302

1 发展概况·········· 302

2 主要结构形式·········· 302

3 标准化与工业化生产体系·········· 304

附件：部分国家和地区发展装配式建筑的制度、机制和运行模式汇总·········· 305

附表：部分国家相关统计资料·········· 309

专题19 领导讲话及主要文件汇编 ·········· 316

第一部分 主要政策文件摘要·········· 316

第二部分 重要会议及领导讲话·········· 321

第三部分 重要文件汇编·········· 326

装配式建筑发展历程与现状

主要观点摘要

一、装配式建筑发展简要历程

（1）20世纪五六十年代，我国主要是从苏联等国家学习引入工业化建造方式。1956年，国务院发布了《关于加强和发展建筑工业的决定》，首次明确建筑工业化的发展方向，全国各地预制构件厂雨后春笋般出现，部分地区建造了一批装配式建筑项目。但到了六七十年代，受各种因素影响，装配式建筑发展缓慢，基本处于停滞状态。

（2）改革开放以后，在总结前20年发展的基础上，又呈现了新一轮发展装配式建筑的热潮，共编制了924册建筑通用标准图集（截至1983年），很多城市建设了一大批大板建筑、砌块建筑。但由于当时的装配式建筑防水、冷桥、隔声等关键技术问题未得到很好解决，出现了一些质量问题。同时，现浇施工技术水平快速提升、农民工廉价劳动力大量进入建筑行业，使得现浇施工方式成本下降、效率提升，使得一度红火的装配式建筑发展逐渐放缓。

（3）1999年以后，发布《关于推进住宅产业现代化提高住宅质量的若干意见》（国务院办公厅72号文件），明确了住宅产业现代化的发展目标、任务、措施等。原建设部专门成立部住宅产业化促进中心，配合指导全国住宅产业化工作，装配式建筑发展进入一个新的阶段。但总体来说，在21世纪的前十年，发展相对缓慢。

（4）从"十二五"开始，特别是最近两三年来，在各级领导的高度重视下，装配式建筑呈现快速发展局面。突出表现为以产业化试点城市为代表的地方，纷纷出台了一系列的技术与经济政策，制定了明确的发展规划和目标，涌现了大量龙头企业，建设了一批装配式建筑试点示范项目。

二、装配式建筑发展现状概括

（1）到2015年底，全国大部分省市明确了推进装配式建筑发展的职能机构，在国家住宅产业化综合试点示范城市带动下，有30多个省级或市级政府出台了相关的指导意见，在土地、财税、金融、规划等方面进行了卓有成效的政策探索和创新。

（2）各类技术体系逐步完善，相关标准规范陆续出台，初步建立了装配式建筑结构体系、部品体系和技术保障体系，为装配式建筑进一步发展提供了一定的技术支撑。

（3）供给能力不断增强，各地涌现了一批以国家住宅产业化基地为代表的龙头企业，并带动整个建筑行业积极探索和转型发展。装配式建筑设计、部品和构配件生产运输、施工以及配套等能力不断提升。截至2014年底，据不完全统计，全国PC构件生产线超过200条，产能超过2000万 m^3，如按预制率50%和20%分别测算，可供应装配式建筑面积8000万 m^2 到20000万 m^2。

（4）以试点示范城市和项目为引导，部分地区呈现规模化发展态势。截至2013年底，全国装配式建筑累计开工1200万 m^2，2014年，当年开工约1800万 m^2，2015年，当年开工近4000万 m^2。据不完全统计，截至2015年底，全国累计建设装配式建筑面积约8000万 m^2，再加上钢结构、木结构建筑，大约占新开工建筑面积的5%。[①]

三、装配式建筑发展存在的问题

（1）顶层制度设计相对滞后。目前从国家层面来说，指导装配式建筑发展工作的文件还只有1999年颁布的72号文件，现阶段缺乏明确的发展目标、重点任务、政策措施和清晰的整体推进方案，各地对完善顶层设计的呼声非常强烈。

（2）标准规范有待健全。虽然国家和地方出台了一系列装配式建筑相关的标准规范，但缺乏与装配式建筑相匹配的独立的标准规范体系。部品及构配件的工业化设计标准和产品标准需要完善。由于缺乏对模数化的强制要求，导致标准化、系列化、通用化程度不高，工业化建造的综合优势不能充分显现。

（3）技术体系有待完善。各地在探索装配式建筑的技术体系和实践应用时，出现了多种多样的技术体系，但大部分还是在试点探索阶段，成熟的、易规模推广的还相对较少。当前，迫切需要总结梳理成熟可靠的技术体系，作为全国各地试点项目选择的参考依据。

（4）监管机制不匹配。当前的建设行业管理机制已不适应或滞后于装配式建筑发展的需要。有些监管办法甚至阻碍了工程建设进度和效率提升；而有些工程项目的关键环节甚至又出现监管真空，容易出现新的质量安全隐患，必须加快探索新型的建设管理部门监管制度。

（5）程序脱节严重。装配式建筑适合采用设计生产施工装修一体化，但目前生产建设

---

① 因没有明确的评价标准和统计信息系统，以各地上报数据进行汇总作为主要数据来源。

等各过程、各环节是以条块分割为主，没有形成上下贯穿的产业链，造成设计与生产施工脱节、部品构件生产与建造脱节、工程建造与运维管理使用脱节，导致工程质量性能难以保障、责任难以追究。

（6）行业发展能力不足。目前，不论是设计、施工还是生产、安装等各环节都存在人才不足的问题，这是制约行业发展的最大瓶颈。

（7）与装配式建造相匹配的配套能力不足。包括预制构件生产设备、运输设备、关键构配件产品、适宜的机械工具等，这些能力不配套，已严重影响了装配式建设整体水平的提升。

（8）对国外研究不透彻。包括对国外的制度、机制、标准规范、技术体系以及推广模式和统计数据等，缺乏系统性的研究和借鉴。

纵观我国装配式建筑的发展历程，可以看到在学习苏联的过程中，曾一度"轰轰烈烈"，却又因多种原因"戛然而止"，停滞不前；可以看到装配式建筑应用由多层砖混向高层住宅不断探索；可以看到建筑工业化发展理论由"三化"、"四化、三改、两加强"逐步发展至新"四化"、"五化"、"六化"，对装配式建筑的认识不断深入；更可以看到不同时期，全国各典型城市的建筑工业化的发展特点。我们有过辉煌的成绩，但同样存在沉痛的教训，通过认真总结、精心梳理这段历史，可以为"十三五"时期描绘我国装配式建筑发展新蓝图提供强有力的支撑。

本专题以时间轴为线索，通过对不同时期技术发展路线和特点、典型城市发展情况等内容的梳理，总结宝贵经验，找到制约我国装配式建筑发展的深层次原因，为"十三五"装配式建筑发展制定提供建议。

1 发展沿革

以我国13个五年计划为阶段划分，我国建筑工业化的总体发展特点见表1-1。

新中国13个五年计划建筑工业化发展特点汇总表[①]　　表1-1

	五年计划	年份区间	主要特点	备注
建筑工业化初期	第一个	1953~1957	学习苏联，多层砖混	1956年提出"三化"
	第二个	1958~1965	重视人民需求，开展调查；工业化起动到停滞	
	第三个	1966~1970	停滞，标准降低	
	第四个	1971~1975	高层；工业化；框架轻板等不同体系	
建筑工业化起伏期（20年）	第五个	1976~1980	震后停滞；标准化；工业化；多样化	1978年"四化、三改、两加强"
	第六个	1981~1985	改善功能；标准化；工业化；多样化	新型建材（部品化）诞生
	第七个	1986~1990	高层；研发；工业化；多样化	
	第八个	1991~1995	提高标准；多样化（市场化）；预制装配式建筑再次停滞；预制工厂关闭	1991年《装配式大板居住建筑设计和施工规程》JGJ1-91发布；1995年建设部印发《建筑工业化发展纲要》

① 参考黄汇，《浅议"住宅设计及住宅产业现代化"》，中国建筑学会建筑师分会人居委员会及北京市规划学会住宅与居住委员会2012年学术研讨会论文集。

续表

	五年计划	年份区间	主要特点	备注
建筑工业化的提升期（20年）	第九个	1996～2000	提高标准，奔小康；多样化（市场化）。国家启动康居示范工程	1996年首提"迈向住宅产业化新时代"；72号文件出台；原建设部住宅产业化促进中心成立；《住宅产业现代化试点工作大纲》出台
	第十个	2001～2005	研究产业化技术，推广试点项目；产品、部品发展	学习日本，吸收引进国外技术；建立住宅性能认定制度，2005年出台《住宅性能评定技术标准》
	第十一个	2006～2010	企业研发、试点项目启动；各类试点项目	
	第十二个	2011～2015	装配式建筑快速发展；各地出台政策和标准规范；企业积极高涨	
建筑工业化的大发展期	第十三个	2016年至今	新突破："发展新型建造方式。大力推广装配式建筑，加大政策支持力度，力争用10年左右时间，使装配式建筑占新建建筑的比例达到30%。积极稳妥推广钢结构建筑。在具备条件的地方，倡导发展现代木结构建筑。"	中共中央国务院《关于进一步加强城市规划建设管理工作的若干意见》（中发〔2016〕6号）

1.1 发展初期

发展初期大体上从1950～1976年，即"一五"到"四五"期间。这一时期全面学习苏联，应用领域从工业建筑和公共建筑，逐步发展到居住建筑。

1.1.1 发展初期主要特点

（1）主要技术来源是苏联，和当时的国际平均水平的差距不大。在建工部苏联专家组的影响下，建工部起草了《关于加强和发展建筑工业的决定》，并以国务院的名义发布，在新中国的历史上首次提出了"三化"（设计标准化、构件生产工厂化、施工机械化），明确了建筑工业化的发展方向。

（2）大规模基本建设中彰显了预制技术的优越性，尤其是早期在工业建筑和公共建筑领域的应用效果明显，对节约三大材料（当时对钢筋、木材和水泥的统称）起到了积极的推进作用。

（3）科学研究跟不上项目建设的速度。许多技术没经过科学的验证和分析，多种专用材料（如绝热材料、密封材料、防水材料等）的性能尚不过关，造成外墙渗漏、墙体冬季因冷桥而室内结露，使得这个时期建造的装配式建筑物质量低劣，饱受诟病，后因使用质量不佳很多被拆除。

1.1.2 发展初期的简要历程[①]

20世纪50年代，我国完成了第一个五年计划，建立了工业化的初步基础，开始了大规模的基本建设，建筑工业快速发展。在全面学习苏联的背景下，我国的设计标准，包括建筑设计、钢结构、木结构和钢筋混凝土结构设计规范全部译自俄文，直接引用。国家级的设计院都聘有苏联专家，设计水平和国际接轨，标准化和模数化很快被应用。1956年，国务院发布了《关于加强和发展建筑工业的决定》，指出："为了从根本上改善我国的建筑工业，必须积极地、有步骤地实行工厂化、机械化施工，逐步完成对建筑工业的技术改造，逐步完成向建筑工业化的过渡。"建筑工业化的方针，基本特征是设计标准化、构件生产工厂化、施工机械化（当时称之为"三化"）。标准构件在混凝土构件工厂内预制，到现场用机械安装，工业化的发展推动了机械化与装配化的发展。

工业建筑方面，苏联帮助建设的153个大项目大都采用了预制装配式混凝土技术。各大型工地上，柱、梁、屋架和屋面板都在工地附近的场地预制，在现场用履带式起重机安装。当时工业建筑的工业化程度已达到很高的水平，但墙体仍为小型黏土红砖手工砌筑。

居住建筑方面，城镇建设促进了预制装配式技术的应用。各种构件中标准化程度最高的当属空心楼板。初期使用简单的木模，在空地上翻转预制，待混凝土达到一定强度后再把组装成的圆芯抽出。当时的预制厂的投资很低，技术落后，手工操作繁多，效率和质量低下。百十来千克的混凝土成品用人力就可以抬起就位，无须吊装设备。后来多个大城市开始建设正规的构件厂，典型的如北京第一和第二构件厂（后来发展成为榆构公司），用机组流水法以钢模在振动台上成型，经过蒸汽养护送往堆场，成为预制生产的示范。此时全国混凝土预制技术突飞猛进发展，全国各地数以万计的大小预制构件厂雨后春笋般出现，成为住宅装配化发展的物质基础。东欧的预制技术也传至我国，北京市引进了东德的预应力空心楼板制造机（康拜因联合机），在长线台座上一台制造机完成混凝土浇筑和振捣、空心成型和抽芯等多个工序。这实际上是后来美国SP大板的雏形。20世纪70年代由东北工业建筑设计院（现中国建筑东北设计研究院有限公司）设计了挤压成型机（也称行模成型机）在沈阳试制成功，开创了国内预应力钢筋混凝土多孔板生产新工艺，后在柳州等地推广应用。

除柱、梁、屋架、屋面板、空心楼板等构件大量被应用外，墙体的工业化发展同样是这一时期的重要特点，主要代表是北京的振动砖墙板、粉煤灰矿渣混凝土内外墙板、大板

---

① 节选自陈振基《中国工业化建筑的沿革与未来》。

和红砖结合的内板外砖体系；上海的硅酸盐密实中型砌块和哈尔滨的泡沫混凝土轻质墙板。这些技术体系从墙材革新角度入手，推动了当时的装配式建筑。

1.1.3 发展初期的典型城市发展情况

（1）北京。1958年11月北京建成我国首栋2层装配式大板实验楼；1959年在木樨园建成我国第一栋拉古钦科钢筋混凝土大板实验楼；1960~1966年北京一方面改进混凝土壁板生产工艺，研制成功组立模设备，在东高地地区进行两栋5层装配式住宅试点；另一方面，对振动砖壁板进行了6栋住宅建筑试点，并在水碓、龙潭、左家庄、三里屯、新中街5个住宅小区应用，累计建成4~5层住宅92栋，共27.9万m²。粉煤灰大板从1965年开始试验，在材性和工艺未完全过关的情况下在东四块玉、金鱼池等地大面积推广低造价大板住宅，质量水平不是很高。1964~1974年，采用粉煤灰矿渣混凝土内外墙板建造住宅82栋，均为4~5层，共计16万m²。

（2）上海。早在20世纪50年代末、60年代初上海就开始研制粉煤灰硅酸盐密实砌块。当时由上海市建委统一协调，在上海市建工局的直接领导下，把上海科研、生产、设计、施工等单位紧紧地捆在一起，密切合作，各负其责，围绕一个目标，在很短的时间内完成了密实砌块研制、试产、试用、总结、鉴定和制订产品、生产、应用各项标准及规程等重大任务。砌块以上海电厂排出的工业废渣——粉煤灰和炉渣为主要原料，掺入适量的石灰石膏，经过搅拌后浇注成型，饱和蒸汽养护后成为砌块，可以代替当地稀缺的黏土砖砌成墙体。这种砌块高380mm，重量在100kg以内，可以用轻便的起重设备（当时叫"少先吊"，以示小巧之意）安装。1963年9月30日由国家建筑工程部组织在上海通过国家鉴定。从此该产品走上规模化生产轨道。首家生产厂是上海硅酸盐制品厂，年产18万m³。1974年开设了上海住宅建筑砌块厂，使得上海密实砌块年产量达到了28万m³，成为上海市多层住宅建筑的主要墙体材料。为下一阶段大规模建设奠定了坚实的基础。

（3）哈尔滨。哈尔滨低温建筑研究所是我国最早从事建筑材料研究的专业机构之一，黄兰谷等人在学习苏联技术的基础上开展了泡沫剂和泡沫混凝土的研究，发现这种轻质墙体比红砖有更好的热工性能，可以大大降低墙体重量。1959年苏联拉古钦科薄壁深梁式大板结构思想传入我国，其要点是把分室隔墙视作薄壁深梁的受弯构件，一改过去受纵向压力的设计思想。哈尔滨工大结构教研室朱聘儒大胆应用这种构思，建筑材料教研室的黄士元、陈振基、徐希昌等人配合试验轻质隔热材料，成功试制了复合预制外墙板，并建成了一栋盒子试点建筑。

这个时期是我国历史上装配式建筑的起步萌芽期，新中国成立初期派出的留学生毕业后陆续回国，混凝土专业分配到中国建研院混凝土所的有龚洛书、吴兴祖、韩素芳，分配到同济大学的有庞强特，分配到重建工的有蒲心诚。他们后来都成为了我国混凝土学术界的带头人。这一阶段，哈工大、同济、清华、重建工和西冶等建筑高校也都先后成立了混凝土预制专业，为行业发展培养了一批技术人才。

1.2　发展起伏期

发展起伏期大体上从1976年到1995年，即"五五"到"八五"，这个时期经历了装配式建筑的停滞、发展、再停滞的起伏波动。

1.2.1　发展起伏期的主要特点

（1）1978年，我国改革开放以后，在总结前20年建筑工业化发展的基础上进一步提出"四化、三改、两加强"。整个20世纪80年代至90年代初，我国建筑工业化加速发展，标准化体系快速建立，北方地区形成通用的全装配化住宅体系，北京、上海、天津、沈阳等多地采用装配式建筑技术建设了较大规模的居住小区。1991年建设部颁布行业标准《装配式大板居住建筑设计和施工规程》JGJ 1-91。

（2）20世纪80年代初期，现浇体系进入中国，预拌混凝土应运而生，结构的抗侧力能力进一步提升，建筑向高层发展。

（3）20世纪80年代末期至90年代初期，防水、冷桥、隔声等一系列技术质量问题逐渐暴露，同时改革开放带来的商品住宅个性化要求不断提高，装配式建筑的发展再次骤然止步。

1.2.2　发展起伏期的发展历程

（1）1976～1978年。经过建筑工业化初期的发展，20世纪70年代中国城市主要是多层的无筋砖混结构住宅，以小型黏土砖砌成的墙体承重，而楼板则多采用预制空心楼板。水平构件基本没有任何拉结，简单地用砂浆铺坐在砌体墙上，墙上的支承面不充分，砌体墙无配筋，水平楼板无拉结，出现了一系列问题。之后，北京、天津一带已有的砖混结构统统用现浇圈梁和竖向构造柱形成的框架加固。全国划分了抗震烈度区，颁布了新的建筑抗震设计规范，修订了建筑施工规范，规定高烈度抗震地区废除预制板，采用现浇楼板；低烈度地区在预制板周围加现浇圈梁，板的缝隙灌实，添加拉筋。很多民用建筑的预制厂改为生产预制梁柱、铁路轨枕、涵洞管片、预制桩等工业制品。

（2）1978年～20世纪80年代初。改革开放以后，在总结前20年建筑工业化发展的基础上，住宅建设政策研究的先行者林志群、许溶烈先生共同提出"四化、三改、两加强"，即房屋建造体系化、制品生产工厂化、施工操作机械化、组织管理科学化，改革建筑结构、改革地基基础、改革建筑设备，加强建筑材料生产、加强建筑机具生产。和老"三化"相比，更加注重体系和科学管理，但重点还是集中在结构、建材、设备上。随后我国建筑工业化出现了一轮高峰，各地纷纷组建产业链条企业，标准化设计体系快速建立，一大批大板建筑、砌块建筑纷纷落地。但随着大规模上马，市场需求快速增长，工业化构件生产无法满足建设需要，出现构件质量下滑，另外配套技术研发没有跟上，防水、冷桥、隔声等影响住宅性能的关键技术均出现问题，加之住房商品化带来了多样化需求的极大提升，使得一度红火的建筑工业化又逐渐陷于停滞。另外，随着墙体改革的深入，新型建材开始诞生。1978年国家建材部中国新型建筑材料总公司、北京新型建筑材料厂（大板厂）相继成立，在制作大型墙板的同时开始引入石膏板、岩棉等新型建材。

（3）20世纪80年代初～1995年。国外现浇混凝土被介绍到我国，建筑工业化的另一路径（即现浇混凝土的机械化）出现，并分别孕育了内浇外砌、内浇外挂、大模板全现浇等不同体系。砖石砌体被抛弃后，用大模板现浇配筋混凝土的内墙应运而生，现浇楼板的框架结构、内浇外砌和外浇内砌等各种体系纷纷出现。从80年代开始，这类体系应用极为广泛，因为它解决了高层建筑用框架结构时梁柱和填充墙的抗震设计复杂的问题，而现浇的配筋内横墙、纵墙和承重墙或现浇的筒体结构则形成了刚度很大的抗剪体系，可以抵抗较大的水平荷载，因此提高了结构的最大允许高度。外墙则采用预制的外挂墙板。这种建筑结构体系将施工现场泵送混凝土的机械化施工和外挂预制构件的装配化高效结合，发挥了各自的优势，因而得到了很快的发展。

在某些情况下，无法解决外墙板的预制、运输或吊装，可以采用传统的砌体外墙，这就是内浇外砌体系。20世纪90年代初至2000年前后，由于城市建设改造的需要，北京大量兴建的高层住宅基本上是内浇外挂体系，而起初的内浇外挂住宅体系是房屋的内墙（剪力墙）采用现浇混凝土，而楼板则用工厂预制整间大楼板（或预制现浇叠合楼板），外墙是工厂预制混凝土外墙板。开始是单一的轻骨料混凝土，后来为提高保温效果，逐渐改为中间层用高效保温材料，采用平模反打工艺，墙板外饰面有装饰的条纹，这种内浇外挂墙板承受20%～30%的地震水平荷载。

1.2.3　发展起伏期的典型城市发展情况

（1）北京[①]。这一阶段北京的装配式大板住宅建筑有了较大发展。一是逐渐摸索出一整套标准化设计套路，形成北京及北方地区通用全装配化住宅体系。20世纪80年代，北京市政府调兵遣将，成立了北京市住宅建设总公司，承担策划、设计、科研、构件制造、运输、安装、施工、装修、运营直至搬家入住的全部工作，建立了完整的产业链，其所属的第三构件厂一度在产能和技术方面是亚洲最先进的企业，住宅由5～6层向10～12层甚至15～18层发展，在团结湖、牛王庙、天坛等处大面积推广。年竣工面积由1975年的2.8万m²逐年增长到1984年的52.4万m²。据不完全统计，这一时期北京市建成的装配式住宅总计约1000万m²。

---

① 参考黄汇，《浅议"住宅设计及住宅产业现代化"》，2012年，中国建筑学会建筑师分会人居委员会及北京市规划学会住宅与居住委员会学术研讨会论文集。

1987年，全国已形成每年50万m²（约3万套住宅）大板构件的产能。其中南宁大板建筑曾占全市住宅总建造量的56%，北京、兰州分别达到30%和15%，湖南共施工大板住宅70万m²。

图1-1　亚洲最大的装配式住宅工厂——北京市住宅壁板厂

（2）上海[①]。在上一阶段产能、质量日益提升的基础上，这一时期上海的中型砌块住宅发展进入鼎盛时期，但随后又陷于停滞。密实砌块建房速度快、工效高、劳动强度低，深受施工单位的欢迎。从1975年开始产量年年上升，三条生产线同时开足。煤渣供不上，用陶粒代之，甚至想用石子代替，来满足生产的需求。特别是1984年以后，上海住宅建筑迅速发展，每年住宅建筑竣工面积从20世纪70年代200万m²提高到近450万m²。上海墙体材料原先就比较紧张，建筑面积迅速提升后密实砌块更成为抢手货，供不应求，有时购货单位甚至将运输卡车直放到生产车间门口，客户自己动手，将热气腾腾的砌块搬上卡车，运至工地，立即上墙，"现烧现吃"，产品红极一时。到1985年、1986年年产量达23万m³左右，超过设计产量25%以上。1984～1987年是密实砌块的鼎盛期，同时也存在盲目追求产量、拼设备的现象，放松了质量管理（当时砌块厚度误差最大达3cm以上），热砌块直接上墙，隐患随处可见。密实砌块本身存在的缺点加上质量管理不严、产品质量大幅度下降，施工单位对密实砌块质量意见很大。在应用方面，1983年上海市建科所对上海800多万m²的砌块多层住宅建筑墙面裂缝作了全面调查，发现60%建筑有垂直裂缝，虽然不影响正常使用，但群众反响强烈。1989年国家技术监督局到上海检查工程质量，住宅建筑中密实砌块住宅有60%墙面粉刷起壳，被判不合格。使密实砌块声誉受到了又一次沉重打击，施工单位为了"评优创优"对密实砌块已是"远而敬之"。1987年3月上海市建委印发了《上海市关于〈地震基本烈度六度地区重要城市抗震设防和加固的暂行规定〉的实施办法》，根据中型密实砌块规程规定，七度设防地区24cm厚砌块可建造的最大高度为16m，最多层数为五层，而上海多层住宅绝大多数是六层，高度在16.8m，这就限制了中型密实砌块在上海地区的应用。加之外省入沪的施工队伍日益增多，承揽了上海30%～50%的住宅建筑施工任务。此队伍对实心黏土砖建筑十分熟悉，对砌块建筑一窍不通，使得砌块应用量急骤下降。尽管上海市政府采取了一系列紧急措施，试图改变密实砌块应用下滑局面，但

① 参考金斧.上海粉煤灰硅酸盐密实砌块的兴衰，《粉煤灰》，1995年第5期。

收效甚微。自1987年后，密实砌块年产量就直线下跌，产品大量积压，企业严重亏损，到1994年4月被迫停产。1994年7月，上海住宅砌块厂也停产了，上海密实砌块从此消亡。

1.2.4　现浇混凝土体系的引入

伴随着现浇混凝土体系的引入，大量农民工进城，现浇建造方式成本优势显现，装配式建造方式淡出。

1.3　发展提升期（1996～2015年，即"九五"到"十二五"）

1.3.1　发展提升期的主要特点

（1）1999年以后，发布《关于推进住宅产业现代化提高住宅质量的若干意见》（国务院办公厅72号文件），明确了住宅产业现代化的发展目标、任务、措施等。原建设部专门成立部住宅产业化促进中心，配合我部指导全国住宅产业化工作，装配式建筑发展进入一个新的阶段。

（2）全面实施国家康居示范工程，建立商品住宅性能认定制度，研究建立住宅部品体系框架，初步建立部品认证制度。

（3）住房的商品化、多样化，驱使"毛坯房"成为主要的住房交付方式。

（4）现浇体系得以大规模发展，几乎全面占领高层住宅市场。但传统人工支模、商品混凝土质量等问题导致混凝土质量通病普遍存在。

（5）"十一五"时期，以万科为代表的一批开发企业开始全面提升大板体系，2008年万科两栋装配式剪力墙体系住宅诞生，预制装配整体式结构体系开始发展。"十二五"期间，相关国标、行业标准、地方标准纷纷出台，各地构件厂纷纷酝酿重新上马，大量新生产线再建。

（6）"十一五"期末到"十二五"期间，我国保障性安居工程进入3600万套大规模建设时期，以保障房为切入点，在保障房建设中大力推行产业化呈现规模化增长。

（7）"十二五"期末，国家绿色化战略、节能减排的高要求，加之人民群众日益增长的高品质住房需求，对历史阶段性产物"毛坯房"提出挑战，多个省市出台了全装修成品交房政策。

1.3.2　发展提升期的简要历程

（1）颁布行业标准。2002年国家颁布行业标准《高层建筑混凝土结构技术规程》JGJ 3-2002，按北京地区抗八度地震设防要求，混凝土预制构件的应用受到许多制约，建筑高度不超过50m（一般为16层或18层以下）。后来城市用地日趋紧张，住宅高度不断提高，开发商建造二十层以上高层住宅的比例逐年增加。由于预制混凝土楼板、预制外墙板节点处理的问题较为复杂，为了进一步提高建筑整体性，现浇混凝土楼板逐渐取代了预制大楼扳和预制承重的混凝土外墙板。在近15年时间里，这种住宅体系是当时的主要选择，成为现浇混凝土和预制混凝土构件相结合的重点时期，为北京的住宅建设作出重要贡献，尤其是三环、四环路和前三门区域内，建成大量此类住宅。

（2）预拌混凝土工业发展推动混凝土技术进步。大模板现浇混凝土建筑的兴起，推动了中国预拌混凝土工业的发展。以前混凝土基本是"自给自足"的"小农经济"方式，没有成为市场供应的商品。20世纪80年代国内经济体制改革，十二届三中全会提出发展商品经济，混凝土行业也抓住机会走向市场，面向全社会供应。当时的叫法是"商品混凝土"，以示与单位内部自用的混凝土不同。北京、上海、天津、无锡、沈阳等大城市率先开始社会化供应，大模板体系的混凝土完全由专业的搅拌站供应，定时定量，搅拌站配备了搅拌车运输、泵车输送浇筑，技术逐步成熟。预拌混凝土作为一个独立的新兴产业真正开始起步发展。工厂化的发展使预拌混凝土在我国大、中城市（尤其是东部地区）的年生产能力达到3000万m³以上，部分大城市的预拌混凝土产量已达到现浇混凝土总量的50%以上。预拌混凝土的发展推动了混凝土技术的进步。搅拌站的规模趋于大型化、集团化，装备技术、生产技术和管理经验趋于成熟，泵送技术的使用开始普及，混凝土的强度等级有所提高，掺合料和外加剂的技术飞快发展。随着施工现场湿作业的复苏，现浇技术的缺点日以彰显，即使使用钢模，支模的手工作业还是很多，劳动强度大，特别是养护耗时长，施工现场污染严重。

（3）劳动力市场发生变化。这一时期，从事体力劳动的人力资源紧张，建筑业出现了人工短缺现象。业内人士逐渐意识到，长期以来以现场手工作业为主的传统生产方式不能再继续下去了，装配式建筑的发展重新引起了关注。

从建筑业转型发展的角度出发，采用工业化方式建造建筑，实现设计标准化、构配件工厂化、施工机械化和管理科学化（四化）再次得到重视。

（4）开始重视质量和效益的提升。除了关注装配式建造方式外，社会各界开始关注减少用工、提升质量和减少浪费等课题。在新形势下，装配式建筑的优势明显，但是装配式结构体系整体性能差，不能抵御地震破坏的阴影仍然笼罩在建筑界。为了有别于过去的全装配式，出现了一个新的体系，在2008年前后得到了一个新的名称——装配整体式结构。最早形成法规文件的是深圳市住房和建设局2009年发布的深圳市技术规范《预制装配整体式钢筋混凝土结构技术规范》SJG 18-2009。

装配整体式结构的特点是尽量多的部件采用预制件，相互间靠现浇混凝土或灌注砂浆连接措施结合，使装配后的构件及整体结构的刚度、承载力、恢复力特性、耐久性等类同于现浇混凝土构件及结构。

（5）装配整体式结构发展出不同的分支。一种使用现浇梁柱和现浇剪力墙，另一种把剪力墙也做成预制的或半预制的。前者可称为简单构件的装配式，只涉及标准通用件和非标准通用件，不涉及承重体系构件；后者则做到了承重构件的预制，预制率有很大提升。中国香港在很长时间内推行现浇剪力墙，预制率只能达15%～25%。后来采用了预制剪力墙和立体预制构件，葵涌的一个公屋项目预制率达到了65%。

（6）上海、北京等地积极探索。经过两年时间的编写，上海市2010年发布了由同济大学、万科和上海建科院等单位联合编制的《装配整体式混凝土住宅体系设计规程》DG/TJ 08-2071-2010，其中对装配整体式混凝土结构的定义是："由预制混凝土构件或部件通过钢筋、连接件或施加预应力加以连接并现场浇筑混凝土而形成整体的结构。"这种结构体系是对50年前装配式建筑体系的一种提升，是经过多次痛苦的地震灾害后的总结，也基本适应了新时期高层装配式建筑发展的需要。

北京万科开展了首个装配整体式混凝土体系住宅的实践。第一步，万科于2007年首先跟北京榆构共同建立了产业化研发中心。第二步是科研论证，进行了大量的学术研讨，包括委托工程院的院士，清华大学、建研院等科研院所做了大量抗震试验。第三步是建设实验楼，在榆树庄构件厂里盖了一栋真正意义上的工业化住宅。2008年，万科开始启动两栋工业化住宅，这也是新时期真正意义的工业化住宅楼。

全国各省市积极出台政策，在保障性住房建设中大力推进产业化，装配式建筑试点示范工程开始涌现。以北京为例，北京在2014年提出要实现保障房实施产业化100%全覆盖，并以公租房为切入点，全面建立以标准化设计、建造、评价、运营维护为核心的保障性住房建设管理标准化体系，建立标准化设计制度、专家方案审核制度、优良部品库制度等，实施产业化规模已超过1000万m²，其中结构产业化、装配式装修均实施的全装配式住宅已经达到145万m²规模；北京由简到难，分类指导，全面使用水平预制构件，并于2015年10月出台政策，提出保障性住房中全面实施全装修成品交房，并大力推行装配式装修。

但是，由于当时的工业化水平偏低，生产的大板质量粗糙，精度不够，特别是连接节点的处理方式缺乏质量控制，以致出现裂缝以及隔声差、漏水等一系列质量问题，再加上低成本的农民工加入建筑业，使现场作业成本大幅度降低，现浇方式迅速取代了大板建筑。

2 引进与借鉴

2.1 借鉴国外装配式建筑的路径总结

2.1.1 路径一：学习苏联以预制构配件为切入点

（1）民用建筑

① 预制空心楼板短暂停滞——20世纪90年代末期因抗震要求提高而停止；

② 中型砌块——1994年全面停产；

③ 大板（内外墙板）——1995年前后，因防水、冷桥等技术问题以及质量问题日益突出导致发展停滞。

（2）工业建筑

学习苏联的经验，工业建筑中比较多地应用了预制梁、柱、屋架等，但随着工业建筑建设规模的扩大和经济的发展，工业建筑比较多地应用了钢结构，预制混凝土构件仅起辅助作用。

2.1.2   路径二：学习法国现浇体系，以结构体系和施工工法为重点

（1）内浇外砌、内浇外挂——部分现存

（2）大模板全现浇——现存

2.1.3   路径三：学习日本住宅产业化经验，引入部品认证制度和性能认定制度，强化性能和部品化、绿色节能环保技术应用，主要包括：

（1）建立部品体系——部品认证制度

（2）住宅性能认定制度

2.2   国外装配式建筑发展对我国的启示和建议

（1）积极学习国外先进国家的成功经验。从西方发达国家走过的道路来看，随着全社会生产力发展水平的不断提高，住宅建设必然要走向集成集约、绿色低碳、产业高效的道路上来。我国建筑的建造方式仍处于较低水平，发展正处于转折点，必须通过整个产业的转型升级，使建设领域促进节能减排、转变发展方式、提升质量效益等发展战略目标得以实现。历史上我们已学习了苏联、法国、日本等国家的建筑工业化经验，但也要避免出现盲目照搬、不加消化地吸收、脱离中国实际。例如，苏联在推广大板建筑体系时较少考虑抗震问题，如果我们不加分析地照搬，就存在抗震方面的隐患。

（2）积极推进标准化工作。20世纪70年代末～80年代初已经建立的一套标准化设计、生产体系是较为成熟的方法套路，如北京市通用全装配化住宅体系等，应该将方法合理继承并发扬光大。

（3）先易后难，循序渐进。先实验研发，再在试点中试，成功后全面推开，这在万科等企业身上都是成功的方法，值得借鉴。

（4）集中组织形成设计、生产、施工、维护等一体化的产业链集团，事实证明在我国是较为有效推进产业化的措施。

（5）全面提高装配式建筑的质量和性能。逐步提高住宅建筑结构设计使用年限（比如提到100年），具备条件的地区，要提升工程建设标准等级。利用《工业化建筑评价标准》

引导装配式建筑性能的整体提升。

（6）提高住宅建筑的可改造性。具备条件的地区，要推进结构体与填充体分离的建造模式。

（7）加强全过程监管，避免质量问题。加强质量追溯，为责任倒逼机制的实现提供技术支撑；非标准化构件质量需要监理单位驻场监理；标准化构件由构件厂进行自我监理，质量监督站有权通过质量追溯体系进行抽查和信息调取（监理人员到构件厂涉及住建部和质量监督局的职能划分问题）；对于质量问题，建立全国通报制度，严格惩罚；建立面向消费者的装配式建筑全寿命期的档案查询和维修管理制度。

3 装配式建筑发展现状

3.1 装配式建筑稳步推进

以试点示范城市和项目为引导，部分地区呈现规模化发展态势。截至2013年底，全国装配式建筑累计开工1200万m²，2014年，当年开工约1800万m²，2015年，当年开工近4000万m²。据不完全统计，截至2015年底，全国累计建设装配式建筑面积约8000万m²，再加上钢结构、木结构建筑，大约占新开工建筑面积的5%。[①]

但总体上，我国建筑行业仍以传统现浇建造方式为主，沿袭着高消耗、高污染、低效率的"粗放"建造模式，存在着建造技术水平不高、劳动力供给不足、高素质建筑工人短缺等一系列问题。

3.2 政策支撑体系逐步建立

党的十八大提出"走新型工业化道路"，《我国国民经济和社会发展"十二五"规划纲要》、《绿色建筑行动方案》都明确提出推进建筑业结构优化，转变发展方式，推动装配式建筑发展，国家领导人多次批示要研究以住宅为主的装配式建筑的政策和标准；2016年2月，中共中央、国务院发布《关于进一步加强城市规划建设管理工作的若干意见》，提出"大力推广装配式建筑"，"加大政策支持力度，力争用10年左右时间，使装配式建筑占新建建筑的比例达到30%"；这些政策从国家层面为装配式建筑发展奠定了良好基础。

同时，各级地方政府积极引导，因地制宜地探索装配式建筑发展政策。上海、重庆、北京、河北、浙江、沈阳等30多个省市出台了有关推进建筑（住宅）产业化或装配式建

---

① 因没有明确的评价标准和统计信息系统，以各地上报数据作为主要数据来源。

筑的指导意见，在全国产生了积极影响。一些城市在出台指导意见同时，还出台配套行政措施，有力促进了装配式建筑项目的落地实施。以试点示范城市为代表的地方政府打造市场环境，着力培育装配式建筑市场。一是提供充分的市场需求，通过政府投资工程，特别是保障房建设，同时对具备一定条件的开发项目制定强制执行措施，为装配式建筑市场提供较为充裕的项目来源。二是通过引导产业园区和相关企业发展，加强装配式建筑产品部品的生产供给能力，如沈阳建设了铁西等四个园区，吸引了多家大型企业进入园区；合肥通过引进龙头企业，2014年预制装配式建筑面积已超过300万m²。

各地的政策措施可主要概括为六个方面：一是在土地出让环节明确装配式建筑面积的比例要求，如在年度土地供应计划中必须确保一定比例采用预制装配式方式建设。二是多种财政补贴方式支持装配式建筑试点项目，包括科技创新专项资金扶持装配式建筑项目，优先返还墙改基金、散装水泥基金；对于引进大型装配式建筑专用设备的企业享受贷款贴息政策，利用节能专项资金支持装配式建筑示范项目；享受城市建设配套费减缓优惠等。三是对装配式建筑项目建设和销售予以优惠鼓励，如将装配式建筑成本同步列入建设项目成本；在商品房预销售环节给予支持；对于装配式建筑方式建造的商品房项目给予面积奖励等。四是通过税收金融政策予以扶持，如将构配件生产企业纳入高新技术产业，享受相关财税优惠政策；部分城市还提出对装配式建筑项目给予贷款扶持政策。五是大力鼓励发展成品住宅；各地积极推进新建住宅一次装修到位或菜单式装修，开发企业对全装修住宅负责保修，并逐步建立装修质量保险保证机制。六是以政府投资工程为主大力推进装配式建筑试点项目建设，如北京、上海、重庆、深圳等地都提出了鼓励保障性住房采用预制装配式技术和成品住宅的支持政策（其中北京市出台的是强制性政策）。

3.3　技术支撑体系初步建立

经过多年研究和努力，随着科研投入的不断加大和试点项目的推广，各类技术体系逐步完善，相关标准规范陆续出台。国家标准《装配式混凝土结构技术规程》JGJ1-2014已于2014年正式执行，《装配整体式混凝土结构技术导则》已于2015年发布，《工业化建筑评价标准》GB/T 51129-2015于2016年实行。各地方出台了多项地方标准和技术文件，如深圳编制了《预制装配式混凝土建筑模数协调》等11项标准和规范；北京出台了混凝土结构预制装配式混凝土建筑的设计、质量验收等11项标准和技术管理文件；上海已出台5项且正在编制4项地方标准和技术管理文件；沈阳先后编制完成了《预制混凝土构件制作与验收规程》等9部省级和市级地方技术标准，为装配式建筑项目发展提供了技术支撑。

初步建立了装配式建筑结构体系、部品体系和技术保障体系，部分单项技术和产品的研发已经达到国际先进水平。如在建筑结构方面，预制装配式混凝土结构体系、钢结构住宅体系等都得到一定程度的开发和应用，装配式剪力墙、框架外挂板等结构体系施工技术日益成熟，设计、施工与太阳能一体化以及设计、施工与装修一体化项目的比例逐年提高；在关键技术方面，分别形成了以万科为代表的装配式建筑项目套筒灌浆技术和以宇辉为代表的约束浆锚搭接技术。屋面、外墙、门窗等一体化保温节能技术产品越来越丰富，节水与雨水收集技术、建筑垃圾循环利用、生活垃圾处理技术等得到了较多应用。这些装配式技术提高了住宅的质量、性能和品质，提升了整体节能减排效果，带动了工程建设科技水平全面提升。

3.4　试点示范带动成效明显

各地以保障性住房为主的试点示范项目起到了先导带动作用，这得益于试点城市的先行先试。2006年建设部出台《国家住宅产业化基地试行办法》，依此设立的国家住宅产业化基地的建设和实施引领了装配式建筑发展。截至2016年3月，全国先后批准了11个产业化试点（示范）城市和56个基地企业，这些工作的开展为全面推进装配式建筑打下了良好的基础。在示范、试点带动下，全国范围内还有十几个城市和多家企业正在积极申请试点城市和基地企业，新基地的不断加入为全面加速装配式建筑发展注入新的活力，装配式建筑呈现较好发展势头。

住宅产业化基地建设正呈现良好的发展态势。一是申报对象向基层延展；除北京、上海、青岛、厦门等副省级及以上城市积极申报外，潍坊、海门等一些地市级城市也踊跃申报。二是申报范围向中西部拓展，如乌海、广安等城市也获批。三是基地数量增长迅速，通过"以点带面"扎实有效地推进了装配式建筑工作全面开展。

3.5　行业内生动力持续增强

建筑业生产成本不断上升，劳动力与技工日渐短缺，从客观上促使越来越多的开发、施工企业投身装配式建筑工作，把其作为企业提高劳动生产率、降低成本的重要途径，企业参与的积极性、主动性和创造性不断提高。通过投入大量人力、物力开展装配式建筑技术研发，万科、远大等一批龙头企业已在行业内形成了较好的品牌效应。装配式建筑设计、部品和构配件生产运输、施工以及配套等能力不断提升。截至2014年底，据不完全统计，全国PC构件生产线超过200条，产能超过2000万m^3，如按预制率50%和20%分别测算，可供应装配式建筑面积8000万m^2到20000万m^2。整个建设行业走装配式建筑发展道路的内生动力日益增强，标准化设计，专业化、社会化大生产模式正在成为发展的方向。

3.6 试点示范城市带动作用明显

以保障性住房为主的装配式建筑试点示范项目已经从少数城市、少数企业、少数项目向区域和城市规模化方向发展。其中，国家住宅产业化综合试点城市带动作用明显，2014年国家住宅产业现代化综合试点城市以及正在培育的住宅产业现代化试点城市，预制装配式混凝土结构建筑面积占全国总量的比例超过85%。如沈阳2011~2013年每年同比增加100万m^2，增速保持在50%以上；北京2010年装配式建筑只有不到10万m^2，到2012年新开面积就超过200万m^2。

从基地企业角度而言，万科集团2010年以前建造装配式建筑173万m^2，2013年面积是2010年的4倍。其他如黑龙江宇辉、杭萧钢构、上海城建、中南建设、宝业集团等基地企业，装配式建筑面积也都保持了较快的增速。

总体而言，与我国年新开工住宅10多亿平方米的建设规模相比，装配式建筑项目的面积总量还比较小，装配式建筑发展任重道远。

3.7 产业集聚效应日益显现

各地形成了一批以国家产业化基地为主的众多龙头企业，并带动整个建筑行业积极探索和转型发展，产业集聚效应日益显现。国家产业化基地大体可以分为4种类型：以房地产开发企业为龙头的产业联盟；以施工总承包企业为龙头的施工总承包类型企业；以大型企业集团主导并集设计、开发、制造、施工、装修为一体的全产业链类型企业；以生产专业化产品为主的生产型企业。基地企业充分发挥龙头企业优势，积极开展住宅标准、工业化建筑体系的研究开发，带动众多科研院所、高校、设计单位、开发企业、部品生产、施工企业参与装配式建筑工作，形成了各具特色的发展模式。据不完全统计，由基地企业为主完成的装配式建筑建筑面积已占到全国总量的80%以上，产业集聚度远高于一般传统方式的建筑市场。由技术创新和产业升级带来的经济效益逐步体现，装配式建筑实施主体带动作用越发突出。

与试点城市伴生的装配式建筑产业园区成为推进装配式建筑工作的主阵地。沈阳2011年获批试点城市后，举全市之力培育产业园区，塑造全新支柱产业。2013年、2014年现代建筑业产值达到1500亿元以上，位居全市五大优势产业第三位，已成为新的经济增长点；合肥经开区引入中建国际、黑龙江宇辉等多家企业，已建成年生产总值30多亿元的住宅产业制造园区；济南长清、章丘、商河等产业园区已经实现了产业链企业的全园区进驻，为地区经济发展发挥了重要作用。

3.8　工作推进机制初步形成

从1998年以来，在住房和城乡建设部的直接领导下，部科技与产业化发展中心（住宅产业化促进中心）积极推进装配式建筑相关工作。省市、地县级政府通过单设处室、事业单位或将职能委托相关协会等形式，增加人员编制，加强本地区装配式建筑专职管理机构建设。

全国30多个省或城市出台了相关政策，在加快区域整体推进方面取得了明显成效，部分城市已形成规模化发展的局面。全国已经批准的11个国家住宅产业现代化综合试点（示范）城市，以及高度重视装配式建筑的城市，专门成立建筑（住宅）产业现代化领导小组或联席会议制度，建立了发改、经信、建设、财政、国土、规划等部门协调推进机制。如沈阳市推进现代建筑产业化领导小组组长由市主要领导担任，副组长由5位副市级领导兼任。良好的决策机制与组织协调机制保障了装配式建筑工作顺利进行。

4　主要问题

4.1　顶层制度设计相对滞后

目前从国家层面来说，指导装配式建筑发展工作的文件还只有1999年颁布的72号文件，现阶段缺乏明确的发展目标、重点任务、政策措施和清晰的整体推进方案，各地对完善顶层设计的呼声非常强烈。

4.2　标准规范有待健全

虽然国家和地方出台了一系列装配式建筑相关的标准规范，但缺乏与装配式建筑相匹配的独立的标准规范体系。部品及构配件的工业化设计标准和产品标准需要完善。由于缺乏对模数化的强制要求，导致标准化、系列化、通用化程度不高，工业化建造的综合优势不能充分显现。

4.3　技术体系有待完善

各地在探索装配式建筑的技术体系和实践应用时，出现了多种多样的技术体系，但大部分还是在试点探索阶段，成熟的、易规模推广的还相对较少。当前，迫切需要总结梳理成熟可靠的技术体系，作为全国各地试点项目选择的参考依据。

4.4　监管机制不匹配

当前的建设行业管理机制已不适应或滞后于装配式建筑发展的需要。有些监管办法甚至阻碍了工程建设进度和效率提升；而有些工程项目的关键环节甚至又出现监管真空，容易出现新的质量安全隐患，必须加快探索新型的建设管理部门监管制度。

4.5　生产过程脱节

装配式建筑适于采用设计生产施工装修一体化，但目前生产过程各环节条块分割，没有形成上下贯穿的产业链，造成设计与生产施工脱节、部品构件生产与建造脱节、工程建造与运维管理使用脱节，导致工程质量性能难以保障、责任难以追究。

4.6　成本高于现浇影响推广

装配式建筑发展初期，在社会化分工尚未形成、未能实施大规模广泛应用的市场环境下，装配式建造成本普遍高于现浇混凝土建造方式，每平方米大体增加200元到500元。而装配式建筑带来的环境效益和社会效益，未被充分认识，特别是由于缺乏政策引导和扶持，市场不易接受，直接影响了装配式建筑的推进速度。随着规模化的推进和效率的提升，性价比的综合优势将逐渐显现出来。

4.7　装配式建筑人才不足

目前，不论是设计、施工还是生产、安装等各环节都存在人才不足的问题，严重制约着装配式建筑的发展。

4.8　与装配式建造相匹配的配套能力不足

尚未形成与装配式建造相匹配的产业链，配套能力不如，包括预制构件生产设备、运输设备、关键构配件产品、适宜的机械工具等，这些能力不配套，已严重影响了装配式建设整体水平的提升。

4.9　对国外研究不透彻

大多数专家在演讲中、在文章中，主要介绍装配式建筑的具体技术和一些项目实例、一些主观感受，缺乏国外推进装配式建筑的制度、机制、标准规范推广模式等方面的详细资料，也缺乏各种装配式建筑的统计数据，整体上缺乏系统性的研究和借鉴。

参考文献：

[1] 陈振基，中国工业化建筑的沿革与未来，《混凝土世界》，2013年第8期；

[2] 陈振基，装配式钢筋混凝土结构在列宁格勒住宅建筑中的应用，摘自《全苏混凝土及钢筋混凝土会议工作资料》，1957年，中国建筑工业出版社出版；

[3] 黄汇，《浅议"住宅设计及住宅产业现代化"》，2012年，中国建筑学会建筑师分会人居委员会及北京市规划学会住宅与居住委员会学术研讨会论文集；

[4] 金斧，上海粉煤灰硅酸盐密实砌块的兴衰，《粉煤灰》，1995年第5期；

[5] 文林峰、刘美霞、岑岩、刘洪娥等，《〈关于推进住宅产业现代化提高住宅质量若干意见〉执行情况评估研究》，2010年；

[6] 文林峰、刘美霞、武振、刘洪娥、王洁凝、王广明等，《绿色保障性住房产业化发展现状、问题及对策研究》课题研究报告，2015年；

[7] 文林峰、刘美霞、武振、刘洪娥、王洁凝、王广明等，《北京市保障性住房实施产业化的激励政策研究》课题研究报告报告，2015年；

[8] 刘美霞、武振、王广明、刘洪娥，我国住宅产业现代化发展问题剖析与对策研究，工程建设与设计，2015年第6期。

编写人员：

负责人及统稿：

杨家骥：北京市住房和城乡建设委员会

刘美霞：住房和城乡建设部住宅产业化促进中心

参加人员：

岑　岩：深圳市住房和建设局

付灿华：深圳市建筑产业化协会

全　威：上海市住宅建设发展中心总师室

叶浩文：中建科技集团有限公司

陈　彤：北京市建筑设计研究院有限公司

段冠宇：北京市住房和城乡建设委员会

王俊达：北京市住房和城乡建设委员会

李斯文：北京市住房和城乡建设委员会

田宏有：北京市住房和城乡建设委员会

专题2
装配式建筑经济政策评估与建议

主要观点摘要

一、各地装配式建筑经济政策与措施概要

多年来，各地出台了一系列经济政策，积极促进装配式建筑的发展。其中，有强制性的，如上海、深圳、沈阳等城市出台的土地出让前置条件规定；也有鼓励性质的，主要包括财政政策、税费政策、金融政策以及建设行业的支持政策等。

（1）土地政策

北京、上海、深圳、沈阳、济南等城市都已出台关于将装配式建筑纳入土地出让前置条件的相关政策。实践证明，将装配式建筑要求纳入土地招拍挂环节是现阶段推进装配式建筑较为有效的政策之一。

（2）财政政策

以江苏、长沙、重庆、厦门等地为代表，出台了财政资金补贴的政策，有效地推动了这些地区发展装配式建筑。

此外，在北京、上海、深圳、沈阳等地都出台了由政府承担增量成本在保障性住房中推广装配式建筑的政策。但在实施过程中也遇到保障性住房项目建设要求进度时间紧、核算复杂，以及针对不同的技术体系和预制率，补贴标准难以界定等问题。

（3）建设行业的支持政策

2010年3月，北京市政府率先出台了建筑面积奖励政策，规定产业化项目可以给予3%建筑面积奖励。此后，上海、沈阳、深圳、济南、长沙等地陆续出台了建筑面积奖励（容积率奖励或预制外墙不计入面积）等政策，从激发企业和市场积极性等方面，产生了良好的效果。但从推行效果看，该政策对于房价较高的大城市比较有吸引力，在三四线城市，由于房价低，增加的面积带来的效益还无法弥补增量成本。另外，在实践中，建筑面积奖励政策实施程序复杂，操作难度较大。

上海和深圳等地相继出台关于"放宽采用装配式技术的商品房预售条件"政策，提前

预售政策对于降低开发企业资金成本效果明显，且操作性强，对企业吸引力较强。

（4）税费政策

河北省、济南、长沙、重庆等地探索推行了与装配式建筑相关的企业可享受高新技术企业优惠政策；大多数都有返还或缓缴墙改基金和散装水泥政策，沈阳、合肥等地有质量保证金优惠政策，齐齐哈尔、衡阳等城市还有基础设施配套费优惠政策等，可以说，部分城市已经尽可能将建设行业可以实施的优惠进行了充分运用，取得了很大的促进和激励效果。

（5）金融政策

河北、宁夏、济南等地探索了金融机构向实施装配式建筑项目或企业优先放贷、对项目贷款贴息、对消费者增加贷款额度和期限等优惠措施。

二、完善经济政策与措施的建议

装配式建筑发展初期，受成本、技术、人才等各方面因素影响，市场规模偏小，不能形成良性循环发展机制。因此，特别需要政府从制度层面支持供给和需求的发展，加快企业转型创新的步伐，促进技术成熟和规模推广。

（1）加大财政支持力度

1）设立专项资金开展装配式建筑研发和推广应用工作。

2）明确统一的评价标准，对符合《工业化建筑评价标准》的装配式建筑给予一定的财政补贴。

3）制定和完善装配式建筑定额，作为调整政府投资的装配式建筑项目投资预算额度的依据。

4）装配式建筑可分期缴纳土地出让金（或返回部分土地出让金）。

5）将装配式建筑列入建筑节能专项资金扶持范围。

6）对装配式建筑技术工人的培训和技能鉴定给予一定的财政补贴。

（2）实施税费减免

1）装配式建筑使用新型墙体材料并符合现行规定要求的，对墙改基金、散装水泥基金实行免征或即征即退。

2）装配式施工企业缴纳的质量保证金以合同总价扣除预制构件总价作为基数计取。

3）装配式施工企业缴纳的社会保障费以工程总造价扣除工厂生产的预制构件成本作为基数计取，首付比例为所支付社会保障费的20%。

4）装配式施工企业缴纳的安全措施费按照工程总造价的1%缴纳。

5）相关企业发生的研发费用，依照相关规定，在计算企业所得税应纳税所得额时应落实加计扣除的政策。

6）装配式住宅装修成本可按规定在税前扣除。

7）鼓励企业"走出去"，把与装配式建筑相关的产品纳入出口退税名录。

（3）加大金融扶持

1）金融机构对装配式建筑项目的开发贷款利率、消费贷款利率可予以适当优惠。

2）对于购买装配式住宅的购房者，可享受贷款额度、优先放贷、降低首付比例等优惠。

（4）加强建设行业的扶持力度

1）加大对装配式建筑项目销售的扶持力度，在政策规定范围内，装配式建筑的构件生产投资可作为办理《商品房预售许可证》的依据，可提前办理预售，同时在商品房预售资金监管上给予支持。

2）装配式建筑工程可参照重点工程报建流程纳入行政审批绿色通道。

3）优先安排装配式建筑项目的基础设施和公用设施配套工程。

4）可适当提高装配式建筑工程设计收费标准。

多年来，各地出台了一系列经济政策，积极促进装配式建筑的发展。其中，有强制性的，如上海、深圳、沈阳等城市出台的土地出让前置条件规定；也有鼓励性质的，主要包括财政政策、税费政策、金融政策以及建设行业的支持政策等。本专题主要针对地方出台的政策和措施进行提炼分析与评估。

1 出台支持政策的必要性

装配式建筑由于采用了工业化的生产方式，质量和精度有了很大的提高，传统的"空鼓、裂缝、渗漏、蜂窝麻面"等质量通病得到了根治，再加上实现装配式装修，能够为业主提供完整的建筑成品，总体的建筑品质有了质的提高。

在现有的人工工资和技术条件下，在标准化程度不高、规模化尚难以发挥优势的情况下，装配式建筑与现场现浇的建筑相比，必然带来造价的上涨，建安成本约增加200～500元。

导致成本增加的主要因素有：

一是预制构件成本增加。拿预制三明治外墙来说，如在现场浇筑混凝土每立方米约需1400～1700元，在工厂生产预制构件每立方米约需2000～3000元。

二是重复征税。传统建筑业只缴纳3.3%的营业税。在实施营改增之前，预制部分由于增加了工厂制造过程须缴纳17%的增值税，而且砂石料不能抵扣，构件出厂的最终税率达到13%左右，预制构件每立方米约需多纳税300多元，按每平方米建筑使用$0.4m^3$混凝土来计算，建安成本增加约120元，是装配式建筑的主要增量成本，预制率越高，税赋越高。

三是装配式建筑的增量成本，还跟技术体系有关。我国装配式建筑所采用的结构体系，以住宅为例，大体上分为预制装配剪力墙结构体系（主流技术体系）和内浇外挂体系（主体结构现浇，外挂墙板，主要在香港及广东、深圳等地使用），其中预制装配式剪力墙体系增量成本大约为200～500元每平方米，内浇外挂体系增量成本大约为200元以内。

四是"学习成本"。在装配式建筑推进初期，作为一种建造方式的转型与探索，无论是政府和企业都不可避免地付出"学习成本"，实际的增量成本会比上述分析的理论值更高。

但是，随着装配式建筑技术的不断发展，规模效应的形成，并且工人短缺和工资的不断上涨，装配式建筑与传统现浇施工建筑的成本差距必然会呈现逐渐缩小趋势。

由于增量成本的客观存在，企业在开展装配式建筑实践时，长期的收益是不确定的，而短期的成本增加是必然的，这就需要政府采取适当的经济政策和措施，加以鼓励。

目前，各地陆续采用的经济政策与措施多以鼓励、激励目的为主，主要包含把装配式建筑项目要求纳入土地出让条件、建筑面积奖励、商品房提前预售、保障房增量成本政府承担、财税政策等。

2 土地方面政策

2.1 各地政策

山东省多年来实施建设条件意见书制度，其中在土地出让环节，将住宅装配式建筑的要求纳入土地出让前置条件。北京、上海、深圳、沈阳、济南等城市都已出台相关政策，将装配式建筑相关政策要求纳入土地出让前置条件（表2-1）。实践证明，将装配式建筑要求纳入土地招拍挂是现阶段推进装配式建筑较为有效的政策之一。

土地政策 表2-1

政策特点	示例
将装配式建筑要求纳入土地出让条件（北京、上海、浙江、宁夏、深圳、合肥、沈阳等）	在保障性住房等政府投资项目中明确一定比例的项目采用住宅产业现代化方式建设（河北、浙江）
	深圳市要求新出让住宅用地和政府投资建设的保障房中明确住宅产业化要求。积极引导城市更新项目采用产业化方式建造，在编制城市更新单元规划中落实住宅产业化项目
	青岛市对集中建设以划拨方式供地的政府投资建筑和以招拍挂方式供地的建设项目，在建设条件意见书中明确提出是否实施产业化的意见，并明确预制装配化率、一次性装修面积比例等内容。将建设条件意见书纳入土地招拍挂文件，并在土地出让合同中明确约定
	沈阳市将"采用现代建筑产业化装配式建筑技术实施建设"作为土地出让条件，并在土地出让合同和其他规范性文件中注明
	济南市对以招、拍、挂方式供地的建设项目，每年年底提出下一年度的建筑产业化技术要求，并将该技术要求列入土地出让文件和土地出让合同
优先保障用地	河北省要求各地对主动采用住宅产业现代化方式建设且预制装配率达到30%的商品住房项目优先保障用地；将住宅产业现代化园区和基地建设列入省战略性新兴产业，优先安排建设用地
	青岛市按高新技术项目确定建筑产业化生产企业项目用地；在使用年度建设用地指标时给予政策支持
	长沙市支持国家住宅产业化基地、住宅产业化园区等建设，并按工业用地政策予以保障

续表

政策特点	示例
对享受土地政策后未达到规定要求的企业进行惩罚	宁夏要求开发商在产业化工程建设过程中及时上报相关材料接受监督。达不到规定要求的，要缴纳一定比例的违约金，2年内不得参与土地竞买

2.2 实施效果评估

2.2.1 可操作性强，企业接受度高

目前多个城市实践表明，此项措施在操作层面具备较强可行性，且实际上隐含了用地价补贴装配式建筑增量成本，由于地价高企，容易被政府、企业和社会接受。

2.2.2 合理协调，避免机械执行

有些城市提出装配式建筑的比例或预制率要求不小于30%。在将此比例落实到单个地块中，出现现浇与预制两种作业方式在现场并存的状况，造成成本上升、难以管理等问题。应向上海政策学习，按照《关于落实本市装配式建筑项目的指导意见》（沪建管联〔2014〕480号）、《〈关于本市进一步推进装配式建筑发展的若干意见〉实施细则》（沪建交联〔2013〕1243号）等文件要求，鼓励集中建设，鼓励在落实地块上所有建筑单体均采用装配式技术，以达到体现装配式建筑规模化效应优势的目的。避免在土地出让时，机械执行装配式面积比例。

2.3 政策建议

2.3.1 研究探索建设条件意见书制度

在土地供应等环节明确装配式建筑规模、比例等要求。加强对装配式建筑项目的用地保障，在土地出让时，可把装配式建筑要求作为建设条件意见书内容之一。

2.3.2 分期交纳土地出让金

建议对于符合相关政策规定的装配式建筑项目，可通过设置一些具体的评价指标和条件，分期交纳土地出让金。

2.3.3 提升政策高度，加强部门协同

在执行过程中，如何确保项目按照规划条件中的要求落实到位，发改、规划、建设等相关部门的协同工作要充分发挥作用。建议将此措施上升至较高层面的政策文件，有利于更大限度发挥实效，提高政策颁布的协同度和政策的作用力度。在政策执行过程中，增强各部门的配合度以及响应程度。

2.3.4　强化指导，提高企业参与度

开发企业是装配式建筑发展的主体，但除较早投身装配式住宅的企业外，不少获得土地的开发企业对装配式建筑技术还不熟悉，缺乏相应经验，管理部门应做好技术指导工作，并帮助企业尽早对接装配式住宅的设计、施工、监理、构配件制作等产业链企业。

2.3.5　扩大宣传，加强监管

在业内和社会扩大宣传，形成全社会共同监督的氛围，建立市场诚信，在审批流程中加大把关，加大监管、检查。

3 规划方面政策

3.1　各地政策

2010年3月，北京市政府率先出台了建筑面积奖励政策，规定以装配式建造的项目可以给予3%建筑面积奖励。此后，上海、沈阳、深圳、济南、长沙等地陆续出台了建筑面积奖励或豁免政策，从企业、市场积极性激发等方面，产生了一定的激励效果（表2-2）。

规划政策　　　　　　　　　　　　　　　　　　表2-2

政策特点	示例
外墙预制部分不计入建筑面积	河北省对主动采用住宅产业现代化建设方式且预制装配率达到30%的商品住房项目，其外墙预制部分可不计入建筑面积，但不超过该栋住宅地上建筑面积的3%
	沈阳市对开发建设单位主动采用装配式建筑技术建设的房地产项目，其外墙预制部分建筑面积可不计入成交地块的容积率核算，但不超过规划总建筑面积的3%
	长沙市对使用"预制夹心保温外墙"或"预制外墙"技术的两型住宅产业化项目，其"预制夹心保温外墙"或"预制外墙"不计入建筑面积
	济南市对符合当年建筑产业化技术要求的项目预制外墙计入建设工程规划许可建筑面积，该建筑面积不超过该栋建筑地上建筑面积3%的部分可不纳入地上容积率核算
给予差异化容积率奖励	北京市对于产业化方式建造的商品房项目，奖励一定数量的建筑面积，不超过实施产业化的单体面积规划之和的3%
	宁夏对产业化部分面积占到项目建筑面积10%以上的，容积率可以提高1%；占到50%的，容积率可以提高2%；占到100%的，容积率可以提高3%
	深圳市对建设单位在自有土地自愿采用产业化方式建造的，奖励的建筑面积为采用产业化方式建造的规定住宅建筑面积的3%，功能仍为住宅
	青岛市对达到装配式建筑工程装配率认定标准的项目，在尚未批复建设工程设计方案的前提下，给予不超过实施产业化的各单体规划建筑面积之和3%的建筑面积奖励

3.2　实施效果评估和建议

3.2.1　以北京市为例评估政策实施效果

面积奖励政策自2010年实施至2015年底，5年间北京市共有9个商品房项目和1个保障房项目享受了此项政策，开发企业包括北京万科、中国铁建、北京城建、首开住总。政策实施初期，受现有工作程序与实施面积奖励调整规划冲突影响的制约，一度执行困难。经过各部门的多次沟通协调，从各环节中寻找突破口，终于形成了面积奖励的工作流程，至今已能畅通地完成项目的各项手续。

面积奖励政策在北京乃至全国有着重要影响。自北京2010年率先发布面积奖励政策以来，全国有多个城市效仿跟进，深圳、上海、沈阳等多地出台奖励政策。由于装配式建筑在我国处于发展初期阶段，在标准化缺失、产业链条不完善、企业能力不足、管理体制不配套的情况下，实施装配式建筑必将带来成本增加。面积奖励政策制定的初衷旨在现有政策框架下，努力平衡由于实施装配式建筑带来的增量成本，进而激发开发企业实施装配式建筑的积极性和主动性，充分发挥企业的活力和创造力。

从政策实施效果看，在北京市，万科共有7个项目约50万m^2，获得面积奖励1.35余万平方米，其余三家企业各有1个项目共约12万m^2，获得面积奖励0.36余万平方米。目前已竣工交付6个项目。按照目前计价模式，装配式建筑项目较常规现浇结构成本增加约200～500元/m^2，其中构件费和措施费各占一半，在北京房价稳中有涨的形势下，综合成本基本能与常规现浇结构持平，甚至略有盈利。

因此，面积奖励政策极大地鼓舞了开发企业继续开展装配式建筑试点的信心，加快了装配式剪力墙结构技术的研究和发展，促进了相关标准的出台，带动了北京市装配式建筑设计、生产、施工等相关产业链的发展。

另一方面，从实施情况来看，面积奖励政策实施五年，只有四家企业申请，过程中多家企业咨询但并未行动，反映出市场仍以观望为主，企业信心不足，内升动力不足，综合分析产业化增量成本过高仍是制约发展的主要矛盾。

经验表明该项措施对激励开发企业作用明显。从香港、深圳等地的实践来看，正是因为有了建筑面积奖励，开发商才有了实行装配式建筑的动力。特别是香港自20世纪对商品房采用建筑面积奖励以来，激发了一批发展商积极采用产业化方式建造房屋，并以此作为企业提升竞争力的重要途径。

3.2.2　政策建议

（1）城市区域内房价水平对该项措施平衡产业化增量成果的效用起决定性作用

建筑面积奖励的核心，是要弥补装配式建筑的增量成本。按3%计算，需要在每平方米楼面地价达到1.8万元以上时，才能弥补每平方米建筑面积300元的增量成本。该政策对于房价较高的大城市比较有吸引力，在三四线城市，由于房价低，增加的面积带来的效益还无法弥补增量成本。

（2）实操层面效用有限，现行行政体制对该项政策的落地有较大制约影响

建筑面积奖励的另外一个弊端是操作困难，容积率修改存在较大的政策风险，北京、上海等地在出台建筑面积奖励政策之后，往往也很难操作。经过对此政策的深入分析，建筑面积奖励政策是非常有效的，特别是对开发商而言。

从操作层面看，由建设主管部门出台政策，规定开发单位在方案报建时向主管部门提出产业化建设方案，经批准后在工程规划许可证上备注奖励的建筑面积，不视为修改容积率，不变更法定图则，不纳入预售。等到装配式建筑项目完成，由主管部门对装配式建筑验收合格，出具文件，规划国土部门可以签订土地出让补充合同，将奖励的面积登记到开发商名下，即可进行商品房现售；如未完成装配式建筑内容，政府可以在合同中约定将增加的面积收归国有。这种操作模式虽然行政成本较高，但是可以操作的，各地可根据情况制定相关政策。

在调研中，规划、国土部门往往提出，希望财政予以直接补贴。如果财政直接补贴装配式方式建设的商品房每平方米300～400元，支出金额巨大，财政难以承担。按照中共中央国务院《关于进一步加强城市规划建设管理的若干意见》的文件要求，2025年装配式建筑项目比例达到30%的目标，如果以财政直接补贴的方式，每年需要补贴的住宅达数亿平方米，显然是不切实际的。

（3）注意有效防范该项措施带来的机械追求预制率等行为

装配式建筑在我国仍处于培育发展阶段，一些开发企业为了享受"预制外墙建筑面积豁免"政策，在项目开发过程中，为使预制率等要求达到奖励标准，未经系统研究和科学论证，盲目增加预制部位，或企业从成本角度出发，只愿意贴着政策规定的预制率下限进行开发，有违采用装配式技术的初衷。香港在建筑面积奖励政策实施初期也遭遇了"发水楼"等市场行为冲击。

（4）提前思考该项措施的阶段性作用安排及实施与退出机制

虽然企业在面积奖励政策中有所获益，但实施过程行政成本过高，且有突破规划容积率的嫌疑。在发展初期不具备成本优势，建议采取其他经济财税激励政策，鼓励大型集团企业通过技术创新、培育产业链条等市场手段建立先行优势并获益，进而通过这些大型集团企业把适用的技术模式快速推广，实现该模式在奖励政策取消后还能自主持续健康发展、并最终取代传统模式成为房地产开发的主流模式。

面积奖励政策在装配式建筑发展初期可以极大地调动开发企业的积极性，对降低装配式建筑的成本有着很大帮助。随着土地出让环节落实，装配式要求地块比例的不断增加。如上海规定2016年起外环线以内新建民用建筑应全部采用装配式建筑、外环线以外新建民用建筑中装配式建筑应超过50%并应于2017年起在50%的基础上逐年增加，面积奖励类政策将分阶段逐渐退出历史舞台。

4 财政方面政策

4.1 各地政策

财政方面的扶持政策包括：一是政府投资项目的增量成本纳入建设成本；二是设立专项资金补贴项目；三是利用原有建筑节能资金等优惠政策，将项目纳入资金补贴使用范围；四是加大科研资金投入支持装配式建筑相关研究工作；五是给予装配式建筑相关企业财政补助；六是给予装配式建筑购房者直接补贴，如长沙市直接给予购房者60元/m²的补贴；七是在社保费、安全措施费、质量保证金、城市建设配套费等方面给予优惠（表2-3）。

财政政策   表2-3

政策特点	示例
建造增量成本纳入建设成本	采用住宅产业现代化方式建设的保障性住房等国有投资项目，建造增量成本纳入建设成本（河北、济南、青岛、长沙）
	上海市考虑实施装配式住宅方式而增加的成本，经核算后计入该基地项目的建设成本
	深圳市提出自愿使用保障性住房标准化设计图集的产业化项目，增量成本计入建安成本，所需投资在项目审批时纳入项目总投资
设立专项资金补贴装配式建筑项目	重庆市财政设立专项资金，对建筑产业现代化房屋建筑试点项目每立方米混凝土构件补助350元
	绍兴市对符合要求的建筑工业化企业或新增投资项目生产性设备投入额给予5%的资助，最高不超过2000万元；对新型建筑工业化建筑面积给予50元/m²奖励，最高不超过100万元

续表

政策特点	示例
利用原有专项资金政策，扩大使用范围	江苏省拓展省级建筑节能专项引导资金支持范围，对省级建筑产业现代化示范城市中省辖市补助不超过5000万元/个，县（市、区）不超过3000万元/个。示范基地补助不超过100万元/个，示范项目补助不超过250万元/个
	河北省提出拓展省建筑节能专项资金、新型墙体材料专项基金、省科技创新项目扶持资金使用范围，优化省保障性住房建设引导资金使用结构
	长春市对引进国外先进住宅产业化设备、技术的产业化项目，在项目开工或设备、技术投入运行后，从市收缴墙体材料专项基金余额中给予一定的补贴、大额贴息
	重庆市工业和信息化专项资金重点支持建筑装备制造和建材产品部品部件化制造的技改项目
	青岛市利用现行的工业发展专项资金、城市建设专项资金等各类扶持政策，采取财政贴息、补助、奖励等方式，优先扶持装配式建筑项目
	长沙市对获得国家绿建二星（含2A住宅性能认定）、三星（含3A住宅性能认定）标识的两型住宅产业化项目，按照《财政部　住房城乡建设部关于加快推动我国绿色建筑发展的实施意见》（财建〔2012〕167号）规定给予奖励。 两型住宅产业化项目使用预制部品部件的部分，经认定可享受新型墙体材料优惠政策
	济南市符合市工业产业引导资金规定的建筑部品（件）生产企业、装配式建筑装备制造企业，可申请市工业产业引导资金及节能专项扶持资金
资金支持相关研究工作	河北省提出对参与编制省级及以上产业化标准的企业和高校给予资金支持。对取得发明专利的研发成果，2年内在省内转化的，按技术合同成交额对专利发明者给予适当奖励
	长沙市将两型住宅产业化技术研究列为科技重点攻关方向，加大对研发机构和发明专利的扶持与奖励
	济南市支持企业研发生产具有环保节能等性能的新型建筑部品材料和新型结构墙体材料，以后补助方式给予扶持
给予企业租金补贴等补助	青岛市对装配式建筑生产企业在园区内租用标准化厂房的，园区所在地政府给予2年以上的租金补贴；在园区之外生产经营的，给予一定的经济和服务支持
社保费、安全措施费、质量保证金、城市建设配套费等优惠政策	沈阳市对采用装配式建筑技术的开发建设项目，社保费的计取按工程总造价扣除工厂生产的预制构件成本作为计费基数，安全措施费按1%缴纳，土建工程的质量保证金计取按施工成本扣除预制构件成本作为计费基数
	广安市对实施产业化试点开发企业的开发项目，试点部分的建筑面积可享受城市建设配套费减缓优惠
	长春市对于确定为住宅产业化项目，比照棚户区改造，减免行政事业性、经营性收费
	济南市满足一定条件的产业化项目可申请城市建设配套费缓交半年；开发企业支付部品（件）生产企业的产品订货资金额达到项目建安总造价60%以上的，可提前一个节点返还预售监管资金
	长沙市对批准实施的国家康居示范工程两型住宅产业化项目，实行房地产开发项目资本金监管额度减半等支持政策

4.2 实施效果评估

部分省市的财政政策极大鼓舞了企业积极性，有利于缓解企业因增量成本带来的畏难情绪，但在操作过程中也存在一定的困难。

4.2.1 保障性住房项目建设进度时间紧

部分保障性住房项目存在动迁腾地工作尚未完成，新增建设用地指标、耕地占补平衡指标尚未落实，建设主体意向确定较晚等客观情况，全面推进装配式建筑建设存在一定困难。

4.2.2 补贴标准难以统一

实施装配式建筑而增加建设成本的主要原因，是建筑技术体系的改变，装配式建筑的技术体系正处于不断完善成熟的过程中，目前保障性住房中选用的是装配整体式混凝土剪力墙结构及装配整体式框架-现浇剪力墙结构。随着装配式建筑技术体系的不断增加，应针对不同的建筑技术体系设置多样化的补贴标准。

4.2.3 不同项目差异性较大

在前期立项阶段只能估算项目实施装配式建筑的增量成本，该估算是基于已完成项目的测算结果。由于实际项目增量受装配式建筑技术体系、管理水平等多种因素影响，而且对于实施装配式建筑引起的增项内容也有不同理解，导致不同项目差异性较大，增量成本如何科学确定是一个难题。

4.2.4 行业认知度不高

由于现阶段装配式建造方式仍会带来实际成本增加，加上产业链不完善等因素，相当一部分开发企业更乐于采用传统建造方式而对工业化装配式建造方式持观望态度。部分保障性住房的相关开发建设单位，对这项工作的认知度则更低。

4.3 政策建议

（1）设立专项资金开展装配式建筑研发和推广应用工作。

（2）明确统一的评价标准，对符合《工业化建筑评价标准》的装配式建筑给予一定的财政补贴。

（3）制定和完善装配式建筑定额，作为调整政府投资的装配式建筑项目投资预算额度的依据。

（4）装配式建筑可分期缴纳土地出让金（或返回部分土地出让金）。

（5）将装配式建筑列入建筑节能专项资金扶持范围。

（6）对装配式建筑技术工人的培训和技能鉴定给予一定的财政补贴。

5 税收方面政策

5.1 各地政策

纵观各地的政策，在税收方面优惠的较少。涉及的有三类：一是将装配式建筑纳入高新技术产业，享受高新技术产业政策及相关财税优惠政策；二是对部品生产和施工环节分别核算税收；三是将装配式建筑纳入西部大开发税收优惠范围（表2-4）。

税收政策 表2-4

政策要点	示例
纳入高新技术产业，享受高新技术产业政策及相关财税优惠政策（上海、宁夏、河北、重庆、济南等）	河北省提出符合条件的住宅产业现代化园区、基地和企业享受战略性新兴产业、高新技术企业和创新性企业扶持政策
	济南市提出鼓励产业化企业申请高新技术企业认定，经省科技厅认定的高新技术企业，按照15%税率缴纳企业所得税
	对生产使用有利于资源节约、绿色环保和产业化发展的"四新"技术的企业给予所得税的适当减免（宁夏、陕西）
部品生产和施工环节分别核算税收	长沙市对企业在产业化项目建设中同时提供建筑安装和部品部件销售业务的，分开核算给予税收优惠，即部品部件销售部分征收增值税，建筑安装业务部分征收营业税
纳入西部大开发税收优惠范围	重庆市对建筑产业化部品构件仓储、加工、配送一体化服务企业，符合西部大开发税收优惠政策条件的，依法按减15%税率缴纳企业所得税

5.2 实施效果评估

河北省、济南、长沙、重庆等地探索推行了与装配式建筑相关的企业可享受高新技术企业优惠政策，取得了一定效果。许多企业反映，纳入高新技术产业、享受高新技术产业政策及相关财税优惠政策，政策效果很明显。但在上述税收政策落实过程中，由于缺乏相应的实施细则，与科技、税收等部门协商、沟通的时间成本还是很高的，也有相当大的难度。

少数地方对于全装修住宅的税收优惠政策，对于推广全装修起到了很大的推动作用。

5.3 政策建议

建议将符合条件的建筑（住宅）产业现代化园区、装配式建筑企业享受战略性新兴产业、高新技术企业和创新性企业扶持政策。

建议对于装配式建筑部品构件仓储、加工、配送一体化服务企业，符合西部大开发税收优惠政策条件的，依法按减15%税率缴纳企业所得税。

鼓励企业"走出去"，把与装配式建筑相关的产品纳入出口退税名录。

6 金融方面政策

6.1 各地政策梳理

金融政策主要有三类：一是对装配式建筑项目、企业优先放贷；二是对装配式建筑项目进行贷款贴息；三是对装配式住宅建筑项目的消费者增加贷款额度和贷款期限（表2-5）。

金融政策 表2-5

政策要点	示例
优先放贷	宁夏金融部门对符合住宅产业化发展政策的开发建设项目实行优先优惠放贷
	河北省对建设住宅产业现代化园区、基地、项目及从事技术研发等工作且符合条件的企业，开辟绿色通道，加大信贷支持力度
贷款贴息	济南市通过采取贷款贴息、财政补贴等扶持方式，加快住宅产业化项目示范和推广
对消费者增加贷款额度和贷款期限	宁夏对购买通过住宅性能认定并达到A级的住宅和符合节能省地环保要求住宅的消费者可适当增加贷款额度和贷款期限
	河北省对购买住宅产业现代化项目或全装修住房且属于首套普通商品住房的家庭，按照差别化住房信贷政策积极给予支持

6.2 金融政策的实施效果评估

宁夏、河北等地发布了有关金融优先放贷、贷款贴息等政策，对装配式建筑相关企业的融资，起到了很好的作用。当然，在实际操作过程中，还需要与金融部门进行大量的沟通协调，确保政策落地。

6.3 政策建议

（1）金融机构对装配式建筑项目的开发贷款利率、消费贷款利率可予以适当优惠。

（2）对于购买装配式住宅的购房者，可享受贷款额度、优先放贷、降低首付比例等优惠。

7 建设环节的支持政策

7.1 各地政策

各试点城市，在先行先试中，已经想方设法地推行了大量建设行业自己能够用到的鼓励政策，本专题分类梳理如表2-6所示。

建设行业的鼓励政策   表2-6

政策要点	示例
优先返还或缓缴墙改基金、散装水泥基金	深圳市提出产业化住宅项目优先返还墙改基金和散装水泥基金
	沈阳市提出采用装配式建筑技术的开发建设项目，缓缴墙改基金、散装水泥基金
	济南市对于墙体全部采用预制墙板民用建筑项目，全部返还墙改基金
	长沙市对产业化项目使用散装水泥预制构件的，可计入散装水泥专项资金的返退依据，实行先缴后返
投标政策倾斜	河北省提出在施工当地没有或只有少数几家住宅产业现代化生产施工企业的，国有资产投资项目招标时可以采用邀请招标方式进行
	重庆市对建筑产业现代化项目的建设、设计、施工和监理等企业在诚信评价中予以加分。对保障性住房和预制装配率达到15%的城市道桥、轨道交通等市政基础设施工程建筑产业现代化试点项目，可以采用邀请招标方式进行招标
	济南市对具有构件生产能力且总投资达到一定规模的工程总承包企业，在招投标时给予加分奖励；工程建设按照设计、构件生产、施工、安装一体化的总承包企业，工程招投标时，在同等条件下优先中标；设计、施工、安装、监理等企业参与装配式建筑项目建设达到一定规模的，在招投标时给予加分奖励
	长沙市对唯一供应商（承包商）采购的，可依据《政府采购法》第三十一条规定，按照《政府采购非招标采购方式管理办法》（财政部令第74号）规定的程序，采取单一来源采购方式选择供应商； 对通过终审和验收的国家3A级住宅、国家康居示范工程、国家"广厦奖"的两型住宅产业化项目的实施单位，在工程招投标、资质升级、信用评级等中予以加分
提前办理《房地产预售许可证》	河北省对投入开发建设资金达到工程建设总投资的25%以上、施工进度达到±0.000，可申请办理《商品房预售许可证》
	深圳市提出施工进度达到七层以下（含本数）的已封顶、七层以上的已完成地面以上三分之一层数的，可提前办理《房地产预售许可证》
	沈阳市装配式建筑工程的构件生产投资可作为办理《商品房预售许可证》的依据，同时在商品房预售资金监管上给予支持

续表

政策要点	示例
提前办理《房地产预售许可证》	济南市提出采用建筑产业化技术开发建设的房地产项目，依据建筑部品（件）订货合同和生产进度，订货投入额计入项目总投资额，经市城乡建设委认定后，可在项目施工进度到±0.000时提前申领《商品房预售许可证》
	长沙市提出两型住宅产业化项目预制构件生产投资计入项目投入的开发建设资金，项目投入开发建设的资金达到工程建设总投资的25%以上，多层建筑施工进度达到±0.000，高层建筑施工进度达到六层以上（含六层），并已确定施工进度和竣工交付日期（含环境和配套设施建设），可办理《商品房预售许可证》
开辟绿色通道	河北省对主动采用住宅产业现代化建设方式且预制装配率达到30%的商品住房项目，报建手续开辟绿色通道，可以采用平方米包干价方式确定工程总造价预算进行施工图合同备案
	深圳市提出产业化住宅项目在办理报建、审批、预售、验收相关手续时开辟绿色通道
	青岛市对装配式建筑生产企业在青岛市扩大投资和生产能力的，提供一站式审批、开辟绿色通道等服务支持
	长沙市提出两型住宅产业化项目可参照重点工程报建流程纳入行政审批绿色通道
构配件管理相关支持政策	长沙市提出将两型住宅产业化部品部件纳入建设工程材料目录管理，定期或不定期发布两型住宅产业化部品部件推荐目录
	重庆市提出混凝土构件在材料管理、生产管理、工厂监造、备案管理等方面有可查实的质量控制文件和质量证明文件的，可以免除结构构件性能进场检测
鼓励科技创新与评奖评优	重庆市提出鼓励建筑产业现代化项目参与评奖评优
	济南市鼓励企业科技创新，加快建设工程预制和装配技术研究，并优先列入市城乡建设委科技项目专项计划，优先给予成果奖励，优先推荐上报更高层次科技计划和奖励
为构配件运输提供交通支持	河北省提出各级公安和交通运输部门在职能范围内，对运输超大、超宽部品部件（预制混凝土及钢构件等）运载车辆，在运输、交通通畅方面给予支持
	重庆市提出公安、市政和交通运输管理部门对运输超大、超宽的预制混凝土构件、钢结构构件、钢筋加工制品等的运载车辆，在物流运输、交通畅通方面给予支持

7.2　提前预售政策

上海和深圳等地相继出台关于"放宽采用装配式技术的商品房预售条件"政策，提前预售政策对于降低开发企业资金成本效果明显，且操作性强，对企业吸引力较强。放宽商品房预售条件，主要是对商品房预售工程进度调整，操作性强，对开发企业吸引力尤为明显。建筑业的特点是资金需求量大、建造周期长，目前我国商品房中大都采用预售方式，很大程度上解决了房地产开发企业资金不足的问题。

一方面，跟传统建造方式相比，装配式建筑在成本上还不能达到规模效应，资金需求相对来说高于现浇式建筑；另一方面，对房地产开发企业来说，所需构配件必须在进行现场组装前到位，也就是说在项目建设前期，就需要向部品生产企业下订单，因此建设资金很大一部分需要在项目现场装配前到位。新建装配式商品住宅项目预售工程进度调整的规定，放宽了使用装配式建筑的新建商品住房预售标准，降低了开发企业的财务成本，加快了工程进度，大大激发了开发商的积极性。

采用装配式施工技术建造的商品房预售条件适当放宽，区别于普通住宅，可凸显出装配式建筑在工期方面的优势。上部结构施工的同时，下部进行二次结构或安装工程施工。进行分期验收，能将结构中间验收的频率加密，每施工3~6层左右就能进行一次验收，能有效缩短总体工期。

根据上海万科、上海宝业、深圳万科等企业的经验，主体结构采用装配式，配合全装修，下层建筑还在装配，上层就可以开始内装，结合工程验收采用分批多次验收的方式，使项目开发周期大大缩短，减少了开发商管理成本和时间成本。

深圳曾在2015年5月20日举行的"建筑产业化座谈会"上进行现场调研，对比建筑面积奖励，由于现阶段后者实际操作起来复杂，难度较大，开发企业更欢迎"1/3提前预售"措施，认为缩短周期、加大资金周转、减小资金成本等收益具有极强吸引力。目前，深圳已有数个项目享受到该项措施。鹿丹村项目，2015年2月6日中标，12月26日满足条件后便开盘预售，一年不到的时间里完成了拍—建—售全过程，对开发商的激励作用很大。

建议加大对装配式建筑项目销售的扶持力度，在政策规定范围内，装配式建筑的构件生产投资可作为办理《商品房预售许可证》的依据，可提前办理预售，同时在商品房预售资金监管上给予支持。

7.3 招投标倾斜政策

河北、重庆、济南、长沙等地，都有明确的投标倾斜政策，也都有一定的倾斜条件。对于装配式建筑发展初期，很有效果，如长沙市对唯一供应商（承包商）采购的，可依据《政府采购法》第三十一条规定，按照《政府采购非招标采购方式管理办法》（财政部令第74号）规定的程序，采取单一来源采购方式选择供应商。

明确提出对装配式建筑项目采取邀请招标方式的政策，力度很大。如河北省提出在施工当地没有或只有少数几家住宅产业现代化生产施工企业的，国有资产投资项目招标时可以采用邀请招标方式进行。又如重庆市对保障性住房和预制装配率达到15%的城市道桥、轨道交通等市政基础设施工程试点项目，可以采用邀请招标方式进行招标。

比较稳妥的招投标倾斜政策是"加分"方式。重庆市对装配式建筑项目的建设、设计、施工和监理等企业在诚信评价中予以加分。济南市对具有构件生产能力且总投资达到一定规模的工程总承包企业，在招投标时给予加分奖励；工程建设按照设计、构件生产、施工、安装一体化的总承包企业，工程招投标时，在同等条件下优先中标；设计、施工、安装、监理等企业参与装配式建筑项目建设达到一定规模的，在招投标时给予加分奖励。对通过终审和验收的国家3A级住宅、国家康居示范工程、国家"广厦奖"的两型住宅产业化项目的实施单位，在工程招投标、资质升级、信用评级等中予以加分。

总之，招投标倾斜政策为试点示范过程中的装配式建筑提供了项目资源，促进了装配式建筑的发展。下一步要在现有的招投标法框架内，制定一些有助于"加分"等激励作用的标准和办法，使沟通协调成本更低一些，从而进一步强化招投标倾斜政策的效果。

7.4　优先返还或缓缴墙改基金、散装水泥基金政策

大多数地方的优惠政策，都有返还或缓缴墙改基金和散装水泥政策，实施效果很好。沈阳、合肥等地有质量保证金优惠政策，齐齐哈尔、衡阳等城市还有基础设施配套费优惠政策等。可以说，部分积极性较高的城市，已经尽可能将建设行业可以实施的优惠进行了充分的运用，对装配式建筑的发展，取得了很大的促进和激励效果。

建议：

（1）装配式建筑使用新型墙体材料并符合现行规定要求的，对墙改基金、散装水泥基金实行免征或即征即退。

（2）装配式施工企业缴纳的质量保证金以合同总价扣除预制构件总价作为基数计取。

（3）装配式施工企业缴纳的社会保障费以工程总造价扣除工厂生产的预制构件成本作为基数计取，首付比例为所支付社会保障费的20％。

（4）装配式施工企业缴纳的安全措施费按照工程总造价的1％缴纳。

（5）相关企业发生的研发费用，依照相关规定，在计算企业所得税应纳税所得额时应落实加计扣除的政策。

（6）装配式住宅装修成本可按规定在税前扣除。

7.5　开辟绿色通道

对于装配式建筑发展初期，开辟绿色通道，可以为相关市场主体节约时间成本和资金成本。随着装配式建筑信息化管理体系的建设，将对所有的装配式建筑的快速审批形成技术支撑。建议装配式建筑工程可参照重点工程报建流程纳入行政审批绿色通道。

7.6 其他支持政策

构配件管理相关支持政策、鼓励科技创新与评奖评优、为构配件运输提供交通支持等其他政策措施，都体现了各地想方设法为装配式建筑发展提供政策环境、市场环境的努力，也切实对装配式建筑的进一步发展提供了较好的环境。具体政策如下：

（1）在保障性住房中，优先采用装配式建造方式；

（2）在城镇化的推进中，鼓励乡镇和村庄的住房建设优先选用装配式建筑；

（3）优先安排装配式建筑项目的基础设施和公用设施配套工程；

（4）可适当提高装配式建筑工程设计收费标准；

（5）将装配式建筑部品部件纳入建设工程材料目录管理；

（6）装配式建筑优先参与评奖评优。

参考文献：

[1] 文林峰、刘美霞、岑岩、刘洪娥等，《〈关于推进住宅产业现代化提高住宅质量若干意见〉执行情况评估研究》，2010年；

[2] 文林峰、刘美霞、武振、刘洪娥、王洁凝、王广明等，《绿色保障性住房产业化发展现状、问题及对策研究》课题研究，2015年；

[3] 文林峰、刘美霞、武振、刘洪娥、王洁凝、王广明等，《北京市保障性住房实施产业化的激励政策研究》课题研究报告，2015年；

[4] 刘美霞、王广明，促进农村住宅产业化发展的思考——以广安市推进农村住宅产业化为例，《住宅产业》，2015年05期；

[5] 刘美霞、武振、王广明、刘洪娥，我国住宅产业现代化发展问题剖析与对策研究，《工程建设与设计》，2015年第6期。

编写人员：

负责人及统稿：

岑　岩：深圳市住房和建设局

刘美霞：住房和城乡建设部住宅产业化促进中心

参加人员：

居理宏：沈阳现代建筑产业化管理办公室

徐盛发：江苏省住房和城乡建设厅住宅与房地产促进中心

赵丰东：北京市住房和城乡建设委员会科技促进中心

郭　宁：北京市住房和城乡建设委员会科技促进中心

郭　戈：上海市房地产科学研究院

甘生宇：深圳市万科房地产有限公司

张　波：山东万斯达建筑科技股份有限公司

邓文敏：深圳市住房和建设局

专题3
装配式建筑监管机制

主要观点摘要

我国现行的工程建设管理法规和制度是针对现浇建造方式设计的，分项招标，分段验收，设计、生产、施工各个环节相互割裂、脱节，与装配式建筑特点要求不相匹配。虽然有些城市探索出台了临时性的监管措施，但大都是"应急性"的，亟需构建系统、完善的装配式建筑监管体制和机制。

一、装配式建筑监管机制现状及问题

（1）推进机构方面存在的问题

推进装配式建筑，既需要各部门分工明确，又需要相互配合。目前，各省、市住房城乡建设管理部门对于装配式建筑管理的职责归属差别较大，有政府机构，也有事业单位；政府机构中，各省市将装配式建筑的职能设置于不同的处室，如科教处、工程处、房产处、建管处、计财处等；事业单位中，有住宅产业化中心、科技中心、墙改办、开发办等多种机构。部、省、市等各级管理部门没有形成明确的、职能清晰的管理架构。

（2）资质管理和人员资格方面的问题

装配式建筑带来了建造方式的巨大改变，但基于现浇方式的资质管理和从业人员资格管理方式已不适宜装配式建筑的建设需要。另外，宜采用工程总承包方式建设装配式建筑，目前的工程总承包资质序列还有待创新。此外，传统的工种设置也不能满足装配式建筑的施工要求。

（3）工程招投标规定中存在的问题

现行的设计、施工等各环节分段招标模式，与装配式建筑工业化、一体化的特征很不相协调，也不利于工程总承包模式的推行，装配式建造方式的优势不能充分发挥。

（4）工程定额造价方面存在的问题

亟待研究建立针对装配式建筑的预制构件定额，完善装配式建筑工程计价模式。

（5）质量监管中存在的问题

缺乏预制构件产品标准，建设主管部门对预制构件生产质量无法实施有效监管，对关键节点施工过程中的质量监管力度不足，出现监管盲区，带来质量隐患。

二、发展思路与对策

（1）在相关法律法规的修订中，增加装配式建筑的相关内容和要求。

（2）明确从国家到地方的装配式建筑推进机构和职责，实现责权利统一；加强部门协调，建立协同推进机制。

（3）创新质量监管机制

1）创新对装配式建筑建设全过程的质量监管机制，特别是加强施工质量管理和对预制构件生产的监管，建立健全标准预制构件的产品标准，对非标准预制构件的生产实行延伸监管。

2）构建建设单位、勘察单位、设计单位、施工单位、生产单位和工程监理单位等各方责任主体的责任落实机制。工程总承包单位对工程质量、安全、进度、造价负总责，其他各方主体各负其责。

（4）强化社会监理的作用。建立独立的、社会化的第三方监理机制。建立监理单位诚信体系，加大社会监督力度。

（5）加快推进工程总承包模式

1）鼓励装配式建筑项目采用设计、部品部件生产、施工和装修一体化工程总承包（EPC）模式，其中政府投资项目应以工程总承包（EPC）模式为主。

2）完善工程招投标模式。在条件具备地区，可采用邀请招标方式确定装配式建筑工程项目的设计和施工单位。

3）完善工程总承包招投标办法及相关指导文件，明确工程总承包的资质要求，健全与之相适应的施工许可、分包管理、竣工验收等制度。

4）鼓励全产业链企业及有实力的专业化公司组成产业联盟，形成紧密合作型的工程总承包联合体，充分发挥强强资源整合优势。

（6）建立针对装配式建筑的预制构件定额标准，明确出厂要求，完善装配式建筑工程计价模式。

（7）加强人才队伍建设

1）对管理、设计、生产、施工、监理、检验检测、验收等全过程涉及人员进行相关的教育和培训。

2）亟需制定装配式建筑岗位标准和要求，设立专业工种，引导传统工种向装配式建筑新工种的转变。

3）鼓励总承包企业和专业企业按照装配式建筑产业发展要求，建立以装配式建筑为主要业务的专业化队伍。

4）高等院校和职业学校相关专业要增加装配式建筑教学内容。

5）相关专业执业资格考试和继续教育要强化装配式建筑内容。

（8）加强信息化建设与管理

将装配式建筑项目纳入建筑信息管理系统，在报建、部品部件生产、设计文件审查、施工许可、质量安全监督、竣工验收备案等环节进行全过程信息化监督管理；建立装配式建筑质量追溯系统，实现工程建设全过程的可查询和质量可追溯机制。

我国现行的工程建设管理法规和制度是针对现浇建造方式设计的，分项招标，分段验收，设计、生产、施工各个环节相互割裂、脱节，与装配式建筑特点要求不匹配，虽然有些城市出台了相关规定，但大都是"应急性"的，亟需梳理和构建系统的装配式建筑监管体制和机制。

1 监管现状分析

1.1 监管的基本模式

我国一直高度重视建设工程的质量和安全问题。《中华人民共和国建筑法》、《建设工程质量管理条例》、《建设工程安全生产管理条例》及其他许多相关规定、文件等，围绕建设工程的"质量"和"安全"建立了一整套监管制度。本专题重点从监管主体、监管范围、监管发展方向等方面进行梳理和概括。

1.1.1 监管主体

根据有关法律、法规规定，我国建设工程政府监管主体是各级政府建设行政部门及其他有关部门；国务院建设行政主管部门对全国的建筑活动实施统一的监督管理；国务院铁路、交通、水利等有关部门按照国务院规定的职责分工，负责对全国有关专业建设工程质量、安全生产进行监督管理。同时，各级政府建设行政部门及其他有关部门可以将施工现场的质量、安全生产工作的监督检查委托给由政府认可的第三方机构，即建设工程质量监督机构和建设工程安全生产监督机构（建设监理），由其代表政府履行建设工程质量和安全生产监管职责。这是目前政府履行监管职责的主要执法方式。

1.1.2 监管范围和手段

从范围上看，我国建设工程政府监管制度涵盖了工程建设"事前、事中、事后"三个阶段，是全方位、全过程的监管。事前主要采取行政许可如安全生产许可、规划许可、施工许可等行政法律行为，通过市场准入制度来确保质量；事中则主要监督检查参建各方的建设行为、工程实体质量和安全是否达到法律、法规、强制性标准的要求；事后则针对违法行为采取行政处罚、行政处分等手段进行监管。

从手段上看，表现为两种手段，一是宏观管理的法律、经济性手段，二是微观控制的行政手段。一方面政府对建筑业承担着制订行政法规、规章、规范性文件以及方针政策等立法、宏观管理的职能；另一方面，在现有政府监管模式下，政府相关机构承担着大量的监管职责，渗透到建设过程的诸多方面。例如，当前我国建设工程质量政府监督机构需要履行"三到场"的职责，参加工程建设的地基基础（含桩基）、主体结构工程、竣工验收的监督。

1.1.3　监管制度的趋势

从我国建设工程政府监管制度的改革进程可以看出，政府监管逐渐从微观管理向宏观管理转变；从单一监管方式向多种方式转变；从只强调政府监管作用向同时注重社会监管作用转变。在法律层面已经将"监理制度"作为社会监管的角色推向市场，以期通过监理制度的实施进一步降低政府监管成本，明确建设各方责任，以此推动建筑事业的发展。这些变化体现了我国建设工程监管模式社会化的走向，更加重视社会性主体的能动作用。政府监管、行业自律、市场机制三位一体的监管模式是未来的发展趋势。

1.2　现浇建筑监管方式

建设行政主管部门监管的两个核心是"质量"和"安全"。在安全监管方面，国家出台了一系列规定，而由于项目众多、政府监管人员严重不足，安全问题更多的还是靠企业自律来保障；另外，"建筑类"的安全处罚规定力度一般都不大，而司法体系对于安全事故的处罚力度却很大，促使企业自律的最好约束是利益。

在质量监管方面，采用的是建设工程质量政府监督机构"三到场"和社会监理机构过程监督的方式，出台了大量的规范和技术规定。但是由于传统现浇建筑的自然属性，质量通病仍然大量存在，甚至出现一些整幢建筑倒塌的事件。具体来说，如对于商品混凝土的质量问题，混凝土的监测采取的是试块抽查的方式，但抽样很难保证全体的质量，再加上商品混凝土的运输、搅拌等环节也存在出现质量问题的可能性，仅仅用试块抽查的方式，很难对整体质量进行监管；又如现场施工的问题，模板、钢筋绑扎、振捣等过程造成众多的蜂窝麻面、孔洞、露筋、漏浆等问题，由于现场养护是在露天环境下进行，裂缝问题也屡见不鲜。

1.3　装配式建筑监管方式

伴随着装配式建筑的发展，亟需构建结合装配式建筑特点的监管模式。据专题研究课题组了解，大多数地方还没有根据装配式建筑的系统性特点制定相适应的监管模式，仍然沿用传统建筑的重事前审批、轻过程监管的模式。但又对装配式建筑的质量和安全存有疑虑，在推进过程中探索了许多具体的做法，如成立领导小组，出台相关规定或应用省厅颁布的规定来进行监管。比较先进有效的方式是上海、济南等个别城市采取的信息化监管模式，上海市、区两级联动，明确职能机构，优化监管信息系统，全程应用BIM技术进行监管。

大多数开展了装配式建筑试点示范项目建设的地方，采取传统监管方式加上专家论证等非常规的做法，监管行政成本高、花费时间多。从监管效果看，存在以下问题：

（1）缺少系统性的装配式建筑监管体制和机制；（2）管理碎片化，出台的各类规定都是"应急性"的或者"启动性的"，还不能形成完整的有效的监管体系；（3）缺少技术规程、规范时，无法报建，检测机构无法抽检，质监无法验收；（4）由于勘察、设计、施工、构件生产等环节被肢解，无法形成系统的全过程监管，监理对工厂生产监督无法可依，出现监管盲区；（5）没有应用建筑物联网技术，无法实现建筑全寿命期的质量追溯。目前业内习惯于从BIM技术应用角度来研究装配式建筑的信息化工作，但由于BIM技术缺少统一的标准、缺少唯一性的构件编码等问题，目前更适用于单体工程，难以实现全系统全过程全产业链的监管。

2 地方主要做法

2.1 建立组织领导体系

1998年以来，在住房和城乡建设部的直接领导下，部科技与产业化发展中心（住宅产业化促进中心）积极推进装配式建筑相关工作。省市、地县级政府通过单设处室、事业单位或将职能委托相关协会等形式，增加人员编制，加强本地区装配式建筑专职管理机构建设。值得总结之处有：

2.1.1 市领导牵头成立领导小组或建立联席会议制度

试点示范城市普遍采取了成立领导小组的方式来强化领导，如沈阳、济南、合肥、长沙等。一般由市主要领导担任领导小组组长，发改委、规划、国土、财政等部门为成员单位，成员单位负责人一般均为各部门负责人；领导小组下设装配式建筑办公室，办公室设在建委或房产局；市领导小组负责总体协调，明确各部门职责分工；领导小组办公室整合建委的大部分职能处室具体执行装配式建筑的推进工作。

建立联席会议制度。北京、上海、深圳等城市采取联席会议形式。上海在发展前期以类似于领导小组的联席会议形式推动住宅产业化发展。2008年初，上海市建立了市级推进新建住宅节能省地发展联席会议，并于2011年更名为"上海市新建住宅节能省地和住宅产业化发展联席会议"，负责组织制订和协调落实住宅产业化发展规划、计划、各项政策措施和项目建设。由市政府分管领导出面作为召集人，市发展和改革委员会、市经济和信息化委员会、市城乡建设和管理委员会、市住房保障和房屋管理局、市科学技术委员会、市规划和国土资源管理局、市财政局等部门作为成员单位。联席会议下设办公室，负责组织制订和协调落实住宅产业化发展规划、计划、各项政策措施和项目建设。并逐步形成市、区两级联动推进住宅产业现代化的工作机制。2013年，深圳建立住宅产业化工作联席会议制度，统筹协调深圳住宅产业化发展的重大问题，建立联动机制促进部门协作配合。

2.1.2　住房和城乡建设部门负责实施

各地产业化实施机构总体上都在住房和城乡建设部门，上海、深圳等城市，一度出现了产业化相关工作多部门负责的状况，近期逐步调整至住房和城乡建设部门。如上海市2015年10月组建住房和城乡建设管理委员会，不再保留上海市住房保障与房屋管理局和上海市城乡建设和管理委员会。依据《上海市住房和城乡建设管理委员会主要职责内设机构和人员编制规定》（沪府办发［2015］48号）明确建筑节能和建筑材料监管处专门负责推进住宅产业化和装配式建筑工作，将从装配式建筑、节能、建材三位一体，统筹推进相关工作。

2.2　出台支持政策

以试点示范城市为代表的许多省市，积极出台各项政策，以各类指导意见、通知、实施意见（细则）、发展规划、纲要、行动计划的形式发布，专题2中已经有较为详细的研究，本处略。

2.3　制定技术标准

为了规范和加强装配式建筑工程管理，保障工程质量安全，住房和城乡建设部、各省、各试点示范城市研究编制了一系列技术标准，主要涉及设计规程、构件制作施工及质量验收规程、标准图集、技术规程、定额、住宅标准套型图集。

部品化的发展研究也都在进行中，防水构造、抗震性能及材料的研究、模数协调标准研究也都在深化，各项研究都强调设计、施工、生产的通用性与标准化。

2.4　园区、企业、项目共同推进

以项目落实为抓手，开展全产业链企业培育是当前各城市的主要模式，部分城市在此基础上又进一步推动装配式建筑园区规划和建设。紧抓项目落实，一是保障性住房项目的应用，并逐步向棚改安置房拓展；二是推进房地产市场应用；三是非住宅和公益性项目中积极推进。

打造建筑（住宅）产业化全产业链，培育具有产业链整合能力的大型装配式建筑集团。一是培育建设单位成为建筑（住宅）产业化的提供商。二是设计先行，促进勘察、设计院转型，为开发企业提供技术服务。三是工业化施工，促进建筑施工企业转型，为市场提供最终产品。四是强化监理，提升工业化施工质量，促进建筑监理单位转型，代表企业有山东省监理公司等。五是培育部品部件、构件供应市场，新建和改造升级相结合，完善供应体系。

为了进一步整合产业链企业，形成合力作用，促进企业间的合作，提质增效，部分城市推进了装配式建筑园区规划建设。代表城市济南、沈阳、合肥。以济南为例，济南在装配式建筑基地方面采取"园区+基地"的模式，结合济南地域特点，在充分考虑原材料、区位的情况下，建立了章丘、济阳、长清三地的装配式建筑园区，以此为平台发展装配式建筑基地及相关配套产业链。按照各个园区的现有资源特点对园区进行合理定位，确定各个园区重点发展方向，实现错位竞争、协调发展的目标，并根据各自定位积极引进国内外大型产业化集团，鼓励现有建材、建筑施工企业、房地产企业向建筑部品部件生产转型，扶持本地龙头企业做大做强，建设国内一流的现代住宅产业园区。

2.5　积极开展科技研发

装配式建筑虽然在国外已经较为成熟，但是我国地域广阔，地区间差异大，装配式建筑发展并没有多少适合我国特色可以借鉴的经验；装配式建筑是一次产业变革，是从传统的分割式的模式转型升级为全产业链系统的模式；因此需要研究先行，边学边干，实时总结，合作共享，科技体系的建设显得尤为重要。

各试点示范城市根据自身城市的发展特点、现状和目标，纷纷开展科学研究，与大专院校、科研机构紧密合作，从宏观、中观、微观各个层面开展工作。不但有自然科学类和软科学类的研究，也有机械设备的研发；各类设计规程、构件制作施工及质量验收规程、标准图集、技术规程、定额、住宅标准套型图集也都是在科学研究的基础上制定出来的，一系列的研究成果开始陆续展现并应用于装配式建筑发展的工作中。比如，合肥的《装配式建筑综合效益分析》课题，已被住房和城乡建设部推荐为重点研究课题；济南的《济南市装配式建筑"十三五"发展规划研究报告》、《济南市装配式建筑产业园建设战略规划》、《济南装配式建筑产业链研究》三个课题已编制完成；济南引导中国重汽集团研制了装配式建筑部品部件专用水平运输车，以及大汉塔机和丰汇集团研制了远端塔臂载重5.7t的垂直运输塔机。

2.6　加大宣传培训力度

2.6.1　加强宣传

针对装配式建筑工作社会认知度不高的现状，从住房和城乡建设部到各省各城市都做了大量宣传交流工作。从电视、报刊、网站等传统媒体到微信、微博等新兴媒体，从全国性大会到城市间交流、论坛、研讨会、企业间交流，采用多种形式对装配式建筑工作进行宣传，及时报道最新产业动向和成果，营造良好市场氛围，形成立体系统式宣传推广，使社会各界对装配式建筑越来越了解、越来越接受。

2.6.2 强化技术培训

进行社会资源整合，与大专院校建立培训机制，编制培训教材；引导校企合作实现紧密对接。济南组织编写了《装配整体式混凝土结构工程施工》、《装配整体式混凝土结构工人操作实务》两本培训教材；成立了"济南市工程职业技术学院万斯达学院"，对装配式建筑专业技术人员进行上岗培训及教育。2016年第一期招生规模就已经达到500余名学员。沈阳积极利用沈阳建筑大学等培训基地，举办技术管理人员培训班和专家研讨会，针对装配式建筑施工过程的灌浆施工等技术环节组织专门培训，截至目前，已有超过3000人参加了相关技术和管理方面的培训；在沈阳建筑大学、沈阳大学增设了现代装配式建筑课程。

2.7 创新招投标模式

在招投标工作中，全国对于未来的发展方向是一致的，都认为应推行设计、施工、生产一体化的工程总承包模式。

济南：具有构件生产能力且总投资达到一定规模的工程总承包企业，在招投标时给予加分奖励；工程建设按照设计、构件生产、施工、安装一体化的总承包企业，工程招投标时，在同等条件下优先中标；设计、施工、安装、监理等企业参与装配式建筑项目建设达到一定规模的，在招投标时给予加分奖励。

合肥：试点初期，在部分试点项目上采用单一来源方式确定装配式建筑施工企业，造价的确定是运用传统方式和产业化方式对比，给产业化企业一定的利润空间，逐步与市场接轨。从2013年起，所有装配式建筑项目一律实行公开招标，采用设计施工总承包方式，由产业化企业从设计、部品部件生产到施工装配，全过程实行总承包，中标价格明显降低，施工工期大大缩短，经济效益、社会效益和环境效益都十分明显。

2.8 强化工程监管

装配式建筑"系统性"的特点与建设行政管理体制"碎片化"的矛盾，是装配式建筑推行的主要矛盾，并且贯穿于推广过程的始终。各城市都在积极探索创新适用于装配式建筑的工程监管体系。

2.8.1 上海工程监管体系

（1）明确市、区两级监管责任，加强监督考核。上海市已形成市、区两级联动推进住宅产业现代化的工作机制，进一步强化区县政府主体责任。市级管理部门每年明确装配式住宅的建设目标、制定相关政策，区县按照"区域统筹、相对集中"的原则负责装配式住宅项目的安排落实，每年对区县政府进行检查。

（2）优化建管信息系统，严格全过程监管。上海住建委围绕建筑安全和质量，加快建立装配式建筑项目"从工厂到现场、从部品件到工程产品"的全过程监督管理制度。加强对构配件生产企业等市场准入管理。加强对安全质量影响较大的构件、部品的生产和使用管理，探索建立预制构件部品目录管理制度。健全施工现场质量安全监督体系，编制并实施装配式建筑工程项目质量监督要点和安全监督要点，切实保障工程质量和施工安全。研究制定适应装配式建造的从业人员与队伍管理规定，合理减控现场施工劳务人员数量，提升施工劳务人员岗位技能水平。上海住建委已完成建管信息系统的调整工作，按照装配式建筑的实施要求，在报建、施工图审查、施工许可、验收等环节设置管理节点，并在施工图审查备案证书、竣工验收备案证书上标注装配式建筑面积、结构形式、预制率、装配率等信息，确保装配式建筑项目得到有效实施和监管。

（3）基于BIM技术的监管和验收模式探索。上海是全国最早应用BIM技术的城市之一，至今已有近10年的探索，在BIM技术上取得了长足的进步，目前技术水平处于全国领先地位。从实际经验上，上海基本建立了基于BIM技术提高建设管理效率的实践体系。

2.8.2 沈阳工程监管体系

2011年，沈阳市建委等五部门联合下发了《关于沈阳市推进装配式建筑工程建设暂行办法的通知》。为了进一步强化装配式建筑工程建设管理，确保装配式建筑工程质量，沈阳市积极探索现代装配式建筑发展管理模式，接连出台了《关于推动沈阳市现代装配式建筑工程建设的通知》、《关于沈阳市装配式建筑工程建设管理实施细则的通知》、《关于加强沈阳市商品住宅全装修工程建设管理的通知》。针对与传统工程施工模式和管理环节的不同，在装配式建筑工程的设计、构件生产、施工安装、安全防护、监理和竣工验收等环节加强装配式建筑工程监管。

2.9 以信息化手段加强质量监管

2015年10月济南装配式建筑领导小组办公室结合省住建厅印发的《山东省装配式混凝土建筑工程质量监督管理工作导则》，组织专家对具备生产能力的6家企业进行了检查。

济南作为我国第三个试点城市，积极研发和应用建筑质量追溯体系，串联预制混凝土结构、构件运输与吊装、工业化装修、整体厨卫、装备制造、太阳能与建筑一体化、建筑物联网系统与信息化服务等八大产业链协同发展。目前已经有200多个装配式建筑项目进入质量追溯系统平台，有8个项目实现了从部品部件到建造过程的追溯。

3 存在问题与瓶颈

3.1 缺少适合装配式建筑特点的管理机制

装配式建筑最突出的特征是将产品策划、规划、设计、构件生产、施工、运维等全产业链融合，并将建筑、结构、设备、智能化、装修、家具等有机结合，是整体解决方案，突出体现了"系统性"。而现行的建设行政体制，植根于传统的建筑业施工方式和计划经济，以分部分项工程、资质管理、人员管理等行政方式，人为地将建筑工程分解成若干"碎片"，按照设计、招标、施工的程序进行，设计、施工、生产一体化的总承包模式还没有被广泛采用。特别是设计单位没有在建设过程中发挥技术的主导作用，不利于装配式建筑的新技术、新工艺在工程项目建设中广泛应用。

3.2 全产业链协同发展不足

装配式建筑工程的系统性特点决定了装配式建筑的发展必然要求全产业链协同，目前产业链各环节认识不一致，实力差异较大，发展进度不同，需要抓紧弄清各个环节存在的问题，建立全产业链协同发展机制，确定先导、主导企业拉动机制。

比如设计、施工、生产三个环节，在传统模式中设计院做好设计，施工单位现场施工就是生产，设计施工虽然分离，但是经过几十年的发展，行业对这样的模式都很熟悉，各类人员的专业素养也能达到要求，即使这样，在实际操作过程中仍然存在问题。在装配式建筑模式中，现场生产变为工厂化生产，工厂化按照标准化生产的构件是独立单元，需要施工单位进行吊装拼装，设计单位如果还是按照传统模式进行设计，将导致工厂无法生产、施工单位无法操作，因此需要设计单位在设计时按照构件独立单元进行拆分设计，有些类似于钢结构设计，根据图纸即可以进行工厂构件生产和现场吊装，实现设计施工生产一体化。当前存在的问题是设计人员不熟悉这样的设计模式，需要进行研究和培训。同时，现行设计院普遍采用的经济利益分配机制和标准化设计取费偏低，使设计人员对这样的设计模式兴趣不高，缺少研发动力。施工单位和工厂的人员也需要一定的时间和项目实践熟悉和提升工作方法和技能。

3.3 审批管理流程亟需调整

深圳在早期由深圳万科公司试行装配式建筑时，就出现了没有规范无法报建、检测机构无法抽检、质监部门无法监督和验收的窘境。后来由政府和企业多次协商，采用了很多变通的方式：如企业编制企标，按程序上升为市标和省标；开专家论证会作为报建前置条件；试行分段验收等措施，确保了试点项目的顺利实施。

当前各类规范和技术标准都在陆续出台，但随着装配式建筑的快速发展，这些规范和技术标准仍然需要调整和改进。一些开发企业反映，由于设计规范还在不断完善中，有些试点项目无法通过设计审图，需要主管单位组织召开专家评审会，经专家论证通过后方可施工，给装配式建筑大规模推进带来了一定障碍。

由于装配式建筑的建造过程与现浇建造方式不同，相应的项目建设管理流程需要进行相应调整和改进：在"前期筹划、前期准备、建设实施、预售和交付管理、使用和维护"五个主要阶段基础上，某些阶段需要前置，某些环节需要增加、细化。因此制定适合装配式建筑特点的审批、管理流程对于加快推动产业发展具有重要意义。

3.4　质量管理机制有待完善

预制构件生产企业的准入门槛较低，预制构件在车间加工完成后，质量控制要求需进一步明确。如果大规模推广装配式建筑，如何确保部品部件的质量，如何确保关键节点的质量，是需要高度重视的问题。另外，灌浆连接技术的检验检测方法还不够成熟，质量管理机制还有待完善。

3.5　组织保障机制有待完善

装配式建筑全产业链协同发展需要多个部门的合力作用，遇到的问题和困难时，不能停留在单个问题解决的方式，需要运用系统的思想，从全局的高度去思考问题，制定相应的对策。装配式建筑业迫切需要其他产业的融合与保障，尤其是财税、金融的支持。

装配式建筑系统只有各个子系统共同协同运转，装配式建筑系统才可以流畅地运转起来。当前的财税、金融子系统基本没有启动，对装配式建筑的保障和支持作用没有发挥。

4　发展思路与建议

4.1　推进相关立法研究工作

4.1.1　关于《建筑法》中有关内容

《建筑法》在2011年进行了修订，其他法律法规大多在更早的时间发布或修订，自然是针对现浇的建造方式进行一系列的规范，而装配式建筑是一种新型建造方式，管理主体、流程、方式都发生了根本变化，因此，各种法律法规基本都没有涉及与装配式建筑相对应的一整套管理和运行机制。由于法律法规制定修订的复杂性，该类工作建议陆续开展。

涉及的核心问题有，建筑结构构件生产企业是否属于建筑活动这个核心问题，要予以明确，这个问题的定性在很大程度上影响装配式建筑的运行机制。建议将构件生产列为建筑活动，归入《建筑法》的管理范畴。

4.1.2 关于《产品质量法》中有关内容

建议修改《产品质量法》中的规定，将装配式建筑构件生产的产品调整为建筑工程的范围，解决多头管理的问题，也有利于实现行业主管部门真正的全过程监管。

4.1.3 建立装配式建筑的性能评价，研究制定《装配式建筑性能评价管理办法》等有关规定

4.2 加快完善行政管理体制

（1）指导各省、各城市尽快明确装配式建筑的分管机构和职责，实现责权利统一，提高装配式建筑发展效率；

（2）由国家主管部门与各省、各城市签订目标责任书，将装配式建筑发展目标量化，完善全过程监管、考核和奖惩机制；

（3）明确住建与发改、土地、工信、财政、税务等部门的沟通协调机制；

（4）不断强化各个层面对装配式建筑的认知，加强宣传和培训，统一思想，凝心聚力；

（5）落实项目是推动装配式建筑发展的关键，将装配式建筑审批落实到政府权力清单的执行上。

4.3 完善资质管理和从业人员资格认定

结合现行的资质管理制度，针对装配式建筑发展初级阶段的特点，建议对从事装配式建筑的企业进行专项的资质管理，制定针对具有设计、施工、生产一体化能力的单位进行专项资质管理的标准和办法，鼓励相关企业采用一体化总承包模式承揽装配式建筑的建设。

建立严格的装配式建筑从业人员资格管理，尤其是对设计人员要进行高标准资格管理，对产业工人不仅用上岗证的方式管理，也要建立资格分级管理，鼓励高素质人才参与生产。

4.4 积极推行工程总承包模式

装配式建筑的发展应当采用工程总承包模式，已经取得共识，需要通过系列政策，营造有助于工程总承包实施的制度环境、政策环境和市场环境。还需要进一步对以设计企业为龙头、以施工企业为龙头、以房地产开发企业为龙头的多模式工程一体化总承包模式，进行系统化的总结和研究。

要研究各种模式下，如何充分发挥设计环节在装配式建筑中的科技创新优势。根据现

场建造到工厂制造的建设方式转变，强化设计的龙头作用和技术核心优势，提高设计在建设各方主体的主导权，发挥设计在装配式建筑项目建设中的统筹作用。逐步改变装配式建筑工程建设过程中勘察、设计、施工、构件生产等环节被肢解的状况，以便体现装配式建筑的优势。

4.5　完善装配式建筑招投标方式

政府投资工程率先采用装配式建筑，鼓励采用项目总承包、设计施工总承包、BT、BOT、BOOT（建设—拥有—经营—转让）等新型建设招标模式。探索非国有资金投资项目建设单位自主决定是否进行招标发包，是否进入有形市场开展工程交易活动，并由建设单位对选择的设计、施工等单位承担相应的责任。深化以"评定分离"为核心的招投标改革，落实招标人负责制。对专业力量较强、行为较为规范的招标人，试行招标人自主评标、直接委托专家或专业机构评标。

4.6　加强全产业链能力建设

针对现阶段能够进行装配式建筑设计、施工、吊装等的专业人员不多，能够将装配式建筑不同专业统筹起来的人员更少，能够将装配式建筑和绿色建筑、超低能耗建筑等结合起来的人才极度匮乏等问题，建议加强全产业链能力建设，主要采取以下措施：

（1）积极培育发展装配式建筑的专业化设计队伍（和咨询队伍）；

（2）进一步完善培训工作，不仅对产业工人进行培训，而且要对管理、设计、生产、施工、监理、检验检测、验收等全过程涉及人员进行装配式建筑教育和培训，形成全产业链的培训机制；

（3）制定装配式建筑岗位标准和要求，设立专业工种，引导传统工种向装配式建筑新工种的转变；

（4）鼓励总承包企业和专业企业按照装配式建筑产业发展要求，建立以装配式建筑为主要业务的专业化队伍；

（5）高等院校和职业学校相关专业要增加装配式建筑教学内容；

（6）相关专业执业资格考试和继续教育要强化装配式建筑内容。

4.7　进一步加强培训与宣传

进一步加强装配式建筑的宣传工作，实现主流媒体全覆盖，提高社会认知度，让公众了解装配式建筑的质量和性能优越性，形成认同并积极购买，用市场的力量来推动应用。

进一步加强产业体系内宣传，达成共识和合力，变消极抵制为主动合作推动。

5 构建信息化监管体系

建议尽快建立适应装配式建筑质量和安全要求的全过程追溯体系。积极构建基于物联网的装配式建筑工程建设质量和安全管理全过程的数字化监管平台。以装配式建筑生产全过程的产业链为主线，采集报建材料、审查合格的施工图设计文件、部品部件原材料及出厂产品的检验和生产运输数据、重要装配节点的施工数字化记录、工程质量检验检测数据、竣工验收等全过程的相关数据，实现工程建设质量的可查询、可追溯。以信息化手段严格落实建设、勘察、设计、施工、生产和监理各方主体的质量安全责任，落实各方主体项目负责人质量终身责任。

5.1　建设全寿命期信息管理体系

在全球信息化快速发展的趋势下，实行建设全寿命期管理是建筑业与信息化深度融合的重要体现，是贯穿建设项目决策、实施和运维全过程的、开放的、交互式的一整套应用方案。其核心是构建一个包含所有项目信息的系统化中心数据库，并以此为基础进行项目信息管理。要使建筑质量终身责任的倒逼机制发挥效用，必须建立装配式建筑全寿命期（50年以上）的可追溯机制。进入建筑质量追溯体系的任何装配式建筑或其部品部件，一旦出现质量缺陷，监管机构要能够拥有准确的信息证据对其进行追溯，这就需要追溯建设过程中记录的关键数据链。因此，对关键数据的管理是质量追溯的核心，只有梳理清楚建设项目全寿命期建设过程中环环相扣的数据关系，并在实际业务执行中采集并存储这些关键信息，才能实现建设过程的正向跟踪与建筑质量的反向追溯。因此，实现质量信息追溯的关键是构建装配式建筑全寿命期信息体系。

5.2　基于物联网技术的5W1H质量信息采集体系

信息质量是一个多维度的概念，一般认为，信息质量维度是指信息满足用户要求和使用目的基本质量特性，包括何时（when）、何人（who）、何地（where）、如何采集（how）、信息采集凭据（why）、活动结果（what）"5W1H"六个维度的信息，如图3-1所示。在装配式建筑的全寿命期中，各主体单位都需要采集多维度的质量信息来确保质量责任追溯机制的实现。依据装配式建筑建造过程设置以下七类信息采集点：（1）原材料检验；（2）生产过程；（3）部品部件入库；（4）运输装车；（5）部品部件

图3-1　信息采集维度5W1H

进场；（6）部品部件安装；（7）部品部件安装检验。根据装配式建筑建造过程质量追溯所需信息，然后按照"5W1H"原则在各个信息采集点上采集所需数据。例如，在一个生产过程的某个工序上，要采集实际生产负责人（who），生产日期（when），生产地点（where），工序名称、部品部件编号、所用原材料编号（what），生产现场照片、视频（how），生产活动所依据的工艺要求、规范、合同（why）等信息。依据装配式建筑建造过程设置信息采集点，按照5W1H原则确认要采集的数据后，利用RFID技术进行数据采集，获取部品部件在产业链上每一个环节和节点信息，建立完整的装配式建筑质量追溯信息体系。

5.3　基于全过程的责任主体追溯体系

《建设工程质量管理条例》于2000年1月30日发布施行，其主要宗旨是实施建设工程质量责任终身制。建设工程质量责任终身制确保了工程项目无论何时出现质量问题，都可以根据记录的信息追踪溯源，找到相关责任人。基于此要求，在装配式建筑全寿命期中构建基于活动的责任主体追溯机制。根据上述活动的定义可知，装配式建筑整个寿命周期就是所有活动的连接体。当建筑物出现质量问题时，经过调查取证，如果确定质量问题是由某相关建设活动造成，那么依据质量追溯信息体系就可以向前追踪到相关责任人。同时，还可以通过信息组织体系，向后追溯到该责任人所从事的其他建设活动，如图3-2所示。例如，当建筑物A发生质量问题时，经检测，属于活动设计A造成，可以向前追踪到责任人A，同时，还可以向后追溯到该责任人A所作的设计B与设计C，则设计B和设计C可能存在同样的质量隐患。

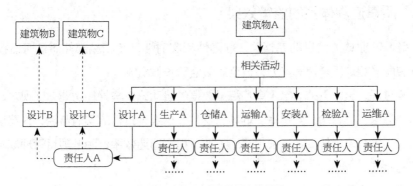

图3-2　基于活动的责任主体追溯

5.4　基于批次的部品部件质量追溯体系

一批加工原料，在经历了若干过程后形成若干半成品、最终产品的全过程称为

"批"，给对应的批次赋予一个数值标志，该标志称为"批次"。"批号"常用来标识同一批物料或者产品，定义为用于识别"批"的一组数字或者字母加数字。批次管理是指企业对原材料、生产流程、半成品、最终产品等用批次来标识，并按照批次进行管理，是生产跟踪和质量追溯管理的常用方法。

目前，部品部件的生产还具有传统工业生产的特征。质量追溯系统用批次来标识一批钢筋、水泥等材料在经过若干过程后，形成部品部件等半成品或最终产品的完整过程，并将批号用于部品部件的生产、仓储、检验和运输等管理活动，对部品部件实行批次管理，建立基于批次的部品部件质量追溯机制。当建筑物出现质量问题时，经过调查取证，如果确定问题属于某一部品或构件质量问题，则同一批次的部品或构件会存在同样的质量问题，那么该质量问题还会存在于若干建筑物中。

如图3-3所示，当发现建筑物A存在质量问题时，通过技术检验认定问题是由于部品部件B的缺陷造成的，同一批次的部品部件B用于建筑物D的建造，则建筑物D就存在质量隐患；如果通过进一步检验，进一步可以发现部品部件B的问题是由于原材料A造成的，而同一批次的原材料A又用于生产部品部件X。通过信息组织体系，可以向后追溯到建筑

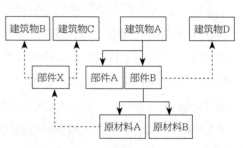

图3-3　基于批次管理的部品部件材料质量追溯

物B、建筑物C均使用了有质量问题的部品部件材料。通过这种追溯方式可以跟踪和追溯由于部品部件或材料的质量问题造成的建筑物质量隐患。

5.5　质量追溯体系的监管效果

（1）确保产业链上信息的完整性、准确性和实时性，使部品部件质量可监控、可追踪，增强装配式建筑质量追溯能力，健全质量监管长效机制。

（2）全过程、全方位的信息采集和海量数据的自动分析与处理功能，实现对装配式建筑项目从部品生产、仓储，到运输、堆场、安装、运维全过程的实时监控，为建设过程的精细化管理提供信息支持，达到缩短建造工期、提高建造效率、降低项目管理成本、保证建筑质量的目的。

（3）整合产业链上的市场资源，可以衍生出政府授权、企业认证、部品部件设计生产和技术服务等多方面业务，使建筑业设计、生产、经营活动向社会化大生产过渡，形成专业化生产、商品化供应的市场机制，推动装配式建筑的发展。

参考文献：

[1] 文林峰、刘美霞、岑岩、刘洪娥等，《〈关于推进住宅产业现代化提高住宅质量若干意见〉执行情况评估研究》，2010年；

[2] 文林峰、刘美霞、武振、刘洪娥、王洁凝、王广明等，《绿色保障性住房产业化发展现状、问题及对策研究》课题研究，2015年；

[3] 文林峰、刘美霞、武振、刘洪娥、王洁凝、王广明等，《北京市保障性住房实施产业化的激励政策研究》课题研究报告，2015年；

[4] 田哲远，郝志红，我国目前建设工程监管模式及其发展完善的思考，《建设监理》，2012年第12期；

[5] 刘美霞、邓晓红、刘佳、徐秀杰、王全良、张中、王广明等，基于物联网技术的装配式建筑质量追溯系统研究，河北建筑节能与墙改，2015年第4期。

编写人员：

负责人及统稿：

王全良：济南市住宅产业化发展中心

刘美霞：住房和城乡建设部住宅产业化促进中心

居理宏：沈阳现代建筑产业化管理办公室

孙大海：山东财经大学工商管理学院

参加人员：

付学勇：济南市住宅产业化发展中心

张　岩：沈阳现代建筑产业化管理办公室

李正茂：合肥经济技术开发区住宅产业化促进中心

岑　岩：深圳市住房和建设局

郭　戈：上海房地产科学研究院

赵丰东：北京市住房和城乡建设委员会科技促进中心

郭　宁：北京市住房和城乡建设委员会科技促进中心

王　蕴：万科企业股份有限公司

专题4
装配式建筑发展目标

主要观点摘要

通过分析总结各地在推进装配式建筑中提出的定量和定性目标，结合目前装配式建筑的发展现状和发展趋势，确定下一阶段我国发展装配式建筑的目标。

一、我国装配式建筑发展目标

就国家层面的装配式发展目标而言，应较省市目标更为宏观、具有引导性。加快建立完善的经济政策与技术政策，健全装配式建筑技术体系、标准体系，改革建设行政管理制度，开展宣传培训，引导、支持全国装配式建筑的有序、规模化推进。

到2020年，装配式建筑的发展目标如下：

（1）大力推广装配式建筑。城镇每年新开工装配式建筑面积占当年新建建筑面积的比例达到15%，其中，国家住宅产业现代化综合试点（示范）城市达到30%以上，有条件的区域政府投资工程采取装配式建造的比例达到50%以上。

（2）加快发展装配式装修。政府投资的保障性住房项目应尽快采用装配式装修技术，鼓励社会投资的装配式建筑推行全装修，尽早在装配式建筑中取消毛坯房。

（3）创建一批试点示范省市、示范项目和基地企业。力争到2020年，在全国范围内培育40个以上示范省市，200个以上各类型基地企业，500个以上示范工程，在东中西部形成若干个区域性装配式建筑产业集群，装配式建筑全产业链综合能力大幅度提升。

（4）全面推广装配式混凝土建筑，积极稳妥推广钢结构建筑，在具备条件的地方，倡导发展木结构建筑。

（5）全面提高质量和性能。减少建筑垃圾和扬尘污染，缩短建造工期，延长建筑寿命，满足居民对建筑适用性、环境性、经济性、安全性、耐久性的要求；推进装配式建造方式与绿色建筑、被动式低能耗建筑相互融合，实现住房城乡建设领域的节能、节地、节水、节材和环境保护。

到2025年，装配式建筑建造方式成为主要建造方式之一，每年新开工装配式建筑面积占城镇新建建筑的比例达到30%左右。全面普及成品住宅。新开工成品住宅建筑面积占城镇新建住宅面积的比例达到80%以上，装配式建筑成品住宅比例达到100%。建筑品质全面提升，节能减排、绿色发展成效明显，创新能力大幅度提升，形成一批具有国际竞争力的企业。

二、各地出台政策文件中的目标项目分析

从各地已出台的政策文件来看，住宅产业现代化的发展目标大多为分阶段、分重点的目标，主要涵盖了以下十个方面：建立住宅产业化技术体系；完善住宅产业化标准体系；规模化推广装配式建筑；推广成品住宅；发展产业化住宅部品；开展产业化试点、示范项目；提升住宅质量和性能，协同推广绿色节能建筑、住宅性能认定等；培育试点城市及产业化大型企业；开展住宅产业化宣传培训；提升四节一环保水平。

三、省级目标与市级目标侧重点分析

省级层面推进住宅产业化的思路较为宏观，强调技术体系、质量和性能等；城市层面推进住宅产业化的目标较为具体和操作性强，强调装配式建筑发展规模和龙头企业支撑。

通过分析15个省和自治区的22个政策文件中提到各个具体目标的次数，可以看出，省级层面发展住宅产业化重点关注以下几个方面：培育试点城市及产业化大型企业、建立住宅产业化技术体系、规模化推广装配式建筑、完善住宅产业化标准体系、推广成品住宅、提升住宅质量和性能、发展产业化住宅部品、提升四节一环保水平。

通过分析22个城市的37个政策文件中提到各个具体目标的次数，可以看出，重点强调了城市层面推动起来有优势、有抓手的几个方面，如规模化推广装配式项目、创建试点城市、培育产业化大型企业和建设成品住宅。

通过分析总结各地在推进装配式建筑中提出的定量和定性目标，结合目前装配式建筑的发展现状和发展趋势，确定下一阶段我国发展装配式建筑的目标。

1 各地出台政策文件中的目标项目分析

从各地已出台的政策文件来看，装配式建筑的发展目标大多为分阶段、分重点的目标，主要涵盖了以下十个方面：一是建立装配式建筑技术体系；二是完善装配式建筑标准体系；三是规模化推广装配式建筑；四是推广成品住宅；五是发展产业化住宅部品；六是开展产业化试点、示范项目；七是提升住宅质量和性能；八是培育试点城市及产业化大型企业；九是开展装配式建筑宣传培训；十是提升四节一环保水平。

2 省级目标与市级目标侧重点分析

通过统计共15个省和自治区的22个装配式建筑相关政策文件中提到各个具体目标的次数，可以看出，省级层面发展装配式建筑重点关注以下几个方面：培育试点城市及大型企业、建立装配式建筑技术体系、规模化推广装配式建筑、完善装配式建筑标准体系、推广成品住宅、提升住宅质量和性能、发展住宅部品、提升四节一环保水平（表4-1）。

出台装配式建筑相关政策文件的省、自治区列表　　　　　　　　表4-1

序号	省、自治区	序号	省、自治区
1	河北省	9	湖南省
2	吉林省	10	湖北省
3	黑龙江省	11	海南省
4	江苏省	12	四川省
5	浙江省	13	云南省
6	安徽省	14	陕西省
7	福建省	15	宁夏回族自治区
8	河南省		

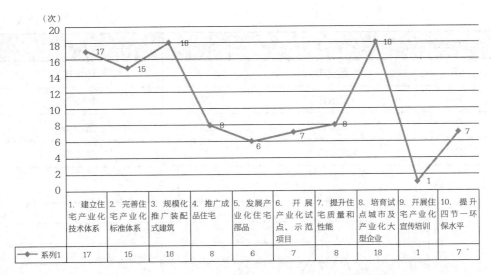

图4-1　部分省、自治区装配式建筑政策文件中提到各个具体目标的次数

通过统计共22个城市的37个装配式建筑相关政策文件中提到各个具体目标的次数，可以看出，与省、自治区层面提出的装配式建筑发展具体目标相比，城市层面提出的目标更加重点突出，重点强调了城市层面推动起来有优势、有抓手的几个方面，如规模化推广装配式项目、创建试点城市、培育产业化大型企业和建设成品住宅（图4-2、表4-2）。22个城市的37个政策文件中34次提到规模化推广装配式建筑，25次提到创建试点城市或培育产业化大型企业，17次提到推广成品住宅，另外建立装配式建筑技术体系、完善装配式建筑标准体系、发展产业化住宅部品、开展试点示范项目建设、提升住宅质量和性能也得到了较高程度的重视。

出台装配式建筑相关政策文件的城市列表　　　　　　　表4-2

序号	城市	序号	城市
1	沈阳市	8	乌海市
2	深圳市	9	上海市
3	济南市	10	长沙市
4	北京市	11	永州市
5	合肥市	12	广安市
6	绍兴市	13	重庆市
7	厦门市	14	杭州市

续表

序号	城市	序号	城市
15	西安市	19	潍坊市
16	武汉市	20	郴州市
17	青岛市	21	东阳市
18	济宁市	22	金华市

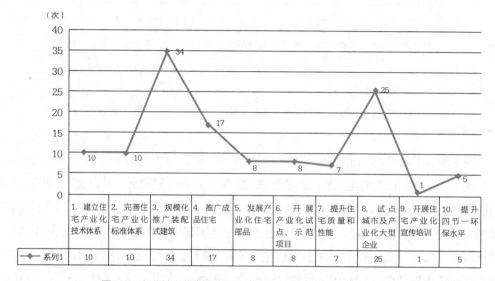

图4-2　部分城市装配式建筑政策文件中提到各个具体目标的次数

由以上分析可以看出，省级层面推进装配式建筑的思路较为宏观，强调技术体系、质量和性能等；城市层面推进装配式建筑的目标较为具体和操作性强，强调装配式建筑发展规模和龙头企业支撑。就国家层面的装配式发展目标而言，应比省级层面更加宏观、更加具有引导性，在省级和城市层面力量不足的方面进行补充，依托试点城市和基地企业"双轮驱动"，加快建立完善的经济政策与技术政策体系，在完善装配式建筑技术体系、标准体系，改革建设行政管理制度，开展宣传培训等方面着力突破，引导、支持全国装配式建筑的有序推进。

3　我国装配式建筑发展目标

就国家层面的装配式发展目标而言，应较省市目标更为宏观、具有引导性。加快建立完善的经济政策与技术政策，健全装配式建筑技术体系、标准体系，改革建设行政管理制度，开展宣传培训，引导、支持全国装配式建筑的有序、规模化推进。

到2020年，装配式建筑的发展目标如下：

（1）大力推广装配式建筑。城镇每年新开工装配式建筑面积占当年新建建筑面积的比例达到15%[①]，其中，国家住宅产业现代化综合试点（示范）城市达到30%以上，有条件的区域政府投资工程采取装配式建造的比例达到50%以上。

（2）加快发展装配式装修。政府投资的保障性住房项目应尽快采用装配式装修技术，鼓励社会投资的装配式建筑推行全装修，尽早在装配式建筑中取消毛坯房。[②]

（3）创建一批示范省市、示范项目和基地企业。力争到2020年，在全国范围内培育40个以上示范省市，200个以上各类型基地企业，500个以上示范工程，在东中西部形成若干个区域性装配式建筑产业集群，装配式建筑全产业链综合能力大幅度提升。

（4）全面推广装配式混凝土建筑，积极稳妥推广钢结构建筑，在具备条件的地方，倡导发展木结构建筑。

（5）全面提高质量和性能。减少建筑垃圾和扬尘污染，缩短建造工期，延长建筑寿命，满足居民对建筑适用性、环境性、经济性、安全性、耐久性的要求；推进装配式建造方式与绿色建筑、被动式低能耗建筑相互融合，实现住房城乡建设领域的节能、节地、节水、节材和环境保护。

到2025年，装配式建筑建造方式成为主要建造方式之一，每年新开工装配式建筑面积占城镇新建建筑的比例达到30%左右。全面普及成品住宅，新开工成品住宅建筑面积占城镇新建住宅面积的比例达到80%以上，装配式建筑成品住宅比例达到100%。建筑品质全面提升，节能减排、绿色发展成效明显，创新能力大幅度提升，形成一批具有国际竞争力的企业。

---

① 《中共中央国务院关于进一步加强城市规划建设管理工作的若干意见》中提出"力争用十年左右时间，使装配式建筑占新建建筑的比例达到30%"，积极稳妥推广钢结构建筑。在具备条件的地方，倡导发展现代木结构建筑。"在2月18日召开的文件框架专家讨论会中，多位专家提出，"十三五"的五年重点要解决政策和技术的问题，"十四五"的五年装配式建筑占比会大幅上升，因此建议将"十三五"期间的目标定为"到2020年，每年新开工装配式建筑面积占城镇新建建筑面积的比例达到15%"。

② 推进装配式装修是预制装配式建筑的题中应有之义。政府投资项目可以率先取消毛坯房，尽快在装配式建筑中取消毛坯房。

附表：部分省市出台的相关目标

部分省、自治区在装配式建筑技术体系方面的目标 附表4-1

省、自治区	政策文件	产业化技术体系
河北省	《关于印发〈关于推进全省住宅产业化工作的意见〉的通知》（冀建房[2010]723号）	推广应用先进适用、符合住宅产业现代化发展方向的成套住宅技术体系和部品产品体系
	《关于印发〈关于加快推进全省住宅产业化工作的指导意见〉的通知》（冀建房[2013]5号）	2013~2015年，初步形成住宅建筑工业化的建造体系和技术保障体系。建立适合住宅建筑工业化发展的设计、施工、安装建造体系
	《河北省人民政府关于推进住宅产业现代化的指导意见》（冀政发[2015]5号）	推广期（2017~2020年）。建立河北省住宅产业现代化的建造体系、技术保障体系和标准规范体系
吉林省	《吉林省人民政府关于加快推进住宅产业化工作的指导意见》（吉政发[2013]28号）	2016~2020年，全面建立吉林省住宅产业化建造体系和技术保障体系，形成技术先进的多种住宅产业化结构体系和系列部品体系
黑龙江省	黑龙江省住房和城乡建设厅《关于加快推进住宅产业现代化的指导意见》（黑建住宅产业[2012]4号）	到2015年底，初步建立先进适用、符合住宅产业现代化发展方向的成套住宅技术体系和标准化体系
江苏省	江苏《省政府关于加快推进建筑产业现代化促进建筑产业转型升级的意见》（苏政发[2014]111号）	2015~2017年，初步建立建筑产业现代化技术、标准和质量等体系框架
	江苏省关于印发《2015年全省建筑产业现代化工作要点》的通知（苏建产业办[2015]2号）	编制《江苏省建筑产业现代化技术发展导则》，针对装配式混凝土结构、钢结构、钢混结构、复合竹木结构等建筑结构体系展开适用性研究，明确各技术体系的适用范围和优劣势，指导地方政府和企业选择、应用合适的结构技术体系
浙江省	《浙江省人民政府办公厅关于推进新型建筑工业化的意见》（浙政办发[2012]152号）	到2015年，建筑工业化建造体系初步形成。大力发展以预制装配式结构体系为主导的工业化体系
	《浙江省人民政府办公厅关于印发浙江省深化推进新型建筑工业化促进绿色建筑发展实施意见的通知》（浙政办发[2014]151）	• 大力推广适合工业化生产的装配整体式混凝土建筑、装配整体式钢结构建筑及适合工业化项目建设的实用技术； • 在工程实践中及时总结形成先进成熟、安全可靠的建筑体系并加以推广应用

续表

省、自治区	政策文件	产业化技术体系
安徽省	《安徽省人民政府办公厅关于加快推进建筑产业现代化的指导意见》（皖政办[2014]36号）	到2015年末，初步建立适应建筑产业现代化发展的技术、标准和管理体系
福建省	《福建省人民政府办公厅关于推进建筑产业现代化试点的指导意见》（闽政办[2015]68号）	到2017年，初步形成建筑产业现代化的技术、标准和质量等体系框架
湖北省	湖北省人民政府关于加快推进建筑产业现代化发展的意见（鄂政发[2016]7号）	• 试点示范期（2016~2017年）。初步建立建筑产业现代化技术、标准、质量、计价体系； • 推广发展期（2018~2020年）。形成较为完备的建筑产业现代化技术、标准、质量、计价体系
海南省	《海南省关于促进建筑产业现代化发展的指导意见》（琼府办[2016]48号）	"十三五"期间，逐步形成适应海南省建筑产业现代化的技术体系、标准体系、政策体系和工程项目监管体系等体系框架
四川省	《四川省人民政府关于推进建筑产业现代化发展的指导意见》（川府发[2016]12号）	2016~2017年，住房城乡建设厅建立完善技术、标准和管理体系
陕西省	陕西省住房和城乡建设厅《关于推进建筑产业现代化工作的指导意见》（陕建发[2014]221号）	优先制定和完善适应建筑产业化要求的涵盖设计、部品生产、施工、物流和验收等方面的装配式混凝土结构技术保障体系、建筑体系、部品体系、质量控制体系和性能评定体系
宁夏回族自治区	《关于印发〈关于进一步推进全区住宅产业化工作的意见〉的通知》（宁建（办）字[2009]4号）	经过3~5年的努力，初步建立先进适用、符合住宅产业现代化发展方向的成套住宅技术体系和标准化体系
宁夏回族自治区	《关于进一步推进住宅产业现代化提高住宅品质意见的通知》（宁政办发[2011]192号）	到2015年，初步建立先进适用、符合住宅产业现代化发展方向的成套住宅技术体系、标准化体系和部品产品体系

部分省、自治区在标准体系方面的目标　　　　　　　　　　　附表4-2

省、自治区	政策文件	产业化标准体系
河北省	《关于印发〈关于加快推进全省住宅产业化工作的指导意见〉的通知》（冀建房[2013]5号）	2013年至2015年，制定并完善相关技术标准、规范、图集和工法
河北省	《河北省人民政府关于推进住宅产业现代化的指导意见》（冀政发[2015]5号）	试点期（2015~2016年）。初步建立河北省住宅产业现代化标准规范体系

续表

省、自治区	政策文件	产业化标准体系
吉林省	《吉林省人民政府关于加快推进住宅产业化工作的指导意见》（吉政发［2013］28号）	2013～2015年，研究贯彻土地、规划、财税、金融等扶持政策，初步建立住宅产业化相关标准体系
黑龙江省	黑龙江省住房和城乡建设厅《关于加快推进住宅产业现代化的指导意见》（黑建住宅产业［2012］4号）	到2015年底，初步建立先进适用、符合住宅产业现代化发展方向的成套住宅技术体系和标准化体系
江苏省	《江苏省政府关于加快推进建筑产业现代化促进建筑产业转型升级的意见》（苏政发［2014］111号）	2015～2017年，初步建立建筑产业现代化技术、标准和质量等体系框架
江苏省	江苏省关于印发《2015年全省建筑产业现代化工作要点》的通知（苏建产业办［2015］2号）	结合江苏省现行标准体系和抗震设防、绿色节能等要求，按照"统筹兼顾、突出重点"的原则，科学制定《全省建筑产业现代化标准编制计划》
浙江省	《浙江省人民政府办公厅关于推进新型建筑工业化的意见》（浙政办发［2012］152号）	到2015年，建立建筑工业化发展程度评价体系和相应的政府统计标准，建立预制构件和建筑部品设计生产的标准图集和制品目录，完成预制装配式结构及节点结构设计规范
安徽省	《安徽省人民政府办公厅关于加快推进建筑产业现代化的指导意见》（皖政办［2014］36号）	到2015年末，初步建立适应建筑产业现代化发展的技术、标准和管理体系
安徽省	《安徽省住建厅关于印发2015年安徽省建筑节能与科技工作要点的通知》（建科函［2015］642号）	完善建筑产业现代化标准体系。组织编制《装配式混凝土结构施工及验收规程》等技术标准及配套图集，健全工程造价和定额体系，强化建筑产业现代化工程施工图审查，完善设计、图审、施工、验收技术要点，确保质量和品质
福建省	《福建省人民政府办公厅关于推进建筑产业现代化试点的指导意见》（闽政办［2015］68号）	到2017年，初步形成建筑产业现代化的技术、标准和质量等体系框架
河南省	《河南省住房和城乡建设厅关于推进建筑产业现代化的指导意见》（豫建［2015］78号）	到2017年，全省建筑产业现代化技术标准体系、政策体系和项目监管体系基本完善
湖北省	《湖北省人民政府关于加快推进建筑产业现代化发展的意见》（鄂政发［2016］7号）	• 试点示范期（2016～2017年）。初步建立建筑产业现代化技术、标准、质量、计价体系； • 推广发展期（2018～2020年）。形成较为完备的建筑产业现代化技术、标准、质量、计价体系
海南省	《海南省关于促进建筑产业现代化发展的指导意见》（琼府办［2016］48号）	"十三五"期间，逐步形成适应海南省建筑产业现代化的技术体系、标准体系、政策体系和工程项目监管体系等体系框架

续表

省、自治区	政策文件	产业化标准体系
四川省	《四川省人民政府关于推进建筑产业现代化发展的指导意见》（川府发〔2016〕12号）	2016~2017年，住房城乡建设厅建立完善技术、标准和管理体系
陕西省	陕西省住房和城乡建设厅《关于推进建筑产业现代化工作的指导意见》（陕建发〔2014〕221号）	到2020年，建筑产业化标准体系初步建立

部分省、自治区在规模及装配率方面的目标　　　　　　　　　附表4-3

省、自治区	政策文件	装配式建筑规模及装配率
河北省	《关于印发〈关于加快推进全省住宅产业化工作的指导意见〉的通知》（冀建房〔2013〕5号）	2013~2015年，各设区市开工建设装配式混凝土结构住宅示范工程1个以上
	《河北省人民政府关于推进住宅产业现代化的指导意见》（冀政发〔2015〕5号）	• 到2016年底，全省住宅产业现代化项目开工面积达到200万m²，单体预制装配率达到30%以上； • 到2020年底，综合试点城市40%以上的新建住宅项目采用住宅产业现代化方式建设，其他设区市达到20%以上
吉林省	《吉林省人民政府关于加快推进住宅产业化工作的指导意见》（吉政发〔2013〕28号）	2013~2015年，3年内试点项目建筑面积分别达到5万m²、20万m²和50万m²。到2015年底，试点工程单体住宅混凝土结构预制装配率达到30%以上。到2020年底，单体住宅混凝土结构预制装配率达到50%以上，住宅产业化项目占当年全省住宅开工总量的30%以上
江苏省	《江苏省政府关于加快推进建筑产业现代化促进建筑产业转型升级的意见》（苏政发〔2014〕111号）	• 2015~2017年，全省建筑产业现代化方式施工的建筑面积占同期新开工建筑面积的比例每年提高2~3个百分点，建筑强市以及建筑产业现代化示范市每年提高3~5个百分点； • 2018~2020年，建筑产业现代化技术、产品和建造方式推广至所有省辖市。全省建筑产业现代化方式施工的建筑面积占同期新开工建筑面积的比例每年提高5个百分点[①]

① 到2025年末，建筑产业现代化建造方式成为主要建造方式。全省建筑产业现代化施工的建筑面积占同期新开工建筑面积的比例、新建建筑装配化率达到50%以上，装饰装修装配化率达到60%以上，新建成品住房比例达到50%以上，科技进步贡献率达到60%以上。

续表

省、自治区	政策文件	装配式建筑规模及装配率
江苏省	江苏省关于印发《2015年全省建筑产业现代化工作要点》的通知（苏建产业办〔2015〕2号）	2015年年末，全省建筑产业现代化方式施工的建筑面积占同期新开工建筑面积的比例力争提高3个百分点
浙江省	《浙江省人民政府办公厅关于推进新型建筑工业化的意见》（浙政办发〔2012〕152号）	到2015年，建筑工业化项目建设有序推进。全省预制装配式建筑（PC建筑）开工面积达到1000万m²以上，保障性住房单体建筑预制装配化率（PC率）达到30%
	《浙江省人民政府办公厅关于印发浙江省深化推进新型建筑工业化促进绿色建筑发展实施意见的通知》（浙政办发〔2014〕151号）	• 到2015年底，大力推进新型建筑工业化示范工程项目建设，各设区市新开工建设新型建筑工业化项目面积不少于5万m²。自2016年起，全省每年新开工建设新型建筑工业化项目面积应达到300万m²以上，并逐年增加，每年增加的比例不低于10%[①]； • 自2020年起，全省每年新开工建设新型建筑工业化项目面积应达到500万m²以上； • 建筑单体装配化率（墙体、梁柱、楼板、楼梯、阳台等结构中预制构件所占的比重）应不低于15%，并逐年提高。到2020年，力争建筑单体装配化率达到30%以上
安徽省	《安徽省人民政府办公厅关于加快推进建筑产业现代化的指导意见》（皖政办〔2014〕36号）	• 到2015年末，全省采用建筑产业现代化方式建造的建筑面积累计达到500万m²； • 到2017年末，全省采用建筑产业现代化方式建造的建筑面积累计达到1500万m²
	《安徽省住建厅关于印发2015年安徽省建筑节能与科技工作要点的通知》（建科函〔2015〕642号）	力争2015年末力争年末全省采用产业化方式建造的建筑面积达到500万m²
福建省	《福建省人民政府办公厅关于推进建筑产业现代化试点的指导意见》（闽政办〔2015〕68号）	• 到2017年，全省采用建筑工业化建造方式的工程项目建筑面积每年不少于100万m²； • 2018~2020年为建筑产业现代化推广期，试点设区市每年落实住宅新开工建筑面积不少于20%运用建筑工业化方式建造，且所占比重每年增加3个百分点

---

① 绍兴市作为住房城乡建设部建筑产业现代化试点及国家住宅产业现代化综合试点城市，每年新开工建设新型建筑工业化项目面积至少达到100万m²；杭州市、宁波市每年新开工建设新型建筑工业化项目面积至少达到50万m²；其他各设区市每年新开工建设新型建筑工业化项目面积至少达到20万m²。

续表

省、自治区	政策文件	装配式建筑规模及装配率
河南省	《河南省住房和城乡建设厅关于推进建筑产业现代化的指导意见》（豫建[2015]78号）	到2017年，建筑产业现代化项目建设有序推进，全省预制装配式建筑的单体预制化率达到15%以上
湖南省	湖南省人民政府《关于推进住宅产业化的指导意见》（湘政发[2014]12号）	到2020年，力争保障性住房、写字楼、酒店等建设项目预制装配化（PC）率达80%以上
湖北省	《湖北省人民政府关于加快推进建筑产业现代化发展的意见》（鄂政发[2016]7号）	• 试点示范期（2016~2017年）。采用建筑产业现代化方式建造的项目建筑面积不少于200万m^2，项目预制率不低于20%； • 推广发展期（2018~2020年）。全省采用建筑产业现代化方式建造的项目逐年提高5%以上，建筑面积不少于1000万m^2，项目预制率达到30%； • 采用建筑产业现代化方式建造的新开工政府投资的公共建筑和保障性住房应用面积达到50%以上，新开工住宅应用面积达到30%以上；混凝土结构建筑项目预制率达到40%以上，钢结构、木结构建筑主体结构装配率达到80%以上
海南省	《海南省关于促进建筑产业现代化发展的指导意见》（琼府办[2016]48号）	全省建筑产业现代化方式施工的建筑面积占同期新开工建筑面积的比例每年提高2~3个百分点；到2020年，全省采用建筑产业现代化方式建造的新建建筑面积占同期新开工建筑面积的比例达到10%，全省新开工单体建筑预制率（墙体、梁柱、楼板、楼梯、阳台等结构中预制构件所占的比重）不低于20%
四川省	《四川省人民政府关于推进建筑产业现代化发展的指导意见》（川府发[2016]12号）	• 到2020年，全省基本形成适应建筑产业现代化的市场机制和发展环境，在房屋、桥梁、水利、铁路等建设中积极推进建筑产业现代化。装配率达到30%以上的建筑，占新建建筑的比例达到30%；新建住宅全装修达到50%； • 到2025年，建筑产业现代化建造方式成为主要建造方式之一，装配率达到40%以上的建筑，占新建建筑的比例达到50%；桥梁、水利、铁路建设装配率达到90%；新建住宅全装修达到70%
云南省	《云南省住房和城乡建设厅关于加快发展钢结构建筑的指导意见》	"十三五"期间，力争新建公共建筑选用钢结构建筑达15%以上，不断提高城乡住宅建设中钢结构使用比例

续表

省、自治区	政策文件	装配式建筑规模及装配率
陕西省	陕西省住房和城乡建设厅《关于推进建筑产业现代化工作的指导意见》（陕建发〔2014〕221号）	力争2015年、2016年和2017年全省预制装配式住宅建设试点项目年度建筑面积分别达到50万m²、100万m²、150万m²，单体建筑预制装配化率达到15%以上
宁夏回族自治区	《关于进一步推进住宅产业现代化提高住宅品质意见的通知》（宁政办发〔2011〕192号）	到2015年，主要构件、部品采用工厂预制、现场装配的产业化住宅施工面积达到城镇新建住宅施工面积的10%

部分省、自治区在成品住宅方面的目标　　　　　附表4-4

省、自治区	政策文件	成品住宅
河北省	《关于印发〈关于推进全省住宅产业化工作的意见〉的通知》（冀建房〔2010〕723号）	率先在经济较发达的地区如石家庄、唐山、秦皇岛、邯郸、保定、廊坊市推行住宅全装修①
黑龙江省	黑龙江省住房和城乡建设厅《关于加快推进住宅产业现代化的指导意见》（黑建住宅产业〔2012〕4号）	大力推行住宅全装修，到2015年底，全省新建住宅全装修比例达30%以上
浙江省	《浙江省人民政府办公厅关于印发浙江省深化推进新型建筑工业化促进绿色建筑发展实施意见的通知》（浙政办发〔2014〕151）	积极推行住宅建筑全装修，逐年提高成品住宅比例
安徽省	《安徽省人民政府办公厅关于加快推进建筑产业现代化的指导意见》（皖政办〔2014〕36号）	从2015年起，在新建住宅中大力推行全装修，合肥市全装修比例逐年增加不低于8%，其他设区城市不低于5%，鼓励县城新建住宅实施全装修。到2017年末，政府投资的新建建筑全部实施全装修，合肥市新建住宅中全装修比例达到30%，其他设区城市达到20%
海南省	《海南省关于促进建筑产业现代化发展的指导意见》（琼府办〔2016〕48号）	全省新建住宅项目中成品住房供应比例应达到25%以上

---

① 2011年石家庄、唐山市新建住宅全装修面积要分别达到建设总面积的10%以上，并逐年按10%的比例增加；秦皇岛、邯郸、保定、廊坊要分别达到7%以上，并逐年按7%的比例增加。到2015年，全省实行住宅全装修的开发建设项目比例要达到35%以上（按建筑面积计算）。

续表

省、自治区	政策文件	成品住宅
陕西省	《关于进一步推进陕西省住宅产业化工作的通知》(陕建发〔2008〕31号)	各市要积极鼓励和引导开发企业做好推广住宅全装修的工作，通过住宅装修一次到位，减少资源浪费和环境污染，从整体上提高住宅的品质，有效地促进住宅产业化的实现
宁夏回族自治区	《关于印发〈关于进一步推进全区住宅产业化工作的意见〉的通知》(宁建(办)字〔2009〕4号)	通过3～5年的努力，率先在银川市推行住宅全装修，到2012年，银川市新建住宅全装修面积达到20万m²以上，同时在其他市、县积极推广
	《关于进一步推进住宅产业现代化提高住宅品质意见的通知》(宁政办发〔2011〕192号)	到2015年，全区新建住宅全装修面积达到50%以上

部分省、自治区在住宅部品方面的目标

附表4-5

省、自治区	政策文件	试点项目
河北省	《关于印发〈关于加快推进全省住宅产业化工作的指导意见〉的通知》(冀建房〔2013〕5号)	2013～2015年，各设区市开工建设装配式混凝土结构住宅示范工程1个以上
江苏省	江苏省关于印发《2015年全省建筑产业现代化工作要点》的通知(苏建产业办〔2015〕2号)	选择一批不同类型的先进典型进行经验交流，选择一批成效显著的示范项目进行现场观摩，及时总结并大力推广各地推进建筑产业现代化的先进做法和典型经验
浙江省	《浙江省人民政府办公厅关于推进新型建筑工业化的意见》(浙政办发〔2012〕152号)	积极推广应用预制化生产、装配式施工技术，选择有条件的住房建设项目进行试点
安徽省	《安徽省人民政府办公厅关于加快推进建筑产业现代化的指导意见》(皖政办〔2014〕36号)	到2015年末，综合试点城市当年保障性住房和棚户区改造安置住房采用建筑产业现代化方式建造比例达到20%以上，其他设区城市以10万m²以上保障性安居工程为主，选择2～3个工程开展建筑产业现代化试点[①]

---

① 到2017年末，综合试点城市当年保障性住房和棚户区改造安置住房采用建筑产业现代化方式建造比例达到40%以上，其他设区城市达到20%以上。

续表

省、自治区	政策文件	试点项目
安徽省	《安徽省住建厅关于印发2015年安徽省建筑节能与科技工作要点的通知》（建科函［2015］642号）	以保障性住房等政府投资项目和绿色建筑示范项目为切入点，全面开展建筑产业现代化试点示范建设
海南省	《海南省关于促进建筑产业现代化发展的指导意见》	从2016年起，有序推进试点项目建设，选择有条件的保障性住房、政府投资项目和有意愿的社会投资项目等优先试点
陕西省	陕西省住房和城乡建设厅《关于推进建筑产业现代化工作的指导意见》（陕建发［2014］221号）	建筑产业化项目建设有序推进。推广先进适用、符合建筑产业现代化发展方向的技术和部品，选择保障性住房等有条件的建设项目进行试点

部分省、自治区在试点项目方面的目标　　　　　　　　　　　附表4-6

省、自治区	政策文件	试点项目
河北省	《关于印发〈关于加快推进全省住宅产业化工作的指导意见〉的通知》（冀建房［2013］5号）	2013～2015年，各设区市开工建设装配式混凝土结构住宅示范工程1个以上
江苏省	江苏省关于印发《2015年全省建筑产业现代化工作要点》的通知（苏建筑产业办［2015］2号）	选择一批不同类型的先进典型进行经验交流，选择一批成效显著的示范项目进行现场观摩，及时总结并大力推广各地推进建筑产业现代化的先进做法和典型经验
浙江省	《浙江省人民政府办公厅关于推进新型建筑工业化的意见》（浙政办发［2012］152号）	积极推广应用预制化生产、装配式施工技术，选择有条件的住房建设项目进行试点
安徽省	《安徽省人民政府办公厅关于加快推进建筑产业现代化的指导意见》（皖政办［2014］36号）	到2015年末，综合试点城市当年保障性住房和棚户区改造安置住房采用建筑产业现代化方式建造比例达到20%以上，其他设区城市以10万m²以上保障性安居工程为主，选择2～3个工程开展建筑产业现代化试点[①]
	《安徽省住建厅关于印发2015年安徽省建筑节能与科技工作要点的通知》（建科函［2015］642号）	以保障性住房等政府投资项目和绿色建筑示范项目为切入点，全面开展建筑产业现代化试点示范建设

---

① 到2017年末，综合试点城市当年保障性住房和棚户区改造安置住房采用建筑产业现代化方式建造比例达到40%以上，其他设区城市达到20%以上。

续表

省、自治区	政策文件	试点项目
海南省	《海南省关于促进建筑产业现代化发展的指导意见》	从2016年起，有序推进试点项目建设，选择有条件的保障性住房、政府投资项目和有意愿的社会投资项目等优先试点
陕西省	陕西省住房和城乡建设厅《关于推进建筑产业现代化工作的指导意见》（陕建发［2014］221号）	建筑产业化项目建设有序推进。推广先进适用、符合建筑产业现代化发展方向的技术和部品，选择保障性住房等有条件的建设项目进行试点

部分省、自治区在住宅质量和性能方面的目标　　　　　　　　　　　附表4-7

省、自治区	政策文件	住宅质量和性能（绿色建筑、住宅性能认定、国家康居示范工程等）
河北省	《关于印发〈关于推进全省住宅产业化工作的意见〉的通知》（冀建房［2010］723号）	把开展住宅性能认定作为推进住宅产业化工作的重要环节和切入点[①]
河北省	《关于印发〈关于加快推进全省住宅产业化工作的指导意见〉的通知》（冀建房［2013］5号）	努力提高住宅质量和品质。各设区市每年确定1~2个住宅项目申报国家康居示范工程和住宅性能认定
黑龙江省	黑龙江省住房和城乡建设厅《关于加快推进住宅产业现代化的指导意见》（黑建住宅产业［2012］4号）	国家A级住宅、国家康居示范工程建设在现有66个、9个项目基础上平均每年分别增加16%、3%，到2015年分别达到130个、20个项目的目标；保障性住房要率先建设国家A级住宅、国家康居示范工程，到2015年两项建设分别占全省A级住宅、康居示范工程总数的30%、20%
湖南省	湖南省人民政府《关于推进住宅产业化的指导意见》（湘政发［2014］12号）	到2020年，创建30~50个国家康居示范工程
四川省	《四川省人民政府关于推进建筑产业现代化发展的指导意见》（川府发［2016］12号）	到2025年，建筑产业现代化建造方式成为主要建造方式之一，建筑品质全面提升，节能减排、绿色发展成效明显

---

① 自2011年起，石家庄、唐山市每年住宅性能认定比例要达到开工项目的5%以上，并逐年按5%的比例增加；秦皇岛、邯郸、保定、廊坊市每年要选择2~3个具有一定规模的新建项目开展住宅性能认定；承德、沧州、张家口、邢台、衡水市每年至少要选择1~2个具有一定规模的新建项目开展住宅性能认定。到2013年，全省一、二级资质的房地产开发企业开发建设的商品住宅都要申报住宅性能认定并达到1A~3A级标准，住宅性能认定项目的比例力争达到15%以上。到2015年，全省新建住宅进行住宅性能认定的比例要达到25%以上。

续表

省、自治区	政策文件	住宅质量和性能（绿色建筑、住宅性能认定、国家康居示范工程等）
陕西省	《关于进一步推进陕西省住宅产业化工作的通知》（陕建发［2008］31号）	• 各市要以实施《住宅性能评定技术标准》国家标准为契机，将住宅性能认定工作作为推进住宅产业化的一项重要的基础性工作，结合本地特点，加强宣传，大力开展住宅性能认定。以后各市每年要选定1～2个开发项目申报住宅性能认定，引导企业适应住宅市场竞争规律，促进企业积极建设精品住宅； • 以创建国家康居示范工程来推动住宅产业化发展，提高住宅内在品质
宁夏回族自治区	《关于印发〈关于进一步推进全区住宅产业化工作的意见〉的通知》（宁建（办）字［2009］4号）	继续把开展住宅性能认定作为推进住宅产业化工作的重要环节和切入点①
	《关于进一步推进住宅产业现代化提高住宅品质意见的通知》（宁政办发［2011］192号）	• 到2015年，大幅度提高住宅产品的性能，提升住宅整体质量水平，努力打造"百年住宅"； • 到2015年，参与住宅性能认定比例达到当年新建住宅建筑面积的90%以上，城镇所有新建商品住宅项目的预售、交付使用过程中明示住宅性能状况； • 到2015年，建设国家康居示范工程项目5个

部分省、自治区在试点城市及大型企业方面的目标   附表4-8

省、自治区	政策文件	试点城市及产业化大型企业
河北省	《关于印发〈关于推进全省住宅产业化工作的意见〉的通知》（冀建房［2010］723号）	通过培育和扶持一批住宅产业化基地，形成首都圈住宅部品、产品、新型建材生产供应基地
	《关于印发〈关于加快推进全省住宅产业化工作的指导意见〉的通知》（冀建房［2013］5号）	2013～2015年，推进国家住宅产业化基地建设。培育一批符合住宅产业化要求的产业关联度大、带动能力强的龙头企业②

① 自2009年起，银川市每年住宅性能认定比例要达到开工项目的10%以上；其他四个地级城市每年选择1～2个具有一定规模的新建项目开展住宅性能认定试点。到2012年，全区一、二级资质的房地产开发企业开发的商品住宅都要申报住宅性能认定并达到A级标准。

② 石家庄、唐山、保定和邯郸市各建成1个以上生产装配式混凝土结构体系预制构件的国家住宅产业化基地，其他市争取建成1个住宅产业化成套部品及技术的国家住宅产业化基地。

续表

省、自治区	政策文件	试点城市及产业化大型企业
河北省	《河北省人民政府关于推进住宅产业现代化的指导意见》（冀政发［2015］5号）	• 试点期（2015~2016年），培育4个省级住宅产业现代化综合试点城市，各设区市和省直管县（市）至少建成1条预制混凝土构件生产线，并成为省级住宅产业现代化基地； • 推广期（2017~2020年）。创建3个以上国家级住宅产业现代化综合试点城市。县级市和环京津县（市）完成预制混凝土构件生产线建设并投产
吉林省	《吉林省人民政府关于加快推进住宅产业化工作的指导意见》（吉政发［2013］28号）	2013~2015年，建立1~3个区域性产业化基地，培育3~5家住宅品牌和部品部件龙头骨干企业；2016~2020年，打造贯通上下游产业的生产建造链条，形成一批以优势企业为核心的产业集群，创建2~3个国家级住宅产业化基地
黑龙江省	黑龙江省住房和城乡建设厅《关于加快推进住宅产业现代化的指导意见》（黑建住宅产业［2012］4号）	到2015年底，打造大规模产业群：培育3~5个新型住宅产业集团[①]；培育5~8个住宅部品部件生产企业；培育1~2个国家住宅产业化试点城市[②]
江苏省	江苏《省政府关于加快推进建筑产业现代化促进建筑产业转型升级的意见》（苏政发［2014］111号）	• 到2017年底，建筑强市以及建筑产业现代化示范市至少建成1个国家级建筑产业现代化基地，其他省辖市至少建成1个省级建筑产业现代化基地。培育形成一批具有产业现代化、规模化、专业化水平的建筑行业龙头企业； • 2018~2020年，建筑产业现代化的市场环境逐渐成熟，体系逐步完善，形成一批以优势企业为核心、贯通上下游产业链条的产业集群和产业联盟
浙江省	《浙江省人民政府办公厅关于推进新型建筑工业化的意见》（浙政办发［2012］152号）	到2015年，建筑工业化基地建设进一步加强。形成一批以优势企业为核心、产业链完善的产业集群，新创建2~3个国家级建筑工业化基地或国家级住宅产业化基地

---

① 将规划设计、住宅开发、建筑施工、主要产品生产、装修施工、成品房销售于一体，形成完整的住宅产业链。同时，以住宅开发企业为主体，引导住宅科研、设计、部品生产、装修企业加盟，组建住宅产业集团，实现强强联合、优势互补，提高竞争力。

② 在其建设住宅产业现代化研发中心、制造中心、物流配送中心和示范园区，并把周边作为重点联系单位，以开展住宅产业现代化的试点；加快住宅开发施工一体化进程，开展住宅开发施工一体化建设试点，初步形成住宅开发、住宅建设、部品部件生产和新技术应用相结合的住宅产业集群。

续表

省、自治区	政策文件	试点城市及产业化大型企业
安徽省	《安徽省人民政府办公厅关于加快推进建筑产业现代化的指导意见》（皖政办〔2014〕36号）	• 到2015年末，创建5个以上建筑产业现代化综合试点城市； • 到2017年末，创建10个以上建筑产业现代化示范基地、20个以上建筑产业现代化龙头企业
	《安徽省住建厅关于印发2015年安徽省建筑节能与科技工作要点的通知》（建科函〔2015〕642号）	支持引导省内建筑业企业向建筑产业现代化转型，推广工程项目总承包和设计施工一体化，完善建筑产业现代化项目招投标管理体系，将预制装配率、住宅全装修等内容列入实施建筑产业现代化项目设计施工招标条件。积极创建国家级建筑产业现代化研发推广展示中心
福建省	《福建省人民政府办公厅关于推进建筑产业现代化试点的指导意见》（闽政办〔2015〕68号）	• 2015~2017年，全省选择基础条件较好的福州、厦门、漳州、泉州、宁德、三明市开展建筑产业现代化试点； • 到2017年，全省培育并创建3~5个国家级建筑产业现代化生产和服务基地； • 2018~2020年，其他设区市和平潭综合实验区全部建成建筑产业现代化生产和服务基地
河南省	《河南省住房和城乡建设厅关于推进建筑产业现代化的指导意见》（豫建〔2015〕78号）	到2017年，培育3~5家大型建筑构部件生产企业，探索建立一批集研发、设计、生产、销售为一体的建筑产业园区和基地，初步形成建筑产业现代化生产集群
湖南省	湖南省人民政府《关于推进住宅产业化的指导意见》（湘政发〔2014〕12号）	• 到2020年，培育并创建3~5个国家级住宅产业化示范基地； • "十三五"期间，建立集住宅产业化技术研发和住宅部品部件生产、施工、展示、集散、经营、服务为一体，具有国际一流水平、产值过千亿元的可持续发展住宅产业集群
湖北省	湖北省人民政府关于加快推进建筑产业现代化发展的意见（鄂政发〔2016〕7号）	• 试点示范期（2016~2017年）。在武汉、襄阳、宜昌等地先行试点示范。到2017年，全省建成5个以上建筑产业现代化生产基地，培育一批优势企业； • 推广发展期（2018~2020年）。在全省统筹规划建设建筑产业现代化基地，全面推进建筑产业现代化。到2020年，基本形成建筑产业现代化发展的市场环境；培育一批以优势企业为核心，全产业链协作的产业集群 • 普及应用期（2021~2025年）。自主创新能力增强，形成一批以骨干企业、技术研发中心、产业基地为依托，特色明显的产业聚集区

省、自治区	政策文件	试点城市及产业化大型企业
海南省	《海南省关于促进建筑产业现代化发展的指导意见》	建成1~2家国家建筑产业现代化基地，培育2~3家部品构件生产的龙头企业，鼓励海南省建工企业、设计企业向建筑产业现代化发展转型，建立建筑产业现代化技术研发、建筑部品构件生产、一体化施工的产业集群。海口市和三亚市争取创建国家建筑产业现代化试点城市
四川省	《四川省人民政府关于推进建筑产业现代化发展的指导意见》（川府发〔2016〕12号）	• 2016~2017年，成都、乐山、广安、西昌四个建筑产业现代化试点城市，形成较大规模的产业化基地。成都、乐山、广安三市的产业化基地要形成15万m³部品构件的年生产能力，可提供项目装配率30%、建筑面积100万m²装配式建筑，并在新建政府投资工程和保障性住房中采用装配式建筑100万m²以上、项目装配率30%以上。西昌市建立钢结构产业化生产基地，到2020年，扶持2家钢结构建筑龙头企业。房屋建筑和市政工程项目采用钢结构建筑比例达到30%以上； • 到2025年，形成一批具有较强综合实力的企业和产业全体系
云南省	《云南省住房和城乡建设厅关于加快发展钢结构建筑的指导意见》	在全省城乡建设中大力推广使用钢结构建筑，把云南省的钢结构建筑产业打造成为西南领先，具有辐射周边国家能力的新兴建筑产业。用3~5年的时间，建立健全钢结构建筑主体和配套设施从设计、生产到安装的完整产业体系
陕西省	陕西省住房和城乡建设厅《关于推进建筑产业现代化工作的指导意见》（陕建发〔2014〕221号）	建筑产业化基地建设进一步加强。形成一批以骨干企业为核心、产业链完善的产业集群，以加快发展部品部件生产制造为重点，建设绿色建材产业园区，建设3~5家大型预制构件生产企业，发展5~10个省级建筑产业现代化基地，创建2个国家住宅产业化基地，培育1个国家住宅产业现代化综合试点城市
宁夏回族自治区	《关于进一步推进住宅产业现代化提高住宅品质意见的通知》（宁政办发〔2011〕192号）	到2015年，培育并创建2个国家级住宅产业化示范基地，5个自治区级住宅产业化示范基地

部分省、自治区在宣传、培训方面的目标 附表4-9

省、自治区	政策文件	产业化宣传、培训
陕西	《关于进一步推进我省住宅产业化工作的通知》（陕建发［2008］31号）	继续做好教育培训工作，完成西安、宝鸡、延安等市房地产管理人员上岗培训任务，同时积极改进培训方法，适时调整培训内容，增强培训效果，为陕西省培育一支具有房地产经营与开发建设管理专业理论知识和能够切实推进住宅产业化的高素质管理骨干队伍； 各地要通过各种形式开展宣传活动，引起全社会的关注，通过大力宣传，达成社会共识，创造有利于促进住在产业化工作的氛围

部分省、自治区在节能、节地、节水、节材方面的目标 附表4-10

省、自治区	政策文件	节能、节地、节水、节材
黑龙江	黑龙江省住房和城乡建设厅《关于加快推进住宅产业现代化的指导意见》（黑建住宅产业［2012］4号）	到2015年底，新建住宅节能全部达到65%；可再生能源在住宅项目中的应用覆盖率大幅提升
江苏	江苏《省政府关于加快推进建筑产业现代化促进建筑产业转型升级的意见》（苏政发［2014］111号）	到2025年末，与2015年全省平均水平相比，工程建设总体施工周期缩短1/3以上，施工机械装备率、建筑业劳动生产率、建筑产业现代化建造方式对全社会降低施工扬尘贡献率分别提高1倍
浙江	《浙江省人民政府办公厅关于印发浙江省深化推进新型建筑工业化促进绿色建筑发展实施意见的通知》（浙政办发［2014］151）	政府投资的国家机关、学校、医院、博物馆、科技馆、体育馆等建筑，杭州市、宁波市的保障性住房，以及单体建筑面积超过2万m²的机场、车站、宾馆、饭店、商场、写字楼等大型公共建筑，全面执行绿色建筑标准，并积极实施新型建筑工业化
安徽	《安徽省人民政府办公厅关于加快推进建筑产业现代化的指导意见》（皖政办［2014］36号）	从2015年起，保障性住房和政府投资的公共建筑全部执行绿色建筑标准
湖南	湖南省人民政府《关于推进住宅产业化的指导意见》（湘政发［2014］12号）	以建设节能、省地、环保和绿色住宅为目标
宁夏回族自治区	《关于印发〈关于进一步推进全区住宅产业化工作的意见〉的通知》（宁建（办）字［2009］4号）	到2012年，银川地区50%以上的新建住宅建筑节能达到65%，其他市、县新建住宅建筑节能达到50%
	《关于进一步推进住宅产业现代化提高住宅品质意见的通知》（宁政办发［2011］192号）	到2015年，全区5个地级市中心区新建住宅建筑设计、建造要在1981年住宅能耗水平的基础上，达到节能65%的要求

部分城市在技术体系方面的目标　　　　　　　附表4-11

城市	政策文件	产业化技术体系
沈阳市	《沈阳市人民政府办公厅转发市建委关于加快推进现代建筑产业化发展指导意见的通知》(沈政办发[2011]89号)	完善技术支撑体系建设。到2015年,建立适合市场需求的多模式装配式建筑技术体系,形成良性竞争、健康发展的市场格局
	沈阳市人民政府关于全面推进建筑产业化现代化发展的实施意见(沈政发[2015]57号)	2020年,装配式建筑和商品住宅全装修成为主要建筑方式,符合我市发展特点、较为完善的建筑产业现代化技术标准体系、科技支撑体系、产业配套体系、监督管理体系和培训推广体系基本形成
济南市	《关于促进住宅产业化发展的指导意见》(济政办发[2011]21号)	2011年至2013年,制定和完善济南住宅产业化政策法规体系和技术支撑体系;攻克产业化住宅的设计、生产、施工等关键技术,研究开发住宅工业化体系及配套产品
合肥市	合肥市人民政府关于加快推进建筑产业化发展的实施意见(合政秘[2014]163号)	加快技术标准体系建设。建立和完善装配式建筑技术标准和质量控制体系,完善装配式建筑设计、生产、施工等关键技术,逐步形成质量可靠、适合市场需求的装配式建筑技术标准体系
上海市	《关于加快推进本市住宅产业化若干意见的通知》(沪府办发[2011]33号)	2014~2015年,建立多种装配整体式住宅体系和系列部品体系,形成比较完善的质量控制体系
重庆市	《关于印发加快推进我市建筑产业化的指导意见的通知》(渝建发[2011]53号)	2011~2013年,攻克产业化住宅的设计、生产、施工等关键技术
杭州市	杭州市人民政府办公厅《关于加快推进新型建筑工业化的实施意见》(杭政办函[2015]161号)	推广应用装配整体式混凝土和装配整体式钢结构实用技术,完善新型建筑工业化建造体系和技术保障体系
青岛市	青岛市人民政府办公厅转发市城乡建设委《关于进一步推进建筑产业化发展意见的通知》(青政办发[2014]17号)	市城乡建设主管部门应不断完善建筑产业化标准体系,加快技术标准、施工工法和技术规程的研究、编制,及时更新相关标准定额,满足工程设计、施工、验收的需要
济宁市	《关于印发〈关于促进住宅产业现代化全面提高房地产开发水平的意见〉的通知》(济建[2009]73号)	建立住宅产业现代化政策法规体系和技术支撑体系。到2010年底,初步建立起住宅产业现代化政策法规体系和技术支撑体系,初步形成标准化的住宅建筑体系
东阳市	东阳市人民政府办公室《关于加快推进新型建筑产业现代化的若干意见(试行)》(东政办发[2015]46号)	到2018年,着力完善新型建筑产业现代化的建造体系和保障体系,形成以预制装配式结构体系为主导、以钢结构和精装饰成品化为特色的工业化体系

部分城市在标准体系方面的目标　　　　　　　　　　　　　附表4-12

城市	政策文件	产业化标准体系
沈阳市	沈阳市人民政府关于全面推进建筑产业现代化发展的实施意见（沈政发〔2015〕57号）	2020年，装配式建筑和商品住宅全装修成为主要建筑方式，符合本市发展特点、较为完善的建筑产业现代化技术标准体系、科技支撑体系、产业配套体系、监督管理体系和培训推广体系基本形成
济南市	济南市人民政府办公厅关于加快推进住宅产业化工作的通知（济政办字〔2014〕22号）	按照国家住宅产业化综合试点工作要求，实施装配式建筑项目规模化建设，创建建筑工业化部品（件）需求市场，培育住宅产业化企业集群，建立完善的住宅产业化政策法规和技术标准体系，将住宅产业化纳入科学化、规范化、制度化轨道，培育本市实体经济新的增长点
合肥市	合肥市人民政府关于加快推进建筑产业化发展的实施意见（合政秘〔2014〕163号）	加快技术标准体系建设。建立和完善装配式建筑技术标准和质量控制体系，完善装配式建筑设计、生产、施工等关键技术，逐步形成质量可靠、适合市场需求的装配式建筑技术标准体系
厦门市	《厦门市新型建筑工业化实施方案》（厦府办〔2014〕152号）	到2020年，全面推进我市新型建筑工业化，制定系统的新型建筑工业化指导政策、技术标准
上海市	《关于加快推进本市住宅产业化若干意见的通知》（沪府办发〔2011〕33号）	2011~2013年，制定住宅模数、装配式住宅体系、配套构配件和部品的标准规范
上海市	《关于本市进一步推进装配式建筑发展若干意见的通知》（沪府办〔2013〕52号）	市建设交通部门应不断完善装配式建筑标准体系，及时完成装配整体式住宅相关技术标准的新编、修订，加快装配式公共建筑技术标准的研究、编制，适时颁布相关标准，以满足工程设计、施工、验收的需要
重庆市	《关于印发加快推进我市建筑产业化的指导意见的通知》（渝建发〔2011〕53号）	2011~2013年，制定和完善重庆市住宅产业化设计、生产、施工和验收标准体系
杭州市	杭州市人民政府办公厅《关于加快推进新型建筑工业化的实施意见》（杭政办函〔2015〕161号）	建立健全新型建筑工业化技术标准规范和工程建设管理制度
武汉市	《武汉市人民政府关于加快推进建筑产业现代化发展的意见》（武政规〔2015〕2号）	根据国家和行业标准，结合本地实际，制定配套的技术规定、图集，补充工程造价和价格信息，力争在试点示范期内完善涵盖设计、部品生产、施工、安全管理和质量管理等方面的建筑产业现代化标准体系
青岛市	青岛市人民政府办公厅转发市城乡建设委《关于进一步推进建筑产业化发展意见的通知》（青政办发〔2014〕17号）	市城乡建设主管部门应不断完善建筑产业化标准体系，加快技术标准、施工工法和技术规程的研究、编制，及时更新相关标准定额，满足工程设计、施工、验收的需要

部分城市在规模及装配率方面的目标　　　　　　　　附表4-13

城市	政策文件	装配式建筑规模及装配率
沈阳市	《沈阳市人民政府办公厅转发市建委关于加快推进现代建筑产业化发展指导意见的通知》（沈政办发[2011]89号）	实现装配式建筑技术在我市工程建设中广泛应用，2015年达到1000万m²以上，单体建筑预制装配化率达到30%。到2020年，装配式建筑技术在本市得到大规模应用，单体建筑预制装配化率达到60%
	《市建委关于推动沈阳市现代建筑产业化工程建设的通知》（沈建发[2013]68号）	凡在沈阳市二环区域内、建筑面积5万m²以上的新开发建设项目，必须采用装配式建筑技术开发建设，项目装配化率需达到20%以上①
	《关于加快推进现代建筑产业发展的若干政策措施》（沈政办发[2014]16号）	• 保障性安居工程、公共建筑等符合装配式建筑技术应用条件的项目，在立项和招投标方案审批时予以明确采用装配式建筑技术建设；在全市市政、轨道交通及配套基础设施建设工程中优先采用现代建筑产业化技术和产品； • 三环内及经济技术开发区、浑南新城、沈抚新城等有条件的区域范围内，建筑面积5万m²以上的新开发的房地产项目在土地出让条件和出让合同中明确提出采用装配式建筑技术建设，单体工程装配率要求达到20%以上，依据项目具体情况适当提高单体工程装配率
	沈阳市人民政府关于全面推进建筑产业现代化发展的实施意见（沈政发[2015]57号）	2017年，产业化工程（装配式建筑和全装修工程）占建筑开工总量的30%，预制装配化率达到30%以上，产业化建设成为建筑企业建设的重要方式
深圳市	《关于推进住宅产业现代化的行动方案》（深府[2008]42号）	2010年内，采用工业化生产模式完成20万m²的住宅项目建设，并逐步推广和实施住宅工业化生产模式
	《关于加快推进深圳住宅产业化的指导意见（试行）》（深建字[2014]193号）	• 采用预制装配式的建筑体系，综合运用外墙、楼梯、叠合楼板、阳台板等预制混凝土部品构件，预制率达到15%以上，装配率达到30%以上，逐步提高产业化住宅项目的预制率和装配率； • 从2015年起，新出让住宅用地项目和政府投资建设的保障性住房项目全部采用产业化方式建造，鼓励存量土地（包括城市更新项目）的新建住宅项目采用产业化方式建造，稳步提高产业化住宅项目占本市开工建设住宅总建筑面积的比例

---

① 二环区域外的重点区域（商业聚集区等）、建筑面积5万m²以上的新开发建设项目，优先采用装配式建筑技术建设，项目装配化率需达到10%以上。

续表

城市	政策文件	装配式建筑规模及装配率
济南市	《关于促进住宅产业化发展的指导意见》（济政办发［2011］21号）	• 2011~2013年，开展工程试点示范，力争2011年、2012年和2013年全市中国支撑体住宅试点项目年度建筑面积分别达到10万m²、50万m²、100万m²； • 2014年至2015年，全市中国支撑体住宅项目建筑面积力争达到房地产年度开发总量的30%以上
	济南市城乡建设委员会《关于在新建商品房项目中大力推广住宅产业化技术的通知》（济建发［2013］14号）	凡在本市市区范围内的新建商品房项目，应积极采用装配式建筑技术开发建设，其建筑面积所占项目总建筑面积比例（即装配化率），在2013年达到10%，2014年达到20%，2015年达到30%
	济南市城乡建设委员会等9部门《关于印发〈济南市加快推进建筑（住宅）产业化发展的若干政策措施〉的通知》（济建发［2014］17号）	• 保障性住房、棚户区改造、城中村改造、拆迁安置房等保障性安居工程全部应用建筑产业化技术建设①； • 绕城高速以内地区，新建住宅、商业、办公、厂房、教育等民用建筑项目，落实采用建筑产业化技术建造的建筑面积比例，2014年不低于20%，2015年不低于25%，2016年不低于30%，2018年不低于50%。其他地区根据产业发展状况参照执行
	济南市人民政府办公厅《关于加快推进住宅产业化工作的通知》（济政办字［2014］22号）	到2016年底，全市采用住宅产业化技术建设的项目面积占新建项目面积的比例不低于30%，到2018年底不低于50%，打造千亿元产值实体产业，形成立足济南、服务周边、辐射全省的示范效应
北京市	《关于印发〈关于推进本市住宅产业化的指导意见〉的通知》（京建发［2010］125号）	• 2009年至2011年，3年内住宅产业化试点项目建筑面积分别为10万m²、50万m²和100万m²； • 2012年和2013年，产业化住宅项目比例分别达到7%和10%（按建筑面积计算）
合肥市	合肥市人民政府《关于加快推进建筑产业化发展的实施意见》（合政秘［2014］163号）	积极稳妥地推进已开工项目建设，到2014年底累计完成开工面积200万m²以上，预制装配率达到40%以上；2015年，新开工面积100万m²以上，预制装配率达到45%以上；2016年，新开工面积120万m²以上，预制装配率达到50%以上；2017年，新开工面积150万m²以上，力争达到200万m²，预制装配率达到55%以上；到2020年，装配式建筑技术在本市得到大规模应用，预制装配率达到60%以上

---

① 各投资平台的建设项目、各县（市）区重点工程项目等政府主导项目，其应用建筑产业化技术的建筑面积不低于总建筑面积的50%。

续表

城市	政策文件	装配式建筑规模及装配率
合肥市	合肥经济技术开发区关于加快推进建筑产业化发展实施办法（暂行）的通知（合经区管［2015］197号）	原则上具备装配式建筑技术应用条件的房地产开发项目（单体建筑总高度不超过100m）全面采用装配式建筑技术建设，在土地招拍挂条件中明确采用装配式建筑技术的要求，并逐步提高项目中装配式建筑技术应用面积的比例，2016年不低于25%，2017年不低于30%，2020年不低于50%。政府投资的项目2016年新开工面积达到100万m²以上，预制装配率到50%以上；2017年新开工面积达到150万m²以上，预制装配率达到55%以上；2020年，装配式建筑技术在经开区大规模应用，预制装配率达到60%以上
绍兴市	绍兴市人民政府办公室《关于加快推进建筑产业现代化"双试点"工作的若干意见（试行）》（绍政办发［2015］51号）	• 自2015年起，本市保障性住房项目每年至少有30%采用建筑产业现代化方式建设，并逐年提高比例；政府投资公建项目优先采用建筑产业现代化方式建设； • 2015年、2016年，全市新开工建设建筑产业现代化项目面积分别不少于85万m²[1]、100万m²[2] • 2017年，全市新开工建设建筑产业现代化项目面积比2016年提高10%以上。采用建筑产业现代化方式建设的商品住宅面积达到全市新开工商品住宅面积的7%以上； • 从2015年起，建筑单体装配化率（墙体、梁柱、楼板、楼梯、阳台等结构中预制构件所占比重）不低于15%，并逐年提高，到2020年，建筑单体装配化率达到30%以上
厦门市	《厦门市新型建筑工业化实施方案》（厦府办［2014］152号）	到2020年，全市装配式建筑达到当年开工建筑面积的50%以上，累计竣工面积超过1000万m²
乌海市	《乌海市人民政府关于加快转型升级推进住宅产业现代化发展的实施意见》（乌海政发［2014］28号）	重点推广预制装配式建筑。2014年，启动一个以上预制装配式建筑项目；2015年，再启动2~4个预制装配式建筑项目；2016年及以后，建筑面积5万m²以上的新开发建设项目，全面推行装配式建筑技术开发建设，单体建筑预制装配化率达到30%以上

---

① 其中市级不少于10万m²，越城区（含镜湖新区）、袍江经济技术开发区、绍兴高新技术开发区、滨海新城各不少于5万m²，柯桥区不少于25万m²，上虞区和诸暨市各不少于10万m²，嵊州市和新昌县各不少于5万m²。

② 其中越城区、柯桥区和市直各开发区项目面积比前一年增加10%以上，上虞区和诸暨市各不少于20万m²，嵊州市和新昌县各不少于10万m²。采用建筑产业现代化方式建设的商品住宅面积达到全市新开工商品住宅面积的2%以上，且至少增长5个百分点。

续表

城市	政策文件	装配式建筑规模及装配率
上海市	《关于加快推进本市住宅产业化若干意见的通知》（沪府办发［2011］33号）	争取2015年整体式住宅当年装配面积占全市住宅开工总量的20%左右，逐步实现全市新建公共租赁住房和内环线以内新建住宅全面推行装配整体式住宅方式，同时，单体住宅结构的预制装配率达30%以上
	《关于本市进一步推进装配式建筑发展若干意见的通知》（沪府办［2013］52号）	• 2013年下半年，各区（县）政府应在本区域住宅供地面积总量中，落实建筑面积不少于20%的装配式住宅，2014年应不少于25%，2015年应不少于30%[①]； • 按照"不同区域分类推进"的原则，划定本市装配式建筑重点发展区域[②]； • 在政府和国有企业投资的项目中，应优先发展装配式建筑。鼓励保障性住房项目采用装配式建筑技术
	关于印发《关于进一步强化绿色建筑发展推进力度提升建筑性能的若干规定》的通知（沪建管联［2015］417号）	各区县政府和相关管委会应严格按照本市现有规定落实新建民用建筑实施装配式建筑的工作要求；新建工业建筑应全面按照装配式要求建设
长沙市	《长沙市人民政府关于加快推进两型住宅产业化的意见》（长政发［2014］29号）	• 至2016年末，全市两型住宅产业化新开工面积累计超过1000万m²； • 2014年、2015年和2016年全市两型住宅产业化新开工面积比例分别不少于同期新开工总建筑面积的10%、15%和20%，新开工面积分别不少于200万m²、300万m²、400万m²； • 全市两型住宅产业化新开工项目预制装配化率须达到50%（含50%）以上
	长沙市人民政府办公厅关于下达2015年和2016年两型住宅产业化建设任务的通知（长政办函［2015］46号）	2015年两型住宅产业化建设任务（新开工面积）：芙蓉区15万m²，天心区25万m²，岳麓区15万m²，开福区25万m²，雨花区55万m²，长沙县45万m²，望城区25万m²，浏阳市15万m²，宁乡县15万m²，湘江新区67万m²，高新区20万m²。2016年两型住宅产业化建设任务（新开工面积）：芙蓉区18万m²，天心区30万m²，岳麓区15万m²，开福区35万m²，雨花区65万m²，长沙县50万m²，望城区30万m²，浏阳市15万m²，宁乡县20万m²，湘江新区75万m²，高新区25万m²

---

① 上述住宅供地面积，暂不包括用于安置被征地农民的区属动迁安置房建设用地。商业、办公供地面积总量中，混凝土结构装配式公共建筑的面积落实比例，参照装配式住宅执行。本市装配式住宅鼓励采用装配整体式混凝土结构体系，其住宅单体预制装配率（墙体、梁柱、楼板、楼梯、阳台等住宅结构中预制构件所占的比重）应不低于15%（其中外环线以内区域的项目应不低于25%），住宅外墙采用预制墙体或叠合墙体的面积应不低于50%，并宜采用预制夹芯保温墙体。

② 上海市内环线以内地区、徐汇滨江、浦东前滩、世博园区、临港地区、虹桥商务区等"十二五"重点开发区域、大型居住社区和郊区新城。

续表

城市	政策文件	装配式建筑规模及装配率
永州市	永州市人民政府办公室关于印发《永州市推进住宅产业化实施意见》的通知（永政办发［2015］11号）	• 2016至2018年为住宅产业化推广期，力争产业化住房占政府投资住房项目比例的50%以上、占商品房开发的20%以上，住宅产业化示范项目至少达到2个以上； • 2019至2020年为住宅产业化成熟期，力争产业化住房占政府投资住房项目比例的60%以上、占商品房开发的25%以上
广安市	广安市人民政府《关于促进新型住宅产业化发展的意见》	• 力争2014年、2015年和2016年全市新型产业化住宅分别达到2000户（套）、40万m²，0.8万户（套）、160万m²和2万户（套）、400万m²； • 新型产业化住宅达到20万户（套）、4000万m²
广安市	广安市人民政府《关于进一步加快住宅产业现代化发展的意见》（广安府发［2015］39号）	• 到2016年，全市所有规划设计的保障性住房和政府性投资建筑全部采用住宅产业现代化技术，在商业住宅项目中试点推行住宅产业现代化技术； • 到2020年，全市新开工建筑房地产项目采用现代住宅产业生产率达到35%以上
重庆市	《关于印发加快推进我市建筑产业化的指导意见的通知》（渝建发［2011］53号）	• 2011年至2013年，开展工程试点示范，到2013年，建成50万m²住宅产业化示范项目； • 到2015年，建成200万m²的产业化工程项目
杭州市	《杭州市人民政府关于加快推进建筑业发展的实施意见》（杭政［2015］2号）	在保障性住房等政府投资项目建设用地中，要确保一定比例的用地采取新型建筑工业化方式建设，并逐年提高比例。医院、学校、市政设施等公共建筑优先考虑采用新型建筑工业化方式建设
杭州市	杭州市人民政府办公厅《关于加快推进新型建筑工业化的实施意见》（杭政办函［2015］161号）	• 2015年实施新型建筑工业化项目面积达到20万m²；2016年新开工建设新型建筑工业化项目面积达到50万m²；从2017年起每年新开工建设新型建筑工业化项目面积增加10%以上，力争到2020年全市新开工建设新型建筑工业化项目面积达到200万m²； • 2015年起建筑单体预制装配化率（墙体、梁柱、楼板、楼梯、阳台等结构中预制构件所占的比重）应不低于15%，2017年起不低于20%，2019年起不低于30%
西安市	《西安市人民政府办公厅关于推进建筑产业现代化发展工作的指导意见》（市政办发［2015］113号）	• 2016年底前完成100万m²预制装配式建筑试点项目； • 2017年底前完成150万m²预制装配式建筑试点项目； • 2018年底前完成200万m²预制装配式建筑试点项目； • 2019年底前完成300万m²预制装配式建筑试点项目； • 2020年底前完成500万m²预制装配式建筑，全面提升建设速度、质量、品质和效率

续表

城市	政策文件	装配式建筑规模及装配率
武汉市	《武汉市人民政府关于加快推进建筑产业现代化发展的意见》（武政规〔2015〕2号）	• 2015～2017年，完成新开工建筑产业现代化项目面积不少于200万m²，其中2015年、2016年、2017年分别不少于50万m²、60万m²、90万m²。项目预制装配化率（即：工厂生产的预制构件体积占建筑地面以上构件总体积的比例）不低于20% • 从2018年起为建筑产业现代化全面推广应用期。建筑产业现代化建造项目占当年开工面积的比例不低于20%，每年增长5%。项目预制装配化率达到30%以上
青岛市	青岛市人民政府办公厅转发市城乡建设委《关于进一步推进建筑产业化发展意见的通知》（青政办发〔2014〕17号）	2014年，全市装配式建筑项目开工面积达到50万m²；2015年，达到100万m²。2016年开始，装配式建筑项目占全市住宅开工总量的比例达到20%以上
潍坊市	《潍坊市人民政府关于加快推进住宅产业化发展的意见》（潍政字〔2014〕30号）	• 到"十二五"末，全市装配式住宅面积达到新建住宅面积的10%以上； • 到2018年，全市装配式住宅面积达到新建住宅面积的20%以上
郴州市	郴州市人民政府《关于加快推进住宅产业化的实施意见》（郴政发〔2015〕3号）	• 2015年，实施住宅产业化面积35万m²以上； • 2016～2018年，在全市住宅供地面积总量中落实不少于35%用于住宅产业化项目，新开工保障性住房实施住宅产业化占比50%以上，累计实施面积100万m²以上； • 2019～2020年，在全市住宅供地面积总量中落实不少于40%用于住宅产业化项目，新开工保障性住房实施住宅产业化占比80%以上，累计实施面积150万m²以上
东阳市	东阳市人民政府办公室《关于加快推进新型建筑产业现代化的若干意见（试行）》（东政办发〔2015〕46号）	全市保障性住房（市政拆迁安置房）须采用预制装配化；鼓励非政府投资项目（指住宅、办公、商住类项目，以下同）采用预制装配化
金华市	《关于进一步推进新型建筑工业化的实施意见》（金政办发〔2016〕5号）	全市采用新型建筑工业化方式建造的新开工保障性住房占当年全市新开工保障性住房比例不得低于30%；全市采用新型建筑工业化方式建造的新开工房屋建筑面积逐年增加，2016年、2017年、2018年分别达20万m²、30万m²、40万m²；各地加大向采用新型建筑工业化方式建造项目的供地力度，新型建筑工业化项目供地面积占年度总供地面积比例逐年提高，2016年、2017年、2018年分别不得低于5%、7.5%、10%

部分城市在成品住宅方面的目标 附表4-14

城市	政策文件	成品住宅
沈阳市	《市建委关于推动沈阳市现代建筑产业化工程建设的通知》（沈建发〔2013〕68号）	凡在沈阳市行政区二环内新开工的商品住宅开发项目，必须实行全装修；其他区域商品住宅鼓励采用全装修
	《关于加快推进现代建筑产业发展的若干政策措施》（沈政办发〔2014〕16号）	在本市行政区全域推广商品住宅全装修①
深圳市	《关于推进住宅产业现代化的行动方案》（深府〔2008〕42号）	强力推进住宅一次性装修，力争2010年底前，销售住宅实现100%一次性装修
	《关于加快推进深圳住宅产业化的指导意见（试行）》（深建字〔2014〕193号）	大力推广适合本市住宅的产业化建造方式，实行一次性装修
北京市	《关于印发〈关于推进本市住宅产业化的指导意见〉的通知》（京建发〔2010〕125号）	2009～2011年，采用装修一次到位，推进先进部品、技术、工艺等的整合
合肥市	合肥经济技术开发区《关于加快推进建筑产业化发展实施办法（暂行）的通知》（合经区管〔2015〕197号）	政府投资的公租房、廉租房项目全部实施全装修；房地产开发项目全装修比例逐年增加
绍兴市	绍兴市人民政府办公室《关于加快推进建筑产业现代化"双试点"工作的若干意见（试行）》（绍政办发〔2015〕51号）	2016年，老城区二环以内的建筑产业现代化住宅项目逐步实行全装修，鼓励其他住宅项目实行全装修。各地应结合自身情况出台相应政策
厦门市	《厦门市新型建筑工业化实施方案》（厦府办〔2014〕152号）	到2020年，一次装修到位的菜单式装修、个性化装修和住宅产业化有机衔接
乌海市	《乌海市人民政府关于加快转型升级推进住宅产业现代化发展的实施意见》（乌海政发〔2014〕28号）	稳步推进成品住宅建设②
上海市	关于印发《关于进一步强化绿色建筑发展推进力度提升建筑性能的若干规定》的通知（沪建管联〔2015〕417号）	公共租赁住房、廉租房、外环线以内及八个低碳发展实践区、六大重点功能区域装配式商品住宅应同步实施全装修，鼓励采用室内装修工业化生产方式，进一步提高一体化装修设计、施工水平

---

① 其中三环内及经济技术开发区、浑南新城、沈抚新城等有条件的区域范围内，新开发的房地产项目在土地出让条件和出让合同中明确提出采用全装修方式建设，逐步扩大商品住宅全装修比例，推行土建、装修设计施工一体化，鼓励采用菜单式和集体委托方式全装修。

② 到2014年底，乌海市新开工建设的保障性住房项目全装修比例达到70%，新开工建设商品住房全装修比例达到30%以上；到2015年底，乌海市新开工建设的保障性住房全装修比例达到100%，新开工建设的商品住房全装修比例达到60%以上；2017年及以后，乌海市新开工建设的住宅项目全装修比例达到100%。

续表

城市	政策文件	成品住宅
广安市	广安市人民政府《关于进一步加快住宅产业现代化发展的意见》（广安府发 [2015] 39号）	• 到2016年，新建商品住房中成品住宅开发建设比例达到30%以上； • 新建商品房中成品住宅开发建设比例达到60%以上
杭州市	杭州市人民政府办公厅《关于加快推进新型建筑工业化的实施意见》（杭政办函 [2015] 161号）	鼓励住宅建筑实施全装修，不断提高建筑工业化程度
武汉市	《武汉市人民政府关于加快推进建筑产业现代化发展的意见》（武政规 [2015] 2号）	建筑产业现代化建造住宅实施土建、装修设计施工一体化
青岛市	青岛市人民政府办公厅转发市城乡建设委《关于进一步推进建筑产业化发展意见的通知》（青政办发 [2014] 17号）	• 倡导工业化装修，积极推行土建、装修设计一体化施工和内装与主体结构分离体系。鼓励开发建设单位提供菜单式装修设计方案，由消费者选择并委托开发建设单位实施的集中装修模式； • 2016年开始，新建住宅一次性装修比例达到40%以上
济宁市	《关于印发关于促进住宅产业现代化全面提高房地产开发水平的意见的通知》（济建 [2009] 73号）	• 到2010年底，市区和兖州、曲阜、邹城等3市住宅一次性装修到位率达到40%以上，其他7县住宅一次性装修到位率达到20%以上； • 到2012年底，一次性装修率达到50%以上
潍坊市	《潍坊市人民政府关于加快推进住宅产业化发展的意见》（潍政字 [2014] 30号）	• 到"十二五"末，新建住宅全装修面积达到建设总面积的30%以上； • 到2018年，市区新建住宅全装修面积达到建设总面积的50%以上
金华市	《关于进一步推进新型建筑工业化的实施意见》（金政办发 [2016] 5号）	• 有效推进集成化装修、市政基础设施工程等领域的新型建筑工业化工作

部分城市在住宅部品方面的目标　　　　　　　　　　　附表4-15

城市	政策文件	住宅部品
深圳市	《关于推进住宅产业现代化的行动方案》（深府 [2008] 42号）	有计划、有步骤地开展住宅部品认定工作，编制优良部品名录，及时公布部品的认定结果，及时淘汰落后的住宅部品

续表

城市	政策文件	住宅部品
济南市	《关于促进住宅产业化发展的指导意见》（济政办发［2011］21号）	• 2011~2013年，用3~5年时间，通过试点推进产业培育和产业化推广，提高本市住宅产业规模化、标准化、产业化水平，打造全国住宅工业部品生产研发前沿阵地和住宅工业部品集散地； • 2014~2015年，产业基地部品生产能力完全满足产业化住宅建设的需要，初步建成全国住宅部品区域性集聚地
北京市	《关于印发〈关于推进本市住宅产业化的指导意见〉的通知》（京建发［2010］125号）	2009~2011年，从成熟和适用的预制部品入手，综合运用外墙、楼梯、叠合楼板、阳台板、空调板等预制部品
	《关于本市进一步推进装配式建筑发展若干意见的通知》（沪府办［2013］52号）	鼓励混凝土预制构件生产企业提升预制装配式构件、部件的生产能力和水平
	关于印发《关于进一步强化绿色建筑发展推进力度提升建筑性能的若干规定》的通知（沪建管联［2015］417号）	提高集约化生产，提高专业集成部品的使用。装配式建筑项目（实施外墙内保温项目除外），装配式建筑外墙与保温材料、外窗、外墙面砖饰面等部品构件应一体化预制，外窗框刚度应满足抗变形性能要求；鼓励整体卫浴、橱柜收纳等装饰装修部品的集成使用
广安市	广安市人民政府《关于促进新型住宅产业化发展的意见》	• 广泛推广先进适用、符合新型住宅产业发展方向的技术和部品； • 打造全国住宅工业部品集散地
	广安市人民政府《关于进一步加快住宅产业现代化发展的意见》（广安府发［2015］39号）	成功打造全国住宅产业工业部品集散地
重庆市	《关于印发加快推进我市建筑产业化的指导意见的通知》（渝建发［2011］53号）	2011~2013年，研究开发适合重庆地区资源和气候特点的预制构部件及配套产品

部分城市在试点项目方面的目标 附表4-16

城市	政策文件	试点项目
深圳市	《关于推进住宅产业现代化的行动方案》（深府［2008］42号）	培育一批住宅产业现代化示范基地，2010年底前力争全市达到10个示范基地
绍兴市	绍兴市人民政府办公室《关于加快推进建筑产业现代化"双试点"工作的若干意见（试行）》（绍政办发［2015］51号）	逐步推出政府投资性试点项目，制定土地、规划、金融、财政、税收等方面的配套鼓励政策；鼓励企业采用建筑产业现代化方式开发项目

续表

城市	政策文件	试点项目
上海市	《关于加快推进本市住宅产业化若干意见的通知》（沪府办发［2011］33号）	2011~2013年，主要是培育商品房和保障性住房试点项目
永州市	永州市人民政府办公室关于印发《永州市推进住宅产业化实施意见》的通知（永政办发［2015］11号）	2015年为住宅产业化试点期，主要是培育商品房和保障性住房试点项目
杭州市	《杭州市人民政府关于加快推进建筑业发展的实施意见》（杭政［2015］2号）	鼓励商品房建设项目开展新型建筑工业化建设试点工作
武汉市	《武汉市人民政府关于加快推进建筑产业现代化发展的意见》（武政规［2015］2号）	2015~2017年为建筑产业现代化试点示范期。以保障性住房和政府投资项目为主，鼓励房地产开发企业按照建筑产业现代化要求设计和建造试点示范项目
青岛市	青岛市人民政府办公厅转发市城乡建设委《关于进一步推进建筑产业化发展意见的通知》（青政办发［2014］17号）	按照"不同区域、不同项目、分类推进"的原则，在西海岸新区、红岛经济区、青岛蓝色硅谷等区域和政府及国有企业投资的项目中，优先发展装配式建筑项目
郴州市	郴州市人民政府《关于加快推进住宅产业化的实施意见》（郴政发［2015］3号）	• 2015年，建成3个示范项目（其中商品房项目1个）； • 2016~2018年，示范项目达到14个以上（市本级2个，县市区及产业园各1个以上）； • 2019~2020年，示范项目累计达到27个以上（市本级3个，县市区及产业园各2个以上）

部分城市在住宅质量和性能方面的目标　　　　　　　　　　附表4-17

城市	政策文件	住宅质量和性能（绿色建筑、住宅性能认定、国家康居示范工程）
深圳市	《关于推进住宅产业现代化的行动方案》（深府［2008］42号）	有计划、有步骤地开展住宅性能认定工作
乌海市	《乌海市人民政府关于加快转型升级推进住宅产业现代化发展的实施意见》（乌海政发［2014］28号）	全面提高建筑质量和性能①
	《关于做好2015年全市建筑节能与绿色建筑工作的实施意见》（渝政发［2015］18号）	全市新增绿色建筑1500万m²。到2015年末，城镇新建建筑中绿色建筑面积达到25%

---

① 2014年，新开工建设保障性安居工程建设标准不低于一星级绿色建筑或1A级性能认定住宅；从2015年开始，25%以上新开工建设住宅建筑通过住宅性能认定或达到绿色建筑标准；政府投资的公共建筑全部达到绿色建筑标准；2017年，80%以上新建住宅建筑通过住宅性能认定或达到绿色建筑标准；将滨河新区建设成为绿色生态城区，滨河二期、滨河新区及以后建设项目全部达到绿色建筑标准。

续表

城市	政策文件	住宅质量和性能（绿色建筑、住宅性能认定、国家康居示范工程）
西安市	《西安市人民政府办公厅关于推进建筑产业现代化发展工作的指导意见》（市政办发〔2015〕113号）	提升建筑物的品质和质量，巩固建筑施工现场治污减霾成效，全面提升人居环境综合品质
青岛市	青岛市人民政府办公厅转发市城乡建设委《关于进一步推进建筑产业化发展意见的通知》（青政办发〔2014〕17号）	2016年开始，新建住宅性能认定比例达到25%以上
济宁市	《关于印发关于促进住宅产业现代化全面提高房地产开发水平的意见的通知》（济建〔2009〕73号）	• 到2010年底，市区和兖州、曲阜、邹城等3市新建住宅性能认定率达到30%以上，其他7县住宅性能认定率达到15%以上。兖州、曲阜、邹城要争取建设1个康居示范小区或住宅性能认定示范小区； • 到2012年底，全市新建住宅性能认定率达到40%以上。各县要争取建设至少一个康居示范小区或住宅性能认定示范小区
潍坊市	《潍坊市人民政府关于加快推进住宅产业化发展的意见》（潍政字〔2014〕30号）	• 到"十二五"末，市区新建住宅A级性能认定率达到10%以上； • 到2018年，新建住宅A级性能认定率达到20%以上

部分城市在试点城市及大型企业方面的目标　　　　　附表4-18

城市	政策文件	试点城市及产业化大型企业
沈阳市	《沈阳市人民政府办公厅转发市建委关于加快推进现代建筑产业化发展指导意见的通知》（沈政办发〔2011〕89号）	2015年，形成一批以优势企业为核心、产业链完善的产业集群，形成2~3个国家级现代建筑产业化基地
沈阳市	沈阳市人民政府关于全面推进建筑产业现代化发展的实施意见（沈政发〔2015〕57号）	加快以铁西现代建筑产业园、浑南现代建筑产业园等为代表的产业园区建设，形成从装备制造到建筑生产、再到家居装修的全产业链条，全面推动建筑业向现代建筑产业转型升级，引领和带动全国建筑产业现代化发展
深圳市	《关于加快推进深圳住宅产业化的指导意见（试行）》（深建字〔2014〕193号）	争取成为国家住宅产业化示范城市
济南市	《关于促进住宅产业化发展的指导意见》（济政办发〔2011〕21号）	2011~2013年，以济南市住宅产业基地为载体，提高住宅部品供应能力，积极培育2~3个全国知名的住宅品牌和部品部件企业

续表

城市	政策文件	试点城市及产业化大型企业
济南市	济南市城乡建设委员会等9部门《关于印发〈济南市加快推进建筑（住宅）产业化发展的若干政策措施〉的通知》（济建发〔2014〕17号）	以建设国内一流的现代建筑产业基地为目标，按照优化资源、合理布局的原则，鼓励现有建材、建筑施工企业向建筑部品（件）生产转型，扶持本地龙头企业做大做强。在长清区、明水经济开发区和济北开发区规划建设现代建筑产业园区，在高新区布局建设现代建筑产业技术研发中心，吸引大型建筑产业集团进驻
合肥市	合肥市人民政府关于加快推进建筑产业化发展的实施意见（合政秘〔2014〕163号）	培育龙头企业，扩大产业规模。到2017年，培育5~10家国内外领先的建筑产业化集团，形成以优势企业为核心、产业链完善的产业集群。以经开区国家住宅产业化基地核心制造园区为依托，加快建成全国建筑部品区域性集聚中心
合肥市	合肥经济技术开发区关于加快推进建筑产业化发展实施办法（暂行）的通知（合经区管〔2015〕197号）	加快经开区国家住宅产业化核心制造园区（宿松路以西、熔安动力以南、派河以东占地约1200亩）建设，以现有装配式建筑结构生产企业为龙头，引入附加值高、产品辐射范围广的建筑产业化部品部件企业，2~3年内形成包括勘察设计、构件生产、部品部件、成套技术和装配式建筑施工企业的产业集群，2020年前初步建成全国建筑部品区域性集聚中心
绍兴市	绍兴市人民政府办公室《关于加快推进建筑产业现代化"双试点"工作的若干意见（试行）》（绍政办发〔2015〕51号）	• 培育一批建筑产业现代化设计、开发、施工和构配件生产企业和基地； • 到2017年底，越城区、柯桥区、上虞区、诸暨市各培育建筑产业现代化实施企业1~2家，建筑产业现代化基地1~2个；嵊州市、新昌县培育建筑产业现代化实施企业和建筑产业现代化基地各1家
厦门市	《厦门市新型建筑工业化实施方案》（厦府办〔2014〕152号）	• 到2020年，培育一批具有全国领先水平、拥有核心技术的现代化建筑业企业，形成一个集成化、系统化、规模化的建筑产业集群； • 建成集技术研发、生产加工、产品配送为一体的住宅产业现代化示范园区，产业集群年生产能力达千万平方米、生产产值超五百亿元，实现厦门市成为"国家住宅产业现代化示范城市"

续表

城市	政策文件	试点城市及产业化大型企业
乌海市	《乌海市人民政府关于加快转型升级推进住宅产业现代化发展的实施意见》(乌海政发〔2014〕28号)	着力培育龙头企业①
上海市	《关于加快推进本市住宅产业化若干意见的通知》(沪府办发〔2011〕33号)	2011~2013年，培育装配整体式住宅设计、开发、施工和构配件生产等企业的发展
上海市	《关于本市进一步推进装配式建筑发展若干意见的通知》(沪府办〔2013〕52号)	大力推动设计、施工、构配件生产等相关企业转型发展。积极创建国家住宅产业化基地
长沙市	《长沙市人民政府关于加快推进两型住宅产业化的意见》(长政发〔2014〕29号)	至2016年末，打造千亿级两型住宅产业集群
广安市	广安市人民政府《关于促进新型住宅产业化发展的意见》	• 用3~5年时间，努力将广安建设成为千亿级的新型住宅产业化基地和全国住宅产业化示范城市； • 产业基地部品生产能力完全满足新型产业化住宅建设的需要，初步建成全国新型住宅部品区域性集聚地。到2017年，全面建成千亿级的新型住宅产业基地
广安市	广安市人民政府《关于进一步加快住宅产业现代化发展的意见》(广安府发〔2015〕39号)	• 到2016年，建成1个国家住宅产业现代化基地，培育2~3家部品构件龙头骨干企业； • 初步形成千亿级新型住宅产业基地
重庆市	《关于印发加快推进我市建筑产业化的指导意见的通知》(渝建发〔2011〕53号)	2011~2013年，积极培育3~5家大型预制住宅构部件生产企业，建立产业化基地和产业集团
杭州市	《杭州市人民政府关于加快推进建筑业发展的实施意见》(杭政〔2015〕2号)	到2017年，扶持培育浙江省推进新型建筑工业化示范企业5家以上，创建国家级新型建筑工业化产业示范基地或国家级住宅产业化基地2个以上
杭州市	杭州市人民政府办公厅《关于加快推进新型建筑工业化的实施意见》(杭政办函〔2015〕161号)	加快引进和培育新型建筑工业化开发、设计、施工、监理和生产企业、设备、技术、人才等力量，加快培育产业链，尽快形成一批以骨干企业为核心、产业链完善的产业集群

---

① 到2015年底，形成规划设计、开发建设、施工和建材龙头企业集聚区。在产业集聚的过程中，培育和扶持龙头企业的发展，到2015年底，培育2个以上国家住宅产业化基地为标志的品牌企业。

续表

城市	政策文件	试点城市及产业化大型企业
西安市	《西安市人民政府办公厅关于推进建筑产业现代化发展工作的指导意见》（市政办发［2015］113号）	• 2016年底前创建1个国家级建筑产业现代化生产基地，创建成功全省建筑产业现代化试点示范城市； • 2017年底前培育、支持和发展3个以上省级建筑产业现代化生产基地，并创建成功全国建筑产业现代化综合试点城市； • 2018年底前培育、支持和发展5个以上省级建筑产业现代化生产基地； • 2019年底前创建成功全国建筑产业现代化综合示范城市
武汉市	《武汉市人民政府关于加快推进建筑产业现代化发展的意见》（武政规［2015］2号）	按照"布局合理、各具特色、供给方便、辐射周边"的原则规划和建设建筑产业现代化园区。试点示范期间，完成蔡甸区、江夏区、新洲区三个建筑产业现代化园区建设，部品生产能力每年不低于100万m²；推广应用期间，建筑产业现代化园区的建设基本满足全市建筑产业化项目的市场需求，并逐步形成具有较强研发和生产能力的齐全完善的装备制造基地、科技研发基地、物流配送基地和技术培训基地
济宁市	《关于印发关于促进住宅产业现代化全面提高房地产开发水平的意见的通知》（济建［2009］73号）	培育一批住宅产业现代化的设计、施工、开发建设集团。到2012年底，建立一批具有一定规模的住宅部品生产基地，培育一批住宅产业现代化设计、施工、开发建设的住宅产业开发经营集团
潍坊市	《潍坊市人民政府关于加快推进住宅产业化发展的意见》（潍政字［2014］30号）	• 到"十二五"末，培育2～3家集住宅设计、开发、施工、构配件生产为一体的大型企业集团，建设2～3个住宅产业化示范园区，形成完整的房地产上下游产业链； • 到2018年，住宅产业化大型企业集团不少于5家，建设2～3个县级住宅产业化示范园区
郴州市	郴州市人民政府《关于加快推进住宅产业化的实施意见》（郴政发［2015］3号）	2015年，引进具有住宅产业化相应资质的企业进驻郴州园区，建设生产基地，并投产运营
东阳市	东阳市人民政府办公室《关于加快推进新型建筑产业现代化的若干意见（试行）》（东政办发［2015］46号）	到2018年，着力加快新型建筑产业现代化基地建设，新创1～2个省级建筑产业现代化基地或省级住宅产业化基地
金华市	《关于进一步推进新型建筑工业化的实施意见》（金政办发［2016］5号）	计划到2018年，全市建成新型建筑工业化生产基地2个，年产10万m³预制混凝土构件或2万t钢结构构件，产值超3亿元

部分城市在节能、节地、节水、节材方面的目标　　　　　附表4-19

城市	政策文件	节能、节地、节水、节材
深圳市	《关于推进住宅产业现代化的行动方案》（深府［2008］42号）	• 加强住宅省地工作①； • 加强住宅节能工作②； • 加强住宅节水工作③； • 加强住宅节材工作④
乌海市	《乌海市人民政府关于加快转型升级推进住宅产业现代化发展的实施意见》（乌海政发［2014］28号）	高效节约资源和能源⑤
广安市	广安市人民政府《关于进一步加快住宅产业现代化发展的意见》（广安府发［2015］39号）	• 到2016年，城镇新建民用建筑实现节能达到50%以上； • 城镇新建民用建筑实现节能达到95%以上
武汉市	《武汉市人民政府关于加快推进建筑产业现代化发展的意见》（武政规［2015］2号）	建筑产业现代化建造项目符合绿色建筑、建筑节能指标要求
济宁市	《关于印发关于促进住宅产业现代化全面提高房地产开发水平的意见的通知》（济建［2009］73号）	• 自2009年7月1日起，市区和兖州、曲阜、邹城等3市低层、多层住宅建筑全面推广太阳能与住宅建筑一体化，中高层、高层住宅达到35%以上，其他7县低层、多层住宅建筑太阳能与住宅建筑一体化推广率达到80%以上，中高层、高层住宅建筑太阳能与住宅建筑一体化推广率达到20%以上； • 到2012年底，太阳能与住宅建筑一体化推广率达到60%以上

① 确保不低于70%的住宅用地用于廉租住房、经济适用住房、限价住房和90m²以下中小套型普通商品房的建设，防止大套型商品房多占土地。
② 充分利用太阳能和其他可再生能源，到2010年底前，太阳能利用的住宅面积不少于300万m²。
③ 充分利用有限的水资源，推行住宅小区采取雨水收集利用与回渗或再生水回用技术，2010年底前，中水利用的住宅建筑面积不少于180万m²。
④ 在住宅工业化生产的基础上，尽量减少建筑垃圾，加强建筑垃圾的综合利用，促进生态环境的保护。
⑤ 到2015年底，培育两个以上被动式低能耗建筑；到2020年底，新建项目全面推广被动式低能耗建筑。城区内新建建筑和既有建筑改造采用节水器具和设备比例达到100%。到2015年底，新建建筑绿色建材使用率达到60%以上；到2020年底，新建建筑绿色建材使用率达到85%以上。充分开发利用地下空间，节约集约利用土地，逐步提高土地利用效率。

编写人员：

负责人及统稿：

王洁凝：住房和城乡建设部住宅产业化促进中心

参加人员：

张　沂：北京市建筑设计研究院有限公司

蔡志成：清华大学硕士

主要观点摘要

一、农房建设存在的问题

（1）缺乏监管。《建筑法》等法律法规未对农房建设进行相应明确的规定。地方建设行政主管部门和农村基层组织对农房建设管理比较薄弱。

（2）质量隐患突出。大多数的农房建设无设计图纸。乡村工匠不熟悉建筑结构设计标准和规范，多数农房建设使用价格低廉的建筑材料，施工过程无人监督，埋下质量隐患。特别是大多数农房抗震设防标准偏低或者基本未考虑抗震设防，质量安全风险巨大。

（3）节能环保性能较差。绝大多数农房建设采用现场施工方式，混凝土搅拌污染严重。有些农房还在使用黏土砖，破坏土地资源和生态环境。农房冬季取暖季多采用燃煤或焚烧秸秆取暖，加剧了环境污染。

（4）建设工期较长、成本上升。传统农房采用混凝土结构或是砖混结构，施工效率较低，工期较长。随着用工荒和劳动力成本的上涨，农房建设成本不断提升。

（5）居住功能和舒适度差。多数农房围护墙体无保温隔热措施，功能空间布局单调，缺失专业装修设计，居住性能和舒适度较低。

（6）地域风貌特色缺失。农房建设盲目模仿城市或国外建筑风格，缺乏地域、民族特色和文脉传承。千家一面、千村一面现象严重。

二、在农村发展装配式建筑的重要意义

（1）提升农房质量。装配式建筑把抗震设防要求直接置入农房建设中，整体提升抗震能力。采用节能环保绿色建材和装配化、集成化施工，最大限度消除质量通病。

（2）提升节能减排水平。某农村装配式建筑样本企业的轻钢房屋用钢量为每平方米28kg，比混凝土结构用钢量减少近一半，主体自重为砖混结构的30％。一些样本企业的构件原材料中，45％～60％为颗粒与粉状建筑固体废弃物。

（3）提升农村农房风貌。装配式建筑提取本地域的文化、民族特色建筑元素用于农房立面和装饰部件。如云南某装配式建筑样本企业的轻钢房屋选用仿茅草屋面、小青瓦等特色部品，建设了纳西、彝族、傣族、佤族等特色农房。

（4）提升农房建设速度。一些轻钢结构的装配式农房建设工期比传统砖混结构农房工期节省约1/3~1/2。

（5）提升农房居住舒适度。装配式建筑采用更加合理的空间布局。如某样本企业专用技术体系的围护墙厚度仅为传统房屋的1/3~1/2，增加套内使用面积10%，"双保温"＋"双隔层"墙体保温技术效果良好，有效提升了农房舒适度。

（6）提升性价比。部分样本企业轻钢房屋造价在1800元/m²左右，虽比传统农房价格有所上升，但舒适度的明显提升提高了性价比。

三、在农村发展装配式建筑的建议

（1）出台指导意见，营造发展环境

1）出台推进农村装配式建筑发展的指导意见，或将相关内容融入推进装配式建筑发展、农房改造等相关政策文件中。明确提出"十三五"时期新建农村装配式建筑占比等发展目标。

2）地方政府要落实农村装配式建筑目标考核机制。地方住房城乡建设管理部门要设立农村装配式建筑专兼职管理机构，牵头本区域农村装配式建筑管理工作。

3）地方政府要研究制定针对农村装配式建筑的财政资金投入、税费减免、补助资金奖励、基础设施建设、农房土地流转等扶持政策。直接经济补贴政策比较有效。

（2）明确结构体系，完善技术标准

1）选择轻钢结构、混凝土结构、现代木结构、混合结构作为农村装配式建筑重点推广的结构体系。逐步完善农村装配式建筑设计、部品部件生产、现场施工装配的标准规范。

2）鼓励各地发布成熟、性价比优势明显、适宜本地发展的技术体系纳入推广目录。编制装配式建筑构造节点标准图集。

3）推进标准化户型设计。编制农村装配式建筑模数化产品、部品标准图集。编制农村装配式建筑厨房、卫生间标准化设计图集。

（3）塑造特色风貌，推进特色发展

1）装配式建筑立面和装饰部件要提取地域、民族建筑元素符号，体现特有的建筑风格。

2）装配式建筑要加大集成新技术、新产品的应用，让农民住上"太阳房"、用上"生物燃气"、洗上"太阳能"热水澡，共享城镇化文明成果。

3）农村装配式建筑要就地取材，利用当地优势资源生产部品和构件。

（4）推进试点省市县建设，摸索推广经验

1）将经济条件较好、农民意愿较强、有一定农村装配式建筑基础的地区培育成为农村装配式建筑试点省、市、县。

2）试点省、市、县要在农村危旧房改造、集中迁并、移民搬迁、扶贫搬迁、灾后恢复重建、新农村建设重大任务的项目中开展装配式建筑集中建设。摸索经验后向全国推广。

3）小城镇人口密度较高，住宅建筑比例较高，建设管理体制相对健全，地方政府应将小城镇作为推进装配式建筑的重点区域。如湖南建立湘西自治州装配式农房基地的经验可在各地推广。

（5）培育龙头企业，提升供给能力

1）引导鼓励农房设计、部品部件、施工企业，以及生态休闲农业运营和投资机构等，整合资源，联合发展，形成农村装配式建筑龙头企业。

2）各级政府应给予从事农村装配式建筑建设的龙头企业政策扶持。支持企业研发新产品、新材料、新技术，提升工艺水平，降低建设成本，促进装配式建筑在农村规模化、多样化、多元化发展。

3）加强培训，推进农村工匠向产业工人转型，职业技能与装配式建筑的构件生产、施工安装等要求相匹配，确保工程质量。

"三农"工作是立国之本。发展农村装配式建筑是农业现代化的重要组成部分。长期以来，量大面广的农房建设一直处于自由无序、粗放型建设状态，消耗大量能源资源，占用大量耕地，造成环境污染，工程质量堪忧，亟待转型发展。发展农村装配式建筑是农房建设转型的重要载体，能够全面提升农房质量、降低资源能源消耗、有效保护耕地、保护乡镇地域和民族特色是带动农村经济发展、提高农民生活质量的重要举措，是实现"望得见山、看得见水、记得住乡愁"的有效路径。

本专题是在调研全国农房建设情况的基础上，对具有代表性的10多个农村装配式建筑样本企业的技术体系进行了分析，并与专家学者及企业技术人员交流研讨，形成推进农村装配式建筑发展的思路和建议。

1 农房建设总体情况及存在问题

1.1 总体情况

2000年以来，全国农村住房竣工建筑面积常年保持在6亿~9亿m²。农村人均住房面积也从2000年的24.8m²提高到2012年的37.1m²。2014年，全国农村住房竣工建筑面积83769.59万m²，而全国商品住宅房屋竣工面积80868.26万m²，即相较于城市商品住宅房屋建设量，农村住房建设规模也比较巨大（图5-1~图5-3）。

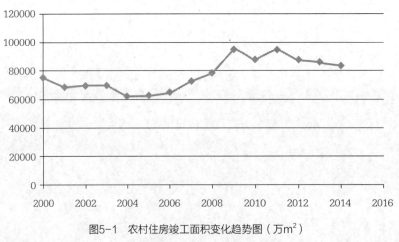

图5-1 农村住房竣工面积变化趋势图（万m²）

资料来源：《中国统计年鉴》

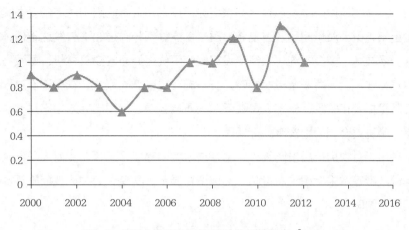

图5-2　农村人均新建住房面积变化趋势图（m²/人）

资料来源：《中国统计年鉴》

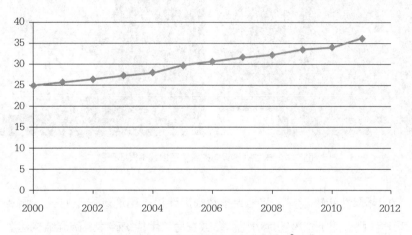

图5-3　农村人均住房面积变化趋势图（m²/人）

资料来源：《中国统计年鉴》

1.2　存在问题

（1）尚处于监管盲区。《建筑法》等相关法律法规未对农房建设进行规定。由于缺乏法律依据和人力、物力保障，很多地区的建设行政主管部门和农村基层组织对农房建设管理相对薄弱，无法实施有效指导和监管，大部分地区的农房建设基本处于自由无序发展状态。

（2）质量隐患突出。一是缺乏设计。抽样调查显示，大多数的农房建设没有设计图纸，仅凭农户个人喜好或者乡村工匠经验建房。而多数水平较好的工匠在城市谋生，活跃在农村建筑市场的工匠素质参差不齐。由于工匠不熟悉相关建筑结构设计标准和规范，埋下质量隐患。在实地调研中发现，一些农房建设还存在着砖混结构住宅主受力梁的主受力筋置于梁上部等重大质量问题。二是建材质量堪忧。部分农村经济欠发达省份，由于农民收入较低，受技术、资金制约，农房建设只能使用价格低廉的建筑材料，导致房屋质量较差，使用寿命较短，人身安全没有保障。三是施工过程无人监督。农房建设过程没有相关部门进行监管指导和验收，施工人员缺乏工程质量意识，采用落后的生产技术，导致工程质量较差，施工安全和使用安全缺乏保障。

特别是由于对农房抗震设防等级、地基地质构造等缺乏了解，使得大多数农房抗震设防标准偏低或者基本未考虑抗震设防。抽样调查显示，既有农房中抗震措施基本齐全的所占比例偏低（图5-4）。

图5-4　未做抗震设防的农房在地震中损坏严重

（3）节能环保性能较差。目前绝大多数农房建设采用现场施工方式，混凝土搅拌污染严重，噪声扰民，建筑垃圾随地可见。多数农房采用传统砖木、砖混结构建造，大量使用黏土砖，严重破坏土地资源和生态环境。由于保温效果差，冬季室内寒冷。在我国的严寒、寒冷和夏热冬冷地区的农村房屋，冬季取暖几乎都是采用自家独立燃煤取暖或焚烧秸秆取暖，不仅耗能严重，而且加剧了环境污染（图5-5）。

（4）建设工期较长。现在的农房建设都是采用现场施工，无论是混凝土结构或是砖混结构，所需混凝土部件均需现场浇筑，占用大量劳动力，工期较长，而且受季节影响较大。同时，由于生产方式粗

图5-5　农村冬季取暖带来严重的空气污染

放，施工组织缺乏，机械设备不足，劳动强度大，施工环境差，导致施工效率低下。"用工荒"现象已经蔓延到乡村，导致乡村高技能工匠比较缺乏，人员流动性大，人工成本逐年提升，造成农房建设成本逐年提升。

（5）居住功能和舒适度较差。一是多数农房围护墙体无保温隔热措施，导致冬季室温低、室内潮湿，在很多地区出现室内物品发霉变质等长期无法解决的诸多问题。窗多采用木窗、铝合金窗，气密性和水密性差。住宅外遮阳措施很少，平房顶层屋面绝大多数无隔热层，导致农房室内夏季闷热、冬季寒冷。二是由于缺少专业装修设计人员，农房装修多凭农户自身经验或老辈传承，装修风格已不能满足新时代农民的要求。

（6）农村地域风貌特色缺失。一是农房建设风貌缺乏整体规划，农民建房多仿照左邻右舍建筑风格，生搬硬套别家样式，造成农房缺乏地域民居风貌特色和居住个性，千家一面、千村一面。二是部分地区农房建筑形式盲目模仿城市或国外建筑风格，带有城市特色的建筑符号在农房建筑中随处可见，不能体现本区域民族特色、地域特色和历史文脉的传承。三是部分农村在整体改建过程中，村域规划不能注重顺应地形和自然风貌，大挖大填不仅破坏了自然环境，也阻碍了农村的可持续发展。

2 推进农村装配式建筑的重要意义

2.1 提升农房质量

农房质量隐患已成为系统性风险。装配式建筑可以在制造环节就采用节能环保绿色建材来取代低劣建材，在施工环节以高效装配化、集成化作业取代完全现场作业，以现代住宅制造取代粗放的建造方式，最大限度降低施工技术水平不高引发的工程质量风险，有效化解现场施工带来的质量通病，延长农房使用寿命，满足农民对居住品质不断增长的需求。

更重要的是，装配式建筑能够把抗震设防要求直接置入建筑结构体系中，整体提升抗震等级，增强抗震能力。如本专题调研的样本企业中的北新轻钢房屋采用C形镀锌钢板，组合成房屋主体结构的梁、柱、屋架，竖向荷载由墙体立柱独立承担，水平荷载由抗剪墙体（龙骨与结构墙板组合）承担，房屋主体结构满足8度～9度地震烈度设防要求，还可抵御高级别台风，全面提升了农房安全等级。其他样本企业的结构体系也都能满足本区域抗震设防要求（图5-6）。

图5-6　采用抗震连接件提升抗震和防风性能

2.2　提升节能减排水平

目前农村地区节能减排管理尚为空白，农房建设资源能源利用效率低下。装配式建筑在节能、节材、减排方面的效益，在样本企业技术体系中体现非常明显。

据企业提供的资料显示，相比传统的农房建造方式，北新建材轻钢房屋用钢量减少到每平方米28kg，比混凝土结构每平方米50kg的用钢量减少近一半左右。主体自重约为传统砖混结构的30%，节约了大量的基础材料。宝业大和轻钢房屋可节水60%，节能63%，农房本体60%以上的材料可循环利用。河北永基混凝土装配式结构体系可节水50%、节约钢材10%、节约木材80%、降低施工能耗40%。太空板业集团的混凝土–轻框复合板结构体系自重只有砌体或现浇结构建筑的20%，构件原材料的45%～60%为颗粒与粉状建筑固体废弃物，产品中旧有建筑再生利用率可达60%以上（包括拆除建筑钢材的循环利用）。在农村推进装配式建筑能有效减少环境污染和建筑垃圾排放，减少对农村生态环境的破坏，为恢复农村"碧水蓝天"作出实实在在的贡献（图5-7）。

（a）建筑固体废弃物回收处理

（b）发泡水泥浆由1/3固体废弃物组成　　（c）废旧钢材制成太空板钢边框

图5-7　利用旧有建筑固体废弃物生产的发泡水泥和板材钢边框

2.3 提升农村农房风貌

农村装配式建筑能够通过优化设计，提取本地域的文化、民族特色建筑元素用于农房立面和装饰部件，在农房建设中彰显"有山、有水、有乡愁"的特色建筑风格。在农村发展装配式建筑，可与中心镇、城郊接壤，与镇、卫星镇的农房群落整体风貌改造相结合，充分挖掘地域性人文、历史特色，提升区域性农房文化内涵品位，塑造村镇魅力。如昆钢集团轻钢房屋结合不同地域、不同民族农房性能要求，选用小青瓦、筒瓦、树脂瓦、仿茅草屋面等特色部品，设计了纳西族、彝族、傣族、佤族等多类民居标准图，在昭通鲁甸龙头山光明村、曲靖会泽县灾后集中安置、巧家县包谷垴乡灾后集中安置等项目中应用，取得了较好的成效（图5-8）。

图5-8 轻钢结构体系建造的土官纳西族及傣族民居

2.4 提升建设速度

农村装配式建筑将制造业技术模式、社会化大生产组织模式和现代信息技术融入农房建设全过程。标准化设计、工厂化生产、装配化施工能够大幅度提升农房建设速度。如重庆中瑞鑫安的轻钢结构房屋，梁、柱、屋架、杆件之间全部采用螺栓连接，大部分为干作业，施工不受季节气候影响，工期约为传统建筑工期的1/2。宝业大和轻钢房屋工期比传统施工周期缩短1/3。中建钢构和广东旺族联合制作轻钢房屋相较于传统混凝土结构，施工周期减少1/3，工期节约30%以上；预制率、装配率分别达到35%、60%，高峰期所需工人能够减少30%以上。工期缩短和施工人员减少使得农房建设效率得以提升，为进一步降低建造成本奠定了基础（图5-9）。

图5-9 某装配式建筑面积为630m², 15名施工人员28天完成主体建设

2.5 提升居住舒适度

农村装配式建筑融入现代建筑设计理念，确保了农房外观漂亮、室内空间布置合理，在采光通风、保温隔热等方面具有良好性能。如样本企业中部分农村装配式建筑项目探索了"一字形"户型转变为"L形"或"T形"，居住舒适度明显优于传统方式建造农房。如北新房屋墙体厚度仅为传统房屋的1/3～1/2，增加套内使用面积10％以上（图5-10）。采用"双保温"＋"双隔层"的墙体保温技术，有效阻止潮气或其他腐蚀性气体浸入主体结构，避免"冬天结露"、"夏天返潮"。宝业大和轻钢房屋得房率较传统建筑高5％～8％，房屋墙体、楼面、屋面预制的自保温层使得整体预制房屋保温性能良好，冬暖夏凉（图5-11）。

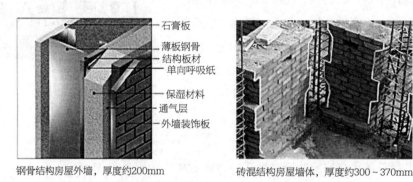

石膏板
薄板钢骨
结构板材
单向呼吸纸
保湿材料
通气层
外墙装饰板

钢骨结构房屋外墙，厚度约200mm　　砖混结构房屋墙体，厚度约300～370mm

图5-10　装配式建筑增加了套内使用面积

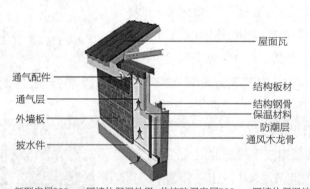

屋面瓦
通气配件
通气层
外墙板
披水件
结构板材
结构钢骨
保温材料
防潮层
通风木龙骨

新型房屋220mm厚墙体保温效果=传统砖混房屋500mm厚墙体保温效果

图5-11　装配式建筑外墙保温隔热效果良好

2.6 提升建设性价比

样本案例中多数轻钢结构房屋价格略高于传统砖混结构房屋，但随着规模扩大，原材料本土化、结构设计优化和施工队伍熟练程度的提升，装配式农房价格呈现下降趋势。根据企业提供的数据，北新轻钢房屋造价最低约1800元/m²就能完成拎包入住（包括简单装修），而传统农房造价1300元/m²左右（包含装修），两者差额不多。而随着高炉矿渣、粉煤灰、电厂脱硫石膏等工业固体废弃物在北新轻钢房屋中的应用，材料成本进一步降低。北新房屋已在北京密云建成北京市首个新农村项目示范小区，总面积8669m²，并在北京平谷、四川广安等地，以及赞比亚等国家建设了约60万m²的住宅。中建钢构和广东旺族联合制作的轻钢房屋价格约为1000～1500元/m²（简易装修），普通装修的房屋约为1800～2500元/m²，与传统农房造价相差不多，目前已在广东、武汉的保障房和农房项目中应用。

部分样本企业房屋价格略低于当地传统方式建设的房屋，如新疆德坤两层轻钢结构房屋，均价为1725元/m²（不含运费），而伊犁地区同等户型同等装修标准的两层砖混结构传统住宅施工成本为2020元/m²，德坤轻钢结构房屋直接建造成本具有价格比较优势。金鼎山集团轻钢房屋在东北地区造价为1260元/m²，而当地砖混建筑造价约为1600元/m²，具有明显的造价优势。目前，金鼎山轻钢房屋已经覆盖黑龙江、辽宁、吉林、四川、内蒙古、新疆等20多个省市，并出口到俄罗斯、印度尼西亚等国家。

某农村装配式建筑与传统农村建筑性能对比   表5-1

结构形式	砖混结构房屋	保温复合板集成房屋
平方米造价	基础258.07元，房屋662.03元，合计920.10元	基础142.80，房屋668.88元，合计811.68元
使用面积	建筑面积121.5m²，使用面积98.51m²，使用率81.08%	建筑面积121.5m²：使用面积106.67m²，使用率87.8%
节能方案	外保温，K值0.45，寿命15年	复合保温，K值0.38，寿命与建筑同步
抗震设防	8度设防	8度设防
绿色环保	砖国家限用禁用，更换外保温造成污染	绿色环保

2.7 拉动农村经济增长，化解过剩产能

当前，国家进入经济发展新常态，经济增长将从高速转向中高速，农村经济发展亟待通过发展农村装配式建筑来提供新动力。农村装配式建筑产业链条长，产业分支众多，能够催生部品部件生产、专用设备生产等众多新型产业，拉长、扩展产业链条，促进农村产业再造和增加农村人口就业。多数样本企业都在本区域发挥了较好的经济拉动作用，吸引农民就业，消化钢铁、水泥产能，带动区域经济快速增长。

3 推进农村装配式建筑发展的建议

发展农村装配式建筑应以扶持激励政策为主导，以完善现行建筑结构技术体系和技术标准为支撑，以农村装配式建筑试点省市县和农村装配式建筑龙头企业"双轮驱动"为抓手，兼顾行政推动和市场培育，加快推进农村装配式建筑发展。

3.1 出台指导意见，营造发展环境

出台指导意见。一是研究出台推进农村装配式建筑发展的指导意见，或将相关内容融入推进装配式建筑发展、农房改造等相关政策文件中，通过政策引导形成示范效应。二是明确发展目标。在推进农村装配式建筑发展指导意见中要明确提出至"十三五"中期，新建、竣工农村装配式建筑面积比例、新建农房通用部品使用比例、集成技术在农房中的应用比例等发展目标。各级政府编制的乡镇整体规划、村落规划中应明确农村装配式建筑所占比例。

落实目标责任。一是强化目标责任。将农村装配式建筑目标任务科学分解到省、市、县级人民政府，将目标完成情况和措施落实情况与领导干部综合考核评价相挂钩。二是完善组织架构和管理制度。各级住房城乡建设管理部门要强化职能和人员配备，与农业、发改、财政等部门建立联动机制，制定实施本地区农村发展装配式建筑的指导意见和发展规划，做好本区域农房试点示范项目的选定和管理工作，指导推广适宜农村的装配式建筑技术体系。

培育市场需求。研究制定符合农村装配式建筑建设特点的财税政策和土地政策，制定不同层级财政资金投入、税费减免、补助资金奖励、基础设施建设、农房土地流转等扶持政策。现阶段，直接的经济补贴政策比较有效。如北京2012年实施的抗震节能改造补助2万元的做法值得进一步推广。

3.2 建立标准体系，强化技术支撑

一是建立标准体系构架。逐步健全基于农村装配式建筑的设计、部品部件生产、现场施工装配的系统化、多层次标准体系构架。标准应涵盖轻钢结构、混凝土结构、砌体混合结构、木结构。

二是编制国家级农村装配式建筑整体结构及节点结构设计标准和施工图集，并研发设计软件。鼓励各地将技术比较成熟、已应用于试点示范项目的建筑技术体系，纳入区域性适宜推广建筑技术体系目录，在本区域内重点推广。

三是建立标准化设计引导下的通用部品体系。制定标准化设计和模数化部品部件规

范。以农村装配式建筑试点示范项目为载体，重点发展农房厨房、卫生间标准化设计以及相应模数化产品部品的集成与配置。

四是开发能够进行菜单式选择的农村装配式建筑网络平台，主要包括：结构设计方案、标准图集、施工技术规程、所需部品部件材料动态选用库等，方便农民根据自己喜好和收入情况，选择建造质优价廉的新农房。

3.3　塑造特色风貌，推进特色发展

一是突出特色建筑风貌。不同地区的农村装配式建筑要突出地域特色，如对于山地较多的贵州省，农房外形要反映山地特点，体现组团式、集群式村落布局。突出民族特色，农房立面和装饰部件要提取民族建筑元素符号，体现民族特色建筑风格；突出人文特色，挖掘地域性人文、历史特点，建设宜居、宜业、宜游精品村镇；突出民生特色，通过农村装配式建筑集成技术应用，让农民住上"太阳房"、用上"生物燃气"、洗上"太阳能"热水澡，共享城镇化文明成果。

二是就地取材，技术融合。农房要充分应用当地建筑材料。如在吉林等东北严寒地区，应充分利用当地农作物秸秆用于节能环保墙体，利用松辽平原储量丰富的陶粒页岩、火山渣、浮石等作为砌块建筑材料，达到轻质、保温、降低成本目的。推进农村装配式建筑应充分考虑与绿色建筑、被动式低能耗房屋相结合，采用装配式建造的农房，同时按被动式房屋建造标准增强保温密闭性能，最终实现绿色农房综合发展目标。

三是结合农村装配式建筑特点，推进部品部件定型化、小型化和易安装。要推进标准化户型设计；要减少构件数量、种类，适应农村道路运输、吊装能力以及施工条件等要求，降低成本；部品生产应以小型化、生产简单为原则，便于就地制作和小型机械操作安装；以建造速度快为主旨，构造连接应简单明确，确保对农民进行培训指导下可自行组装。

3.4　推进试点省市县建设，摸索推广经验

借鉴城市住宅产业化推进经验，选择在经济条件较好，自然条件允许、交通便利、条件适宜（安装设备能够作业）、农民意愿较强、有一定装配式建筑建设规模的地方开展农村装配式建筑省市县的试点。重点可选择在农村危旧房改造、集中迁并、移民搬迁、扶贫搬迁、灾后恢复重建项目、有新农村建设重大任务的项目中开展项目试点。通过试点总结现行预制装配农房体系存在的问题，逐步完善技术、积累经验，探索农村装配式建筑管理体制机制和规模化发展路径，待条件成熟后再向全国推广。

小城镇人口密度较高，住宅建筑比例较高，建设管理体制相对健全，应作为推进农村

装配式建筑试点的重点区域。目前湖南已在湘西自治州建立了农村住宅产业化基地，示范效应明显，经验可资借鉴。

3.5 培育龙头企业，提升供给能力

目前全国已有57家国家住宅产业化基地企业，但其中致力于农村装配式建筑建造的企业比例还很小。结合样本企业经验，应逐步整合包含农村住房规划设计、部品生产、施工、生态休闲农业、金融机构在内的大型企业成为农村装配式建筑龙头企业。

地方政府应向农村装配式建筑龙头企业政策倾斜，鼓励龙头企业牵头，通过引进先进技术和设备，开展新产品、新材料的研发，提升部品部件质量，提升施工工艺，降低建设成本，促进农房建设多样化、多元化。鼓励企业将现有专利技术产业化，通过工程实践逐步纳入相关技术规程或建设标准，推进企业标准向行业标准、国家标准的提升。

龙头企业要着力提升技术成熟度，培养管理人员和施工人员，形成有效市场供给能力。鼓励农村工匠向农房产业工人转变，通过培训，参与产业化农房的安装、施工，负责产业化农房建成后的房屋维护和修缮，通过农村工匠的转变带动农民建房观念的转变。

3.6 总结推广适宜的装配式建筑技术体系

根据10多个样本企业的发展情况来看，与农村装配式建筑发展相适应的结构技术体系主要包括三大类。

一是低层轻钢结构体系，指用镀锌钢构件做承重结构，用环保、轻体、节能材料做围护结构的住宅。轻钢结构农房构件和配件可实现工厂化生产，施工精确度高、质量好，建筑造型容易实现，房间空间大，布置灵活，个性化设计可满足农户的不同需求，具有良好的抗风和抗震性能。轻钢结构房屋体系能够实现节地、节水、节能、节材、环保要求。样本中有9家企业采用了此类技术体系（图5-12）。

图5-12 轻钢结构体系的结构构架和节点

二是装配式混凝土结构体系，指房屋主体结构和围护构件采用工厂化制作、装配化施工。此类体系多用于高度低于15m，地上建筑层数不大于3层的农房建设，采用了预制承重墙、梁、柱、楼梯、外挂墙板、凸窗、空调板、阳台等预制构件。装配式混凝土农房施工速度快，施工效率高，工程质量较好，干法作业无现场污染，能达到"四节一环保"要求。样本中有2家企业采用了此类技术体系（图5-13）。

| 楼板 | 隔墙板 | 屋面板 | 外墙板 |

图5-13 板式承重的装配式混凝土结构体系

三是现代木结构体系，指采用复合木材承重构件、规格材、木质复合板材和金属连接件等构件建造而成的木结构房屋。现代木结构体系提高了原木的利用率和结构承载能力，具有耐火、防腐、易加工、自重轻等特点，具有良好的抗震性能。节能减排效果好，建筑运行能耗低，是一种与自然共生、生态宜居的绿色建筑形式（图5-14）。

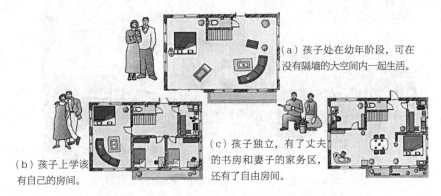

（a）孩子处在幼年阶段，可在没有隔墙的大空间内一起生活。

（b）孩子上学该有自己的房间。

（c）孩子独立，有了丈夫的书房和妻子的家务区，还有了自由房间。

图5-14 外墙承重的农村装配式建筑灵活的室内空间布局

　　上述三类技术体系已在农村装配式建筑工程项目中广泛应用，取得较好成效。样本企业结合自身特点深入探索不同的关键连接技术和施工工艺工法，完善技术体系，为其他农村装配式建筑企业的发展提供了范例。样本企业技术体系和工程应用情况详见附表5-1。

（a）海外北新绿色小镇：坦桑尼亚国防学院（实景图）

（b）北方地区北新绿色小镇：北京平谷温渡示范项目（实景图）

（c）北方地区北新绿色小镇：北京密云石城镇抗震节能新农村示范项目（实景图）

图5-15　装配式建筑小镇实景

附表：

样本企业结构技术体系和工程应用情况调查表

附表5-1

结构类型	序号	结构构造特点	工程造价	优势	劣势	实际应用项目	企业名称
轻钢结构	1	1. 采用"C"型镀锌钢板组合成房屋梁、柱、屋架；杆件之间采用螺栓连接； 2. 竖向荷载由墙体立柱承担，水平荷载由抗剪墙体承担（以下各类轻钢结构本技术体系受力特点类似）	约为1800元/m²（包含设计、生产、施工、内装修）	1. 包括结构主体在内90%以上可回收；用水量仅为传统房屋的10%； 2. 施工现场无噪声、粉尘和污水污染； 3. 房屋整体干法施工，施工不受季节影响； 4. 减少建筑垃圾； 5. 可按抗震等级8度～9度设防	造价较传统砖混结构农房略高	1. 已在北京密云8669m²新农村示范小区应用； 2. 在北京平谷，四川广安、成都青白江，山东枣庄，宁夏银川等地农房项目中应用； 3. 出口赞比亚，建造约60万m²住宅	北新建材集团有限公司
	2	轻钢结构作为主体受力结构	约为1500元/m²（毛坯房）	1. 可节材20%，节水60%，节能63%； 2. 住宅本体60%的材料可循环使用； 3. 节约人工40%，比传统施工周期缩短1/3	造价较传统砖混结构农房略高	1. 在绍兴四季园，临江绿苑，四川青川希望小学，抗州电业局云东变电站等项目应用； 2. 出口澳大利亚、安哥拉、印度等国家	宝业大和工业化住宅制造有限公司
	3	轻钢结构作为主体受力结构	约为1000～2000元/m²	1. 工期约为传统建筑的1/2，节水70%； 2. 整体预制房屋保温性能良好，节能70%以上； 3. 得房率较传统建筑高5%～8%，钢结构构件可全部回收； 4. 干作业施工，对气候适应性强； 5. 可按抗震等级8度设防	造价与传统砖混建筑造价基本持平	1. 中瑞鑫安"筑巢"示范样板房； 2. 适应于软基、缺水地区、地震多风多发区，以及工期较紧项目	重庆中瑞鑫安实业有限公司

续表

结构类型	序号	结构构造特点	工程造价	优势	劣势	实际应用项目	企业名称
轻钢结构	4	轻钢结构作为主体受力结构	约为1000~1200元/m²（毛坯房）	1. 可按抗震等级8度设防； 2. 复合墙体自重只是块材组砌填充墙体自重1/6或1/7不足，减轻了结构荷载； 3. 复合墙体加快施工速度，与建筑结构同寿命	造价与传统砖混建筑造价基本持平	1. 阿尔山营房； 2. 适应于建筑高度12m以下、地上建筑层数； 3. 层及以下、建筑层高不大于4.8m的民用建造	哈尔滨鸿盛集团
	5	轻钢结构作为主体受力结构	约为1000~1200元/m²（毛坯房）	1. 可按抗震等级8度设防； 2. 水泥用量低于干砌体结构2/3，钢材用量低于传统钢结构1/2，节能80%； 3. 房屋质量是砖混结构的30%~40%，可降低基础费用； 4. 轻质节能板材把微型空气球加入粉煤灰或其他工业废渣做成，取代石子、沙子及轻骨料； 5. 墙体厚度变薄增加了使用面积15%~20%	造价与传统砖混建筑造价基本持平	1. 已应用于小汤山非典医院建设，以及汶川地震、王树地震，2013北京特大洪水等灾后重建项目； 2. 房屋已销往36个国家，参与了东南亚海啸、美国飓风、智利地震、日本海啸等灾后重建项目	北京华丽联合高科技有限公司
	6	轻钢结构作为主体受力结构	单层约为1200元/m²；两层以上约为1500~2000元/m²（均不含运输费）	1. 三类复合板材围护体系，提升了外墙节能保温性能，解决墙体裂缝质量通病； 2. 减少了现场的湿作业和用工； 3. 户型标准化提高效率	造价与传统砖混建筑造价基本持平	1. 已在新疆维吾尔自治区和兵团35个项目点，建设了2094套保障性房屋； 2. 基本实现原材料本土化	新疆德坤实业集团有限公司

续表

结构类型	序号	结构构造特点	工程造价	优势	劣势	实际应用项目	企业名称
轻钢结构	7	轻钢框架体系	约为1400元/m²	1. 楼面采用钢桁架承承板系统替代支模板，利于工种协调；2. 钢筋、混凝土使用量减少；3. 结合云南多民族特点，采用轻钢干挂小青瓦、筒瓦、树脂瓦、仿茅草瓦等形成屋面系统，建筑的民族特色明显	造价较传统砖混结构农房略高	1. 完成昭通鲁甸头龙头山光明村、曲靖会泽县灾后集中安置、巧家县包谷垴乡灾后集中安置、临沧双江民居等项目建设；2. 已完成工程项目共计479套房屋	云南昆钢建设集团有限公司
	8	轻钢结构作为主体受力结构	约为1260元/m²	1. 与传统建筑相比，墙体材料成本可节约15%~25%，主体结构材料可节约20%~30%，施工人力成本可节约25%~35%；2. 运行阶段节能75%，现场安装能耗仅为传统的1/5	造价与传统砖混建筑造价基本持平	1. 已在黑龙江、辽宁、吉林、四川、内蒙古、新疆等20多个省市的项目中应用；2. 已出口到俄罗斯、哈萨克斯坦、印度尼西亚等多个国家	黑龙江金鼎山建材集团
	9	轻钢结构作为主体受力结构	简易装修价格约为1000~1500元/m²；中等装修价格约为1800~2500元/m²	1. 节水80%，节能70%，节材20%；2. 高峰期作业所需工人能够减少30%以上；3. 节约工期30%以上，施工周期减少1/3；4. 预制率可以达到35%，装配率可以达到60%	造价与传统砖混建筑造价基本持平	已在武汉保障房项目，天津公寓楼项目，广东别墅项目中应用	中建钢构有限公司和广东旺族绿色住宅建筑有限公司联合制作

续表

结构类型	序号	结构构造特点	工程造价	优势	劣势	实际应用项目	企业名称
预制装配式混凝土结构	10	预制装配式混凝土结构	约为800~1000元/m²	1. 北京农房项目冬季室内非采暖温度达到18℃；2. 重量轻，房屋基础在地表之上；3. 墙板通过预埋铁与墙板钢丝网片形成柔性连接，整体性好	造价与传统砖混建筑造价基本持平	1. 已在通州宋庄、顺义石家营项目中应用；2. 可用于东北、西北、西南等寒凉和严寒地区的1~2层农村住宅；3. 用于现代农业、养殖业和蔬菜大棚项目中	北京绿环中创建造科技有限公司
	11	预制装配式混凝土结构	约850元/m²	1. 可节水50%、节约钢材10%、节约木材80%、节约模板50%；2. 可降低施工能耗40%；3. 有效降低施工扬尘和污染物排放	造价与传统砖混建筑造价基本持平或略高	已在河北固安、任丘等地项目中应用	河北任丘永基集团
	12	全装配预制混凝土结构	约为2000元/m²	1. 成熟的全装配结构连接节点技术；2. 实现互联网定制造模式；3. 通过互联网整合产品销售、材料供应、运输安装、施工装修等	造价较传统砖混结构农房略高	1. 已在浏阳大围山、赤马湖等乡镇建设休闲度假项目；2. 已在环渤海、长三角、珠三角等地区主要城市建立了12个生产基地	远大工集团
	13	全装配预制混凝土结构	约为1200元/m²	1. 生态环保、节能保温、快速建造、经济实用；2. 在不增加工程造价的前提下，可完全取代传统砖混结构		1. 陕西宁强县灾后重建；2. 新疆新农房建设；3. 平顶山右龙区矿区移民项目——玉兴花园；4. 河南兰考生态移民援建项目——中州御府	迈瑞司（北京）抗震住宅技术有限公司

说明：1. 本次样本本企业资料和数据均为企业提供。

2. 本次调研中木结构企业尚缺。

附件：国外农村装配式建筑经验做法

发达国家农村住房多采用装配式建造，结构形式包括预制装配式混凝土结构、轻钢结构和木结构。以装配式建造方式取代现场作业，材料环保，建造快速，保温隔热效果较好。

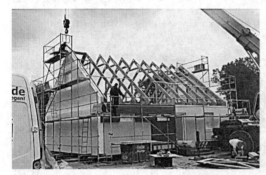
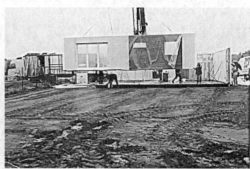

附图5-1　国外农村装配式建筑

在一些经济欠发达国家，比如牙买加、危地马拉等，也大量采用装配式混凝土结构建造农房，从生产、施工到竣工的全过程非常快速。

附图5-2　牙买加（左）和危地马拉（右）的农村装配式住宅

附图5-3　南非（左）和菲律宾（右）的农村装配式住宅

国外典型农村装配式建筑构件生产、基础准备、现场安装全过程。

附图5-4 采用3D立体设计，标示出具体尺寸，便于工厂分解构件，逐一生产

附图5-5 工厂里的模板，根据设计要求组合

附图5-6 表层铺一层钢筋网

附图5-7 钢筋网与之前铺设主筋绑扎一起

附图5-8 门窗洞口预留

附图5-9　浇筑混凝土

附图5-10　生产构件的同时可以平整场地，夯实地基

附图5-11　脱模

附图5-12　运输

附图5-13　部分构件在现场制作

附图5-14　吊装基础

附图5-15　基础就位后安装混凝土底板

附图5-16　墙板安装非常迅速

附图5-17　屋面安装也非常快

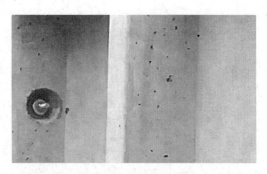

附图5-18　预留的洞口、构件之间连接靠高强度螺栓

附图5-19　接缝抹胶

附图5-20　房屋主体结构完成

编写人员：

负责人及统稿：

武　振：住房和城乡建设部住宅产业化促进中心

刘洪娥：住房和城乡建设部住宅产业化促进中心

武洁青：住房和城乡建设部住宅产业化促进中心

参加人员：

赵　静：北新集团建材股份有限公司

余亚超：宝业集团浙江建设产业研究院有限公司

朱连吉：河北任丘市永基建筑安装工程有限公司

林国海：哈尔滨鸿盛集团

喻　弟：北京绿环中创建筑科技有限公司

李世男：云南昆钢建设集团有限公司

住宅全装修发展状况

主要观点摘要

一、国内外发展情况

（1）从发展历程看，我国住宅装修大致经历了计划经济下的简装修、市场经济下的初装修、毛坯房和全装修4个阶段。

（2）发达国家住宅装修发展具有4个特征，土建装修不分离，住宅基本都是全装修房；装配式装修与主体工业化并行；装修部品化程度较高；主体结构与设备装修工程相互分离。

二、我国住宅全装修发展现状

（1）住宅全装修已成为建筑装饰行业可持续发展的重要组成部分和重要的利润增长点。

（2）全装修的保障性住房建设将带动住宅装修市场需求不断提升，进而带动商品住房全装修市场需求的提升。

（3）随着万科地产、恒大地产等企业在住宅全装修领域的不断探索，全装修住宅供给量将不断增加。

（4）国家和行业层面先后出台《关于进一步加强住宅装饰装修管理的通知》等政策文件，江苏、河南、山东、北京、重庆等省市出台指导意见，推进住宅全装修的政策环境不断完善。

（5）国家和行业层面出台了《住宅室内装饰装修工程质量验收规范》等标准规范，江苏、辽宁、福建、北京、上海、重庆等省市先后出台地方标准，住宅全装修的技术标准支撑日益增强。

（6）我国住宅部品体系已经初步建立，但仍存在部品标准化、模数化、模块化以及集成化程度偏低、生产效率不高等问题。

（7）装配式装修已经在北京雅世合金公寓、上海地南翔崴廉公寓以及北京郭公庄一期公租房、通州马驹桥公租房、焦化厂公租房造项目中应用，探索了结构与内装一体化设计、施工的宝贵经验。

三、存在问题

（1）政策推进力度有待加强。由于缺乏引导性政策和强制性措施，开发商推进住宅全装修积极性不高。全装修管理模式亟待建立，设计、施工环节的配套管理政策相对缺失。质量责任难以有效追溯。

（2）全装修成本计入税基增加了购房者的负担。《中华人民共和国营业税暂行条例》等税收政策多将全装修价款纳入营业税、契税的征收税基。部分地区契税优惠政策划分标准也依据含装修费用的房屋价格，直接影响了选择全装修住宅的积极性。

（3）存在质量隐患。由于一些项目全装修材料部品采购过程不透明，装修施工过程监督不能保证，装修监理规范程度不够，使得全装修工程可能存在质量隐患，导致购房者对全装修住宅信任度偏低。

（4）土建与装修相互分割，衔接不顺畅。土建与装饰装修之间在设计、施工和管理环节的脱节现象比较严重，全装修设计施工一体化尚未能有效实施。

（5）规模化供给能力有待加强。市场需求较小导致全装修住宅标准化、系列化、集约化发展缓慢。具备条件的企业数量及技术管理能力不能满足市场需要。

四、政策建议

（1）从国家到地方，各级政府要明确"十三五"期末新建全装修住宅面积占全部新建住宅面积的比例。直辖市、计划单列市及省会城市的全装修保障性住房的面积占比应达到较高的比例要求。

（2）对住宅全装修给予土地、金融、税收等方面的扶持政策，如对开发企业和购房者制定税收优惠和财政补贴政策。

（3）全装修住宅项目设计文件应做到土建与装修设计一体化，将全装修内容列入施工图审查范围，室内装修工程应连同土建工程一并申请办理建设手续。

（4）在销售合同中明确住宅全装修标准并确保实施。建立样板房实体展示制度，要求全装修住宅交房标准不能低于样板房水平。参考部分省市经验，样板间应在该户型住房全部交付6个月后方可拆除。

（5）明确开发单位对住宅全装修质量负总责。强化执行全装修住宅质量验收规范，实施分户验收制度和室内环境强制检测制度。建立质量纠纷处理机制。

（6）围绕设计、施工装配、监理、竣工管理环节出台住宅全装修标准规范。加强装修类部品模数协调研究。建立标准化设计引导下的通用部品体系。

（7）全面推进装配式装修，推广标准化设计及系统集成技术。倡导全装修和菜单式装修方式相结合。加快推广集成厨房和卫生间。

（8）各地要研究出台适合于保障性住房、商品住房的全装修技术体系和监管模式。

（9）房地产开发企业应强化建造、装修全链条管理能力。全装修设计单位应具备相应的工程设计能力。加强住宅全装修相关人才培养和技术培训。

（10）推进龙头企业实施住宅全装修与结构、机电和设备设计一体化。完善企业住宅全装修的工艺工法，将技术成果提升为行业标准规范。

（11）加大宣传引导力度，通过媒体、网络、舆论等方式宣传住宅全装修好处，监督开发商销售行为，转变消费者观念，引导购买全装修住房。

住宅全装修是指房屋交钥匙前，所有功能空间的固定面全部铺装或粉刷完成，厨房和卫生间的基本设备全部安装完成。推进住宅全装修，有利于提升住宅装修集约化水平，提高住宅性能和消费者生活质量，带动相关产业发展。住宅全装修是房地产市场成熟的重要标志，是住宅建设与国际接轨的必然发展趋势，是推进我国住宅产业健康发展的重要路径。

1 国内外发展情况

1.1 我国住宅全装修的发展历程

随着我国改革开放的不断深入，人民生活水平日益提高，住宅装修逐步成为住宅产业的重要组成部分。住宅装修与住房商品化进程紧密相关，在过去几十年间，我国住宅装修发展大致可分为四个阶段：

1.1.1 计划经济下的简装修时期（20世纪50年代中期～80年代末期）

计划经济下的福利分房具有"福利"性质，室内装修标准相差不多，但都能达到"入住即可使用"的程度。这个阶段属于福利装修阶段，土建和装修由承建单位一家完成，装修一般都较为简单。

1.1.2 市场经济下的初装修时期（80年代末期～90年代中期）

随着生活水平不断提高和住房商品化，人们不再满足于福利房和一般商品房的装修，开始自行采购装修产品和材料，替换已有的设备及装饰面层，甚至拆墙开洞。为此，原建设部及许多地方主管部门下发文件，制定住宅"初装修标准"，起到了引导消费者和施工单位的作用。土建施工单位做到初装修程度就可撤出施工现场，房屋建造和装修逐渐分离。

1.1.3 毛坯房时期（90年代中期～90年代末期）

家庭装修市场迅速发展，装修个性化很快取代了"初装修"。消费者奔波于不同建材市场，装饰装修游击队占据了大部分家装市场。开发商不再做"初装修"，除了安装户门、窗和配管，以及做好墙面、地面抹底灰后，其他装修施工内容全部留给住户，毛坯房开始盛行，住宅装修市场走向无序化。

1.1.4 住宅全装修时期（90年代末期至今）

随着毛坯房装修弊端的不断显现，20世纪90年代末，一批具有超前意识的开发商抓住市场需求变化，在广州、深圳、上海、北京、南京等大城市推出全装修成品住房。同时，由于个人拥有住房产权后对通过住宅全装修改善居住环境的要求日益提高，需要购买此类住房的消费者比例逐年上升，住宅全装修变革期已经到来。

1.2 发达国家住宅全装修发展情况

1.2.1 日本发展情况

日本住宅全装修始于20世纪60年代初期，住宅全装修产业化与住宅产业化同步发展。当时，由于住宅需求急剧增加，而建筑技术人员和熟练工人明显不足，为使现场施工简化，提高产品质量和效率，日本对住宅整体（包括装修）实行部品化、批量化生产。70年代，住宅装修改造、节能建筑技术进一步推广，日本住宅产业进入成熟时期。设立工业化住宅性能认证制度，以保证工业化住宅的质量和功能。80年代中期，设立优良住宅部品认证制度。到90年代，开始采用工业化方式生产住宅通用部品，其中1418类部品取得"优良住宅部品认证"。日本所有在售住宅都是全装修房。日本对住宅建设规定了明确的居住水平和居住环境水平要求，早已超越全装修房的初级发展层面。目前日本住宅部品工业化、社会化生产的产品标准十分齐全，占标准总数的80％以上，部品尺寸和功能标准都已形成体系。

1.2.2 美国发展情况

美国物质技术基础较好，商品经济发达，且未出现过欧洲国家在第二次世界大战后曾经遇到的"房荒"问题，因此其住宅及装修产业化已达到较高水平。这不仅反映在主体结构构件的通用化上，而且也反映在各类部品和设备的社会化生产和商品化供应上。住宅用构件和部品大多实现了标准化、系列化，除工厂生产的活动房屋（Mobile Home）和成套供应的木框架结构预制构配件外，其他混凝土构件与制品、轻质板材、室内外装修以及设备等产品都十分丰富，数量达几万种。用户可以通过产品目录，从市场上自由购买所需产品。同时各种产品各具特色，实现了标准化和多样化之间的协调发展。

美国发展住宅全装修的主要特点是，消除现场湿作业，同时具有较为配套的施工机具。厨房、卫生间、空调和电器等设备近年来逐渐趋向部品化，以提高工效、降低造价、便于安排技术工人安装。美国的住宅建设已实现产业化，市场上出售的基本都是全装修房。

1.2.3 法国发展情况

法国是世界上推行建筑工业化最早的国家之一。为发展建筑通用体系，法国住房部于1978年提出以推广"构造体系"作为向通用建筑体系过渡的一种手段。到1981年，全国已选出25种构造体系，年建造量约为1万户。构造体系倾向于将结构构件生产与设备安装和装修工程分离，以减少预制构件中的预埋件和预留孔，简化节点，减少构件规格。一般情况下，主体结构交工后再进行设备安装和装修工程。从1982年起，法国政府不断推进构件生产与施工相分离，发展面向全行业的通用构配件商品生产。进入20世纪90年代，法国住宅装修在饰面处理多样化、施工质量稳定等方面取得很大进展。法国多层和高层集合式住宅基本上没有毛坯房，其装修特点是"轻硬装，重软装"。

综上所述，国外发达国家发展住宅全装修具有如下几个特征，一是土建装修不分离，住宅基本上都是一次到位的全装修房，室内装修设计从属于建筑设计范围，不区分建筑设计师与室内设计师。二是装配式装修与主体工业化并行，实现了工业化装修，现场基本干作业施工，消除了湿作业。三是部品化程度高，部品基本实现集成化、标准化、系列化。四是主体结构与设备装修工程分离。

2 发展现状

2.1 建筑装饰行业整体市场发展情况

建筑装饰行业已成为建筑业的三大支柱性产业之一。近年来，伴随中国经济的快速增长以及相关行业的蓬勃发展，建筑装饰行业愈加显示出巨大的发展潜力。建筑装饰装修行业正在迎来快速发展期。而住宅全装修市场已成为建筑装饰行业可持续发展的重要组成部分和重要的利润增长点。

根据中国建筑装饰协会统计数据，我国建筑装饰装修行业总产值已由2003年的8500亿元提升至2012年的29000亿元，年复合增长率达到14.61%。其中，公共建筑装饰业总产值由2003年的3525亿元提升至2012年的13700亿元，复合增长率为16.28%；住宅装饰装修总产值由2003年的4675亿元提升至2012年的13000亿元，复合增长率为12.03%。

根据《中国建筑装饰行业"十二五"发展规划纲要》，"十一五"期间，整个建筑装饰行业呈现快速发展态势，产值增长率以平均每年20%左右的速度递增。建筑装饰行业"十二五"期间的发展目标是：2015年工程总产值力争达到3.8万亿元，比2010年增长1.7万亿元，总增长率为81%，年平均增长率为12.3%左右。其中，公共建筑装饰装修（包括住宅开发建设中的整体楼盘成品房装修）争取达到2.6万亿元，比2010年增长1.5万亿元，增长幅度在136%左右，年平均增长率为18.9%左右。住宅装饰装修（单个家庭独立装修工程）争取达到1.2万亿元，比2010年增长2500亿元，增长幅度在26.3%左右，年平均增长速度为4.9%左右。"十二五"期间，建筑装饰行业在"存量+增量"双重需求的拉动下，保持了较快速度的增长。

2.2 住宅全装修市场发展情况

2.2.1 供给不断增加

住宅全装修具有节能、环保的特点，符合国家产业发展政策，目前包括万科地产、恒大地产等各大房地产开发商都在大力发展全装修住宅，未来全装修住宅的供给量将不断增加。

2.2.2 需求有望提升

我国住宅全装修起步较晚，发展历程尚短，消费者对于全装修住宅的认识程度参差不齐。随着我国住宅全装修市场的逐步发展，消费者对于全装修住宅的接受度和对全装修住宅的需求有望相应提升。

2.2.3 保障性住房建设将成为全装修住宅新的增长点

近年来，国家及各级地方政府保障性住房建设力度逐年加大。住宅开发建设中的小户型、经济型住宅比重也在不断提高。地方政府积极推进保障房的全装修，将有力带动住宅全装修市场需求的提升，并对装饰市场起到拉动作用。

2.3 相关政策引导情况

1999年，国务院办公厅转发八部委《关于推进住宅产业现代化提高住宅质量的若干意见》中，首次提出"加强对住宅装修的管理，积极推广一次性装修或菜单式装修模式，避免二次装修造成的破坏结构、浪费和扰民等现象"；2002年，《商品住宅装修一次到位实施导则》（建住房〔2002〕190号）发布（以下简称《实施导则》），从住宅开发、装修设计、材料和部品的选用、装修施工等多方面提出指导意见建议。2008年，住建部下发《关于进一步加强住宅装饰装修管理的通知》（建质〔2008〕133号），进一步指出要完善扶持政策，推广全装修住房。明确要求要结合本地实际，科学规划，分步实施，逐步达到取消毛坯房，直接向消费者提供全装修成品房的目标。

许多省市相继出台了鼓励成品住宅建设的政策，提出成品住宅发展目标。如2013年江苏省人民政府发布《江苏省绿色建筑行动实施方案》，其中"深入推进节约型城乡建设"部分明确提出推进住宅全装修工作，并规定"到2015年，苏南城市中心城区新建住房中成品住房的比例达60%以上，其他地区达40%以上"；2014年，江苏省发布《关于加快推进建筑产业现代化促进建筑产业转型升级的意见》，明确成品住房装修成本可在税前扣除，首套住房为成品房的家庭可享受当地优惠政策。

2014年，重庆市地税局发布《重庆市地方税务局办公室关于个人住房房产税成品住宅装修费扣除的通知》，其中最为引人关注的是新购商品住房属于成品住宅的，先按建筑面积交易单价扣除20%的装修费后，再确认是否属于应税住房；若是应税住房，按扣除装修费后的交易价作为计税依据，并以计税交易单价确定税率档次。

2015年山东省出台《山东省房地产业转型升级实施方案》。根据要求，2017年设区城市新建高层住宅实行全装修，2018年新建高层、中高层住宅淘汰毛坯房。

河南2015年发布《关于加快发展成品住宅的通知》，全面推进全装修住宅，要求各市、县住房城乡建设主管部门要科学制定本地区成品住宅发展规划，在新开工住宅中逐年提高成品住宅比例，到2020年，省辖市及城乡一体化示范区新开工全装修成品住宅占新建住宅面积比例争取达到80%，郑州航空港综合实验区争取全覆盖，县城（市）要达到60%以上。

2010年，北京市《关于推进本市住宅产业化的指导意见》中提出，"推广住宅一次性装修到位，对产业化住宅项目，100%施行一次性装修到位"，并提出有关产业化住宅的各种政策都适用于全装修住宅。《关于产业化住宅项目实施面积奖励等优惠措施的暂行办法》指出，对于产业化住宅"在符合相关政策法规和技术标准的前提下，在原规划的建筑面积基础上，奖励一定数量的建筑面积"。2015年10月发布的《关于在本市保障性住房中实施全装修成品交房有关意见的通知》中明确提出，自2015年5月1日起，由市保障房建设投资中心新建、收购的项目率先全面推行全装修成品交房。从10月31日起，凡新纳入全市保障性住房年度建设计划的项目（含自住型商品住房）全面推行全装修成品交房。

2.4　标准规范出台情况

国家和地方政府出台住宅全装修相关标准规范，内容涉及设计、施工、验收等方面，为住宅全装修发展提供技术支撑。如2008年住建部住宅产业化促进中心编制《全装修住宅逐套验收导则》，对装修的分部分项工程明确验收标准，使开发商交付全装修住宅时有章可循。特别是，2013年住建部出台《住宅室内装饰装修工程质量验收规范》，着力破解了全装修领域有施工标准无验收标准的难题。2015年住建部颁布的《住宅室内装饰装修设计规范》不仅明确了住宅室内装饰装修设计内容，对住宅室内各功能空间的装饰装修设计也做出了规定，而且对设计深度也提出明确要求，填补了国内对装饰装修设计深度要求方面的空白。

许多省市积极推进住宅全装修发展，出台了相关的标准规范，如江苏省2010年在全国率先出台《成品住房装修技术标准》。重庆以保障性住房为突破口启动全装修住宅建设，出台《重庆市保障性住房装修设计标准》、《成品住宅装修工程技术规程》、《成品住宅装修工程质量验收规范》、《成品住宅装修工程设计技术导则》，涵盖了住宅装修设计、施工、监理及验收全过程，并提出设计施工一体化和工业化装修的理念。2011年辽宁省出台了《装配式建筑全装修技术规程（暂行）》，2014年福建省出台了《福建省全装修住宅工程技术规程》。2015年北京市出台了《住宅全装修设计标准》，上海市出台了《全装修住宅室内装修设计标准》。这些标准规范对装修设计、材料部品、施工、竣工验收等环节的组织与管理流程进行了规范，对推进住宅全装修工作发挥了较好的技术支撑作用。

2.5 部品体系发展情况

我国通过学习借鉴日本及其他发达国家的经验，结合我国实际，从推进住宅产业化和提高住宅质量的角度出发，于1995～1996年间，提出了"住宅部品"概念。在1999年的72号文中进一步明确提出"建立住宅部品体系是推进住宅产业化的重要保证"的指导思想，同时也指出建立住宅部品体系的具体工作目标是"到2010年初步形成系列的住宅建筑体系，基本实现住宅部品的通用化和生产、供应的社会化"。"住宅部品"一词正式在国家文件中提出，成为我国发展住宅产业化的重要内容。发展至今，住宅部品已经随着住宅产业化工作的推进逐渐得到大家的认可，住宅部品体系已经初步建立，但是仍存在部品标准化、模数化、模块化以及集成化程度偏低、生产效率不高等问题。

在住宅装修中，厨房和卫生间的工业化不但可以提高住宅整体质量，还能够提高建造速度，降低总体造价，由此产生了整体厨房和整体卫浴这样的工业化部品。整体厨房和整体卫浴由于其集成度高，施工方便，质量有保证，在发达国家应用普遍。在日本集合住宅中100%、独户住宅中90%使用了整体卫浴，而在我国住宅中整体卫浴使用率还非常低。

2.6 装配式装修发展情况

我国现阶段基本采用传统湿作业为主的装修方式，其装修方式粗放，材料消耗高，劳动效率低，装修品质差，装修方式亟须向采用干式方法施工的装修方式转变。"装配式装修"的内涵是工业化装修，《实施导则》第1.1.5条指出"坚持住宅产业现代化的技术路线，积极推行住宅装修工业化生产，提高现场装配化程度，减少手工作业，开发和推广新技术，使之成为工业化住宅建筑体系的重要组成部分"，明确提倡要推行装修工业化。

《实施导则》中明确了"装配式装修"的主要特点，一是工业化生产。装配式装修立足于部品、部件的工业化生产，多使用标准化的部品、部件，装修的精度和品质大大优于传统装修方式。二是装配化施工。有了大量工业化生产的标准化部品、部件作支撑，使得装修施工现场实现装配化成为可能。与落后的手工作业施工工艺不同，装配式施工减少了大量现场手工作业，产业工人按照标准化的工艺进行安装，从而大大提高装修质量。三是装配式装修是工业化建筑体系的重要组成部分。装配式装修不是孤立的体系，是工业化建筑体系中的一部分，装配式装修的实施与结构体系、部品体系等都密切相关。

"装配式装修"具有多方面优势：一是部品在工厂制作，现场采用干式作业，可以全面保证产品质量和性能；二是提高劳动生产率，缩短建设周期、节省大量人工和管理费用，降低住宅生产成本，综合效益明显；三是采用集成部品装配化生产，有效解决施工生产的误差和模数接口问题，可推动产业化技术发展与工业化生产和管理；四是便于维护，降低了后期的运营维护难度，为部品全寿命期更新创造了可能；五是节能环保，减少了原材料的浪费，施工的噪声粉尘和建筑垃圾等环境污染也大为减少。

装配式装修非常适合具有一定数量的标准化的功能空间，因此，在量大面广的保障性住房中实施装配式装修是非常理想的目标市场。住建部数据显示，2015年全国城镇保障性安居工程计划新开工740万套，基本建成480万套。截至2015年12月，已开工783万套，基本建成772万套，为装配式装修提供了巨大的市场空间。

装配式装修在实际工程中已经总结了一些成功经验。如在北京雅世合金公寓项目中，引进日本的技术和管理，采用了结构与内装分离的装配式装修建造方法，基本实现了干法施工。上海绿地南翔崴廉公寓，是以百年住宅为基础的采用装配式装修的成功案例。在保障性住房方面，北京郭公庄一期公租房、通州马驹桥公租房、焦化厂公租房项目，均采用了装配式装修技术。通过一系列的项目实践，探索了装配式主体结构与装配式装修一体化设计、施工模式，总结了宝贵经验。

3 存在问题

3.1 从政策机制角度而言，良好的发展环境有待建立

缺乏强制性政策，市场引导力度有待加强。一方面，开发商建设全装修住宅会增加成本。住宅装修项目繁多、工序复杂、管理难度大，还会延长开发周期，增加额外的管理、销售和财务费用，提高开发成本和房屋售价，导致竞争力下降。同时，建设全装修住宅会增加开发商售后质量责任，产生额外的维护保修费用。另一方面，国家和地方层面缺乏强制性推进政策，一些"点式"激励政策不足以激发开发商的积极性。而且，多数情况下商品房不做全装修并未影响其销售。因此，开发商在面对开发成本增加、管理难度提升、责任范围增大和市场接受程度不确定等问题时，开发全装修住宅积极性不足，激励引导机制亟待建立。

与住宅全装修相适应的管理模式亟待建立。全装修住宅工程建设管理模式与现行建设管理模式存在不同，而目前全装修住宅在招投标、设计、施工、监理环节的配套管理政策相对缺失，质量保证体系尚未建立。对全装修设计、施工和监理单位资质审查不够，招投标流程不规范，部分通过招标的设计、施工公司也不能完全满足工程要求。特别是装修监理市场发育不够成熟，装修监理相关规范缺失，导致施工监督力度不足。

合同规定不够清晰，质量责任难以追溯。明确涵盖住宅全装修内容的专用预售合同示范文本有待制订。目前，购房合同基本都由开发商起草，其中载明的装修标准比较笼统，

如只写明"高级地砖"、"进口洁具"等，有些即使写明了品牌，也未明确型号。而同一品牌的产品往往有不同档次的产品，缺乏实质性的可操作性条款。同时，全装修住宅的开发商为赶工程进度，加快资金流转，多会盲目加快施工进度，难免会出现材料检测把关不严、管理不善等问题。由此造成的客户与开发商之间的纠纷在合同内、外均无法用标准界定。

《实施导则》等文件明确规定开发商为全装修房的第一责任人，但规定比较笼统。如住宅内设备保修问题，按照《产品质量法》的规定，设备保修期从出售之日起计算，而全装修房保修期是从交房之日起计算。不仅保修起算点不同，而且房屋交付之前，屋内的设备可能已经出售了很长一段时间，甚至已过了自身的保修期限。

3.2　从经济角度而言，全装修成本计入税基增加了全装修住宅开发商和购房者的税负

一是国家税务总局《关于销售不动产兼装修行为征收营业税问题的批复》中规定，纳税人将销售房屋的行为分解成销售房屋与装修房屋两项行为，分别签订两份契约（或合同），向对方收取两份价款。鉴于其装修合同中明确规定，装修合同为房地产买卖契约的一个组成部分，与买卖契约共同成为认购房产的全部合同。

二是根据《中华人民共和国营业税暂行条例》第五条关于"纳税人的营业额为纳税人提供应税劳务、转让无形资产或者销售不动产向对方收取的全部价款和价外费用"的规定，对纳税人向对方收取的装修及安装设备的费用，应一并列入房屋售价，按"销售不动产"税目征收营业税。

三是按照国家税务总局《关于承受装修房屋契税计税价格问题的批复》精神，房屋买卖的契税计税价格为房屋买卖合同的总价款，买卖装修的房屋，装修费用应包括在内。

房地产开发企业和购房者在开发和交易全装修住宅时，销售不动产营业税和契税的计税基础上增加了装修价款。若房地产开发企业选择开发全装修房屋，需要多承担住宅装修部分的销售营业税；若购房者购买全装修房屋，需要多承担住宅装修部分的契税。而如果开发和交易毛坯房，则两方的相应税款都可以避免发生。因此，额外增加的税收负担直接影响了房地产企业开发销售全装修住宅和购房者选择全装修住宅的积极性。

3.3　从市场接受度而言，对质量隐患的担忧和个性化装修需求影响了购买全装修住宅的积极性

（1）购房者对全装修住宅信任度偏低。一方面，毛坯房仍然是住宅市场主流交房模式。购房者多直接与装修公司签订装修合同，进行个性化装修。"点对点"、"人盯人"的

监督模式在一定程度上让消费者自我感觉能确保装修质量可控。而全装修住宅，由于材料部品采购过程不透明，装修施工过程监督不能保证，装修监理规范程度不够，直接影响了购房者的信任度。

（2）全装修确实存在质量隐患。一是装修材料采购环节存在质量隐患。由于监管不严，劣质建材极易混进装修市场，被开发商和装修企业用于全装修住宅，造成质量隐患。由于全装修住宅装修材料的采购、进场验收规范标准尚不健全，部分房地产开发商或装修施工企业为降低成本，采购劣质建材，以次充好现象时有发生。如采购安装劣质厨卫设施、劣质电线、开关和插座，以及使用劣质地砖等。二是施工过程存在质量隐患。装修从业人员素质偏低，其熟悉的现场手工作业的施工方式与全装修住宅所需的工业化装修技能不相匹配，极易导致装修工程存在质量隐患。

由于实际工程案例中确实存在全装修住宅质量"良莠不齐"现象，使得购房者"二次装修"的情况屡见不鲜。粗制滥造的全装修住宅不但没有达到节能节材、方便住户直接入住等目的，反而造成"二次浪费"，给住户带来麻烦。这种现象在一些小型房地产开发商开发项目中体现比较严重。

3.4 从全装修住宅建设模式而言，土建与装修由于"三个脱节"而相互分割

住宅土建主体工程与装饰装修工程应是不可分割的整体，但当前住宅全装修市场存在"三个脱节"。一是设计脱节。土建设计与装饰装修设计由不同单位完成，且未进行有效整合，造成土建的墙体布局、水电管线等不能满足装修的需要。虽然《实施导则》中要求装修设计要提前介入，实现土建与装修的一体化设计，但许多全装修项目因开发商的管理能力弱、经验缺乏、项目前期准备不充分、装修定位不明、相关设计单位固有的毛坯房设计理念等原因，造成全装修住房在土建与装修设计脱节的现象仍比较严重。二是施工脱节。土建与装修施工由不同的单位完成，工序间的交接存在漏洞，装修施工过程中容易破坏土建工序中的隐蔽工程，带来质量隐患。三是管理脱节。一些全装修项目，由不同的施工监理单位对土建与装修进行分别监理，开发商的分管人员也有所不同，造成管理前后不连贯，不能在管理方面很好地协调土建与装修之间存在的矛盾。

3.5 从能力建设角度而言，规模化供给能力有待加强

我国住宅全装修产业发展尚不成熟，家装企业水平参差不齐，从业人员基本上是散兵游勇，装修质量难以保证。虽然家装企业对全装修市场很感兴趣，但大部分企业是"心有余而力不足"。多数正规装修公司的全装修工程也较多分包给"雇佣军"。据咨询业内

专家和不完全统计，国内装修市场中，有超过50%以上的装修公司会把工程转包给了装修队，并从中抽取30%左右的利润。此外，住宅全装修是否会令装修公司重蹈"垫资做工程"的覆辙，从而引发新的"垫资问题"也未知。

全装修住宅开发项目对装修由设计到施工全过程都有明确要求，装修设计要与建筑设计协调，装修施工企业要同时承担几十套、上百套住宅的装修任务，且要保证均一性，这对装修公司的项目管理能力和运作经验提出了非常高的要求。目前，具备条件的设计、施工企业数量还较少，能够胜任大批量装修设计施工一体化任务的企业更是寥寥无几。

目前，绝大部分部品还没有达到模数化、系列化、规模化生产的要求。全装修工程需要大批量、短期内集中供应各种配套的装修材料及设备，且必须价格适宜，有一定的技术支持，才能满足全装修工程的质量、进度要求。现行的装修材料供应模式较难满足大规模全装修工程的需求，导致全装修产业化发展后劲不足。

4 政策建议

4.1 发挥政策推进引导作用

4.1.1 加强政策推进和落实

一是出台指导意见。结合装配式建筑发展，同步研究推进住宅全装修指导意见，明确指导思想、发展目标和重点工作任务。各级政府要明确"十三五"期末，新建全装修住宅面积占新建住宅面积的比例。直辖市、计划单列市及省会城市全装修保障性住房的面积占比应达到较高比例要求。二是基础较好地区应在住宅建设规划、土地出让时规定新建住宅中全装修所占比例、新建住宅中通用部品使用比例、集成技术应用比例等发展目标，通过政策引导形成示范效应。三是强化目标责任。将目标任务分解到各级人民政府，将目标完成情况和措施落实情况纳入各级人民政府节能目标责任评价考核体系。

4.1.2 针对开发商制定优惠政策

建议针对房地产开发企业制定土地、金融、税收等优惠政策。一是实行住宅全装修容积率优惠政策，对于全装修住宅面积占到新建住宅面积一定比例的项目给予容积率奖励。在土地出让时，对于全装修住宅项目给予一定的优惠条件。二是在贷款审批、贷款利率、贷款额度、贷款担保方面给予全装修住宅开发商金融优惠政策，保证全装修住宅开发商资金来源稳定可靠。三是在征收开发商"销售不动产营业税"时，给予一定的税收优惠，可考虑减免部分营业税或扣除一定比例装修费用后再计税。对于以土地增值税、营业税为计税基础的城市维护建设税、教育费附加等予以一定程度的优惠。

4.1.3 针对购房者制定优惠政策

一是对于全装修住宅购房者实行契税优惠，可以扣除装修价款后计算契税。二是对于购买全装修住宅的购房者予以财政等方式的补贴，提高其购买积极性。

4.1.4 建立激励引导机制

将是否采用全装修列入施工图审查内容。全装修住宅项目设计文件应做到土建与装修设计一体化。室内装修工程应连同土建工程一并申请办理建设手续。在销售合同中明确全装修标准并确保实施。对全装修住宅实施分户验收制度。加大对装修垃圾、噪声污染等的处罚力度，引导消费者逐步放弃费钱费力，容易污染环境的"二次装修"。

4.2 构建完善的质量管理体系

4.2.1 构建质量责任体系

将住宅全装修纳入质量监管范围，对住宅全装修部分进行验收备案。明确开发单位对住宅全装修负总责，直接负责购房者的质量投诉和索赔。开发单位在承担全装修房质量保修和赔偿责任的同时，有权要求设计、施工、监理、检测等各方主体承担相应责任。明确施工、监理、材料供应、检测等各方主体质量责任，强化质量责任倒查和行政责任追究。将全装修责任追究制度与职业资格注册制度和诚信信用档案制度相挂钩。明确住宅装修必须由具有相关资质的专业装饰装修企业进行施工，由第三方进行监理。

4.2.2 加强质量全过程监督

一是建立装修材料和部品的认证制度和质量检测系统。通过第三方检测系统监督检验全装修住宅装修质量，出具装修检验认证书，确保购房者放心购买。实施分户验收制度和室内环境强制检测制度。二是业主参与住宅施工的过程监督。可在新房认购阶段允许业主对建筑施工、装修过程予以监督，确保住宅装修质量。三是逐步建立全装修住宅装修材料部品建材库。逐步推进开发商和装修公司从建材库中选择装修材料和部品，确保装修质量。

4.2.3 建立质量纠纷处理机制

一是在（预）销售合同中明确全装修施工项目明细，明确主要装修设备和材料的品牌、类型；建立样板房实体展示制度，要求全装修住宅交房标准不能低于样板房水平。参考部分省市经验，样板间应在该户型住房全部交付6个月后方可拆除。二是建立纠纷处理机制，通过完善住宅全装修工程质量缺陷鉴定、损失估价和赔偿机制，有效处理住宅工程质量投诉。三是建立住宅全装修工程质量监管信息系统，形成住宅质量评价体系和信息采集统计体系。

4.3　规范市场主体行为，夯实发展基础

一是房地产开发企业应强化建造、装修全链条管理能力。加强全装修住宅设计、施工和材料采购诸环节的精细化管理，向消费者提供优质产品。二是全装修设计单位应具备相应的工程设计资质，推进土建、装修设计一体化。设计深度应达到国家相关规定要求，包括室内装修工程在内的施工图设计文件应审查通过。若建筑、装修设计不为同一单位，装修设计文件应经该项目建筑、结构工程设计单位确认，保证不同的设计文件之间能很好地衔接。三是全装修住宅工程应推行施工总承包管理模式。装修分包单位应具有相应资质，分包合同办理备案手续。

加强人才培养和技术培训。全装修住宅装饰材料品种多、规格多，施工工艺各不相同，施工现场质量管理有自身特殊性，因此，各级政府要引导高等院校、企业和社会办学机构加强住宅全装修及相关产业队伍人员及后备人才的培养，开展技术与业务培训。

4.4　完善标准体系，强化技术支撑

一是在现有工程建设标准体系基础上，规范全装修住宅开发流程，围绕设计、现场施工装配、监理、竣工管理环节出台全装修标准、规程等，保证全装修住宅质量。二是建立标准化设计引导下的通用部品体系。建立和完善住宅部品通用体系，制定标准化设计和模数化部品部件规范。以住宅全装修试点示范项目为载体，在其中推广标准化设计，规模化、通用化部品部件的应用。三是加强装修类部品模数协调研究，提高部品设计生产标准化、通用化和系列化水平。四是完善推广适合于保障性住房、商品住房的全装修技术体系和部品体系。五是重点推进全装修住宅厨房、卫生间标准化设计以及相应模数化产品部品的集成与配置。六是逐步扩大全装修标准的强制范围。

4.5　发挥试点示范作用，培育龙头企业

以北京、沈阳等国家住宅产业化试点示范城市为突破口，大力开展全装修住宅试点工程。通过提高全装修住宅质量标准，树立质量标杆，探索适合不同地区、不同住宅性质的全装修模式，全面提升全装修住宅整体质量。

在试点示范项目中，一是装修设计提前介入，推进室内装修与土建结构设计一体化，重点解决土建结构、机电设备与室内装修的衔接问题，减少装修过程对主体结构的破坏。二是推进装配式装修和菜单式装修，在装修部品化、标准化的基础上，提供多种方案供购房者选择，满足其个性化需求，激发购房者对购买全装修住宅的积极性。

鼓励住宅全装修龙头企业牵头，通过学习、引进、消化、吸收、再创新全装修技术，

开展新产品、新材料的研发，改进部品部件质量，提升施工工艺，降低建设成本，促进部品的多样化、多元化。鼓励企业将现有全装修专利技术产业化，并通过工程实践逐步纳入相关技术规程或建设标准，推进企业标准向行业标准和国家标准的提升。

各级政府要鼓励大型企业依靠自身科技力量进行全装修专项技术开发。鼓励科研院所、高等院校参与企业技术改造和技术开发，通过全装修科研成果推广，提高全装修住宅的性价比。

4.6　完善信息化管理，加强宣传转变观念

依托BIM技术、大数据和云平台，建立住宅全装修信息管理系统、用户参与评价及专家咨询系统。建立住宅全装修信息管理系统，利用"互联网+"，推进住宅全装修与信息化相融合，建立住宅全装修质量责任管理系统。用户参与评价及专家咨询系统应包括装修设计方案、标准图集、技术工艺规程、所需部品部件材料动态选用数据库等。

对住宅全装修进行多方面、全方位地宣传引导，通过媒体、网络、舆论等方式宣传住宅全装修的好处，监督开发商的销售行为，转变消费者对毛坯房的消费观念，使消费者能够充分认识全装修住宅带来的价格和品质保证，引导其购买全装修住房。

附表：国家、行业及地方有关住宅全装修的标准规范

住宅全装修相关国家和行业标准规范　　　　　　　　　　　　　附表6-1

序号	名称
1	《住宅设计规范》GB 50096-2011
2	《住宅建筑规范》GB 50368-2005
3	《建筑模数协调标准》GB/T 50002-2013
4	《住宅厨房模数协调标准》JGJ/T 262-2012
5	《住宅卫生间模数协调标准》JGJ/T 263-2012
6	《建筑设计防火规范》GB 50016-2014
7	《建筑内部装修设计防火规范》GB 50222-95（2001年版）
8	《建筑内部装修防火施工及验收规范》GB 50354-2005
9	《建筑工程质量验收统一标准》GB 50300-2001
10	《住宅室内装饰装修设计规范》JGJ 367-2015
11	《房屋建筑室内装饰装修制图标准》JGJ/T 244-2011

序号	名称
12	《住宅装饰装修工程施工规范》GB 50327-2001
13	《建筑装饰装修工程质量验收规范》GB 50210-2001
14	《住宅室内装饰装修工程质量验收规范》JGJ/T 304-2013
15	《工业化建筑评价标准》GB/T 51129-2015
16	《民用建筑绿色设计规范》JGJ/T 229-2010
17	《建筑工程绿色施工规范》GB/T 50905-2014
18	《绿色建筑评价标准》GB/T 50378-2014
19	《既有建筑绿色改造评价标准》GB/T 51141-2015
20	《建筑工程绿色施工评价标准》GB/T 50640-2010
21	《民用建筑隔声设计规范》GB 50118-2010
22	《建筑隔声评价标准》GB 50121-2005
23	《建筑材料及制品燃烧性能分级》GB 8624-2006
24	《建筑用集成吊顶》JG/T 413-2013
25	《建筑用轻钢龙骨》GB/T 11981-2008
26	《纸面石膏板》GB/T 9775-2008
27	《装饰纸面石膏板》JC/T 997-2006
28	《金属及金属复合材料吊顶板》GB/T 23444-2009
29	《建筑地面设计规范》GB 50037-2013
30	《建筑地面工程施工质量验收规范》GB 50209-2010
31	《建筑轻质条板隔墙技术规程》JGJ/T 157-2014
32	《建筑瓷板装饰工程技术规程》CECS101：98
33	《建筑工程饰面砖粘结强度检验标准》JGJ 110-2008
34	《民用建筑工程室内环境污染控制规范》GB 50325-2010
35	《室内空气质量标准》GB/T 18883-2002
36	《建筑材料放射性核素限量》GB 6566-2010
37	《室内装饰装修　人造板及其制品中甲醛释放限量》GB 18580-2001
38	《室内装饰装修　溶剂型木器涂料中有害物质限量》GB 18581-2009

序号	名称
39	《室内装饰装修　内墙涂料中有害物质限量》GB 18582-2008
40	《室内装饰装修　胶黏剂中有害物质限量》GB 18583-2008
41	《室内装饰装修　木家具中有害物质限量》GB 18584-2001
42	《室内装饰装修　壁纸中有害物质限量》GB 18585-2001
43	《室内装饰装修　地毯、地毯衬垫及地毯胶黏剂有害物质释放限量》GB 18587-2001

部分省市住宅全装修地方标准规范　　　　　　　　　　附表6-2

序号	省市	名称
1	北京	《住宅全装修设计标准》DB11/T 1197-2015
2	辽宁	《装配式建筑全装修技术规程（暂行）》DB21/T 1893-2011
3	上海	《全装修住宅室内装修设计标准》DG/T J08-2178-2015
4	福建	《福建省全装修住宅工程技术规程》DBJ/T 13-201-2014
5	重庆	《重庆市保障性住房装修设计标准》DBJ 50-111-2010
6	重庆	《成品住宅装修工程技术规程》DBJ 50-113-2010
7	重庆	《成品住宅装修工程质量验收规范》DBJ 50-114-2010

附件：江苏省成品住房发展现状及建议

　　成品住房是发展绿色建筑和推进建筑产业现代化的重要途径之一，对实现房地产业规模发展、延伸产业链条、促进产业转型升级和绿色发展具有重要意义。近年来，江苏省积极贯彻落实国家有关发展成品住房的战略方针和部署要求，结合省情制定出台了一系列推动成品住房发展的政策法规和标准，开展了成品住房开发建设试点示范，培育了一批成品住房开发、设计、装修和部品生产龙头企业，成品住房市场稳步发展，成品住房推进工作取得了积极成效，在全国处于领先水平。

一、江苏省成品住房发展基本情况

（一）成品住房发展政策法规标准制定情况

2015年3月27日江苏省第十二届人民代表大会常务委员会第十五次会议审议通过的

《江苏省绿色建筑发展条例》，明确要求江苏省新建公共租赁住房应当按照成品住房标准建设，鼓励其他住宅建筑按照成品住房标准，采用产业化方式建造。

2014年10月，省政府下发了《关于加快推进建筑产业现代化促进建筑产业转型升级的意见》（苏政发〔2014〕111号），明确"成品化装修"为建筑产业现代化的五大特征之一，要求在推进建筑产业现代化过程中，实现绿色建筑与装配式建筑、成品住房联动发展，加大财税、金融、土地、行政许可等政策支持力度，并规定"加快转变传统开发方式，大力推进住宅产业现代化，使建筑装修一体化、住宅部品标准化、运行维护智能化的成品住房成为主要开发模式"，"房地产开发企业开发成品住房发生的实际装修成本可按规定在税前扣除，对于购买成品住房且属于首套住房的家庭由当地政府给予相应的优惠政策支持"，"到2025年末，新建成品住房比例达到50%以上"。

早在2011年，《省政府办公厅转发省住房城乡建设厅等部门〈关于加快推进成品住房开发建设实施意见〉的通知》（苏政办发〔2011〕14号），对全省成品住房发展总体目标、主要任务、扶持政策、建设管理、服务平台建设、保障落实措施等方面都作出了明确规定和要求，确定了"到2015年，苏南城市中心城区新建住房中成品住房的比例达60%以上，其他地区达40%以上"的目标。

2010年6月1日，江苏省住房城乡建设厅发布公告，颁布施行地方工程建设标准《成品住房装修技术标准》，当时是国内首部具有强制性条文的成品住宅装修技术标准，结束了江苏成品住房装修无标准可依的局面，填补了国家标准体系中成品住房装修标准的空白。

（二）成品住房试点示范和建设发展情况

在成品住房发展过程中，江苏省始终坚持试点先行、稳步推进的原则。2010年，省住房城乡建设厅制定了《江苏省成品住房装修示范工程管理办法》，明确了"省成品住房装修示范工程"创建申报的基本条件、总体要求及具体立项申报、实施管理要求等。据不完全统计，截至2014年，江苏省共创建省成品住房装修示范工程项目90个，约占全省住宅产业现代化各类示范项目总建筑面积的15%，试点示范项目覆盖全省所有省辖市。

在示范引领和各地住建部门的大力推动下，江苏省成品住房得到了一定的发展，总体上在全国处于领先水平。据统计，2013年1月至2014年9月，江苏省成品住房新开工面积为2024.43万m²，其中苏州市成品住房新开工面积最多，达395.74万m²；成品住房竣工及预售项目122个，其中南通、苏州成品住房项目最多，为26个；成品住房在新建商品住房中所占比例为9.7%，其中无锡成品住房所占比例最高，达32.93%。详见下表：

江苏省成品住房发展情况一览表　　　　　　　表1

地区＼项目	新开工成品住房建筑面积（万m²）	在新建商品住宅中所占比例
南京	236.58	15.00%
无锡	328	32.93%
徐州	95.43	3.24%
常州	251.59	13.90%
苏州	395.74	9.62%
南通	316.73	19.66%
连云港	23.6	3.82%
淮安	14	1.46%
盐城	107.65	4.27%
扬州	86.04	8.14%
镇江	217.59	17.97%
泰州	3.54	0.77%
宿迁	33.98	1.73%

注：（1）缺昆山市成品住房发展数据；

　　（2）数据统计时间段为2013年1月至2014年9月。

典型示范项目情况：

1. 南京洲岛家园项目，位于南京河西江心洲，系龙信建设集团有限公司为中新南京生态科技岛开发有限公司代建的大型超高层拆迁安置成品住房项目，全部以成品住房方式交付，成品住房品质、住区环境、物业服务优良，受到了拆迁安置居民的普遍欢迎，交付入住异常顺利，这在全省乃至全国尚不多见。

2. 镇江新区港南路公租房项目，是我国首个采用预制集成模块建筑建设的成品住房示范项目，实现厨房、卫生间标准化工厂化定制生产，管线系统高度集成标准化，室内装饰装修全部在工厂清洁完成，现场只需完成模块的吊装连接，该项目是装配式建筑技术与成品住房装修技术较为完美结合的典范。

（三）成品住房发展龙头企业情况

1. 江苏新城地产股份有限公司，作为江苏省房地产开发龙头企业，从客户需求出发，研发形成了"幸福启航、乐居、圆梦、尊享"等四个层次的成品住房标准产品系列，广受市场好评。该公司大力开展全装修标准化设计研究，建立了不同层面的产品与技术标准，实施土建装修设计施工一体化，形成了健全的成品住房生产与产品交付体系和全面系统的研发、设计、施工、供应商体系。自2008年开发建设常州新城公馆成品住房项目以来，逐步扩大成品住房的开发比例，2013年新城地产开发的成品住房面积为73.76万m²，占其新开工建筑面积的比例为42.11%。

2. 龙信建设集团有限公司，自1994年开始进行住宅全装修探索，在成品住房土建装修设计、施工一体化方面积累了丰富的实践经验，在全装修住宅中推进模块化设计及拼装式施工，管理模式中推行"研发、设计、施工、服务"一体化，实现建筑装修设计一体化、土建装修施工一体化、管理服务一体化，在成品住房发展及住宅全装修部品部件材料等方面具有较强的集成管理能力和良好的品牌信誉。截至2014年，龙信建设集团在全国自主开发成品住房项目11个，总建筑面积达240万m²，成品住房施工总承包项目115个，总建筑面积约1300万m²。

3. 南京长江都市建筑设计份有限公司，以内装工业化为切入点，在建筑户型方案设计时即介入成品住房设计，优化户型平面，调整功能布局，统一各户内门洞尺寸，以期满足模数化、标准化及住宅全生命周期需求；结合结构设计，做好管线、设备、孔洞预留预埋，采用整体厨卫集成部品部件，实现部品制作、加工过程工厂化，收纳系统设计合理化、系统化、模块化。2014年该公司成品住房设计项目达到16个，总建筑面积约224.07万m²。

4. 苏州科逸住宅设备股份有限公司，专注于整体浴室对于现代住宅适用性研究，围绕着整体卫浴在标准化与模数化设计、与建筑各类系统协调、材料应用与生产工艺、功能与系列化开发，以及住宅套内空间等多方面开展研发，实现了卫生间生产的标准化、模块化、产业化和通用化，并深入参与土建装修一体化设计、施工的各个环节，使住宅部品生产、设计和施工相结合，现场干法施工，拼装卫生间。目前，该公司年生产整体浴室能力超过50万套，成为世界上最大的整体浴室生产企业之一。科逸整体浴室已在20多个国家（地区）和国内150多个主要城市得到应用，中国市场占有率达到50%以上。

5. 苏州金螳螂建筑装饰股份有限公司，成立于1993年，是一家以室内装饰为主体，融幕墙、木制品等为一体的技术研发、部品生产、产品化施工的大型专业化上市公司，也是中国装饰行业首家上市公司。该公司建立了产业研发基地的硬件平台，具备了测、研、推广一体化的基础和能力，形成了集技术研发、工厂化部品生产、产品化装配施工的现代产业化体系，拥有庞大的木制品、幕墙现代化加工生产基地，配备了目前世界上最先进的设备，实现了生产流水线的机械化、自动化、连续化作业。目前，该公司木制品产品预制率已达到100%，年实现木制品装配式安装130万m²，幕墙产品预制率达到95%，年实现幕墙装配式安装78万m²。

（四）2016年成品住房发展重点工作

2016年，根据省建筑产业现代化2016年工作要点确定的目标任务，将继续大力推进成品住房发展。目前，我们正在研究制定《江苏省成品住房发展促进办法》，为成品住房发展提供政策支撑；根据江苏省绿色建筑和建筑产业现代化发展的新形势和新要求，修订江苏省《成品住房装修技术标准》，为成品住房发展提供技术支撑；同时，继续抓好省建筑产业现代化集成应用类试点示范项目和基地的创建，进一步发挥示范引领作用。

二、存在的主要问题及原因

近年来，尽管江苏省成品住房发展取得了一定的成效。但由于全社会对成品住房发展重要意义的认识还不高，成品住房的消费观念还未普遍建立，成品住房发展缺乏制度支持，政策法规标准体系还不够健全，市场发育还不成熟、不平衡，开发企业发展成品住房的能力需要提高，在推动成品住房发展的工作中不协调、不配套、不衔接的问题还比较突出，等等，使得各地成品住房开发建设比例不高、推广难。

国家现行的毛坯房销售、交付、税收制度和"二次装修"带来的主要问题有：

第一，对原有住宅建筑物造成较大的破坏，形成一定安全隐患，降低建筑物的使用寿命。

第二，造成大量的人力物力浪费。以2014年江苏省13个省辖市市区商品住宅销售70万套、8044万m^2测算，产生建筑垃圾按每平方米0.1t计算，多产生建筑垃圾800万t；水灰比、灰沙比分别按1∶0.5和1∶3计算，多用掉70多万t水泥、210万t沙子、140万t水；以每户多用电30kW·h计算，多耗电2100万kW·h。除上述大量的物力浪费外，还产生了大量的人力浪费。

第三，毛坯房"二次装修"，时间跨度长，产生的严重的噪声和大量的粉尘、污水、垃圾、有害挥发物和放射性物质等，干扰居民生活，污染环境。

第四，大量分散的"二次装修"，不利于房地产行业的规模发展和产业链资源的整合以及对国民经济增长的拉动。

第五，大量分散的"二次装修"，导致国家的税收流失严重。以2014年江苏省13个省辖市市区商品住宅销售8044万m^2（数据来源：江苏省城市住房与房地产工作领导小组办公室《2014江苏省住房与房地产指标汇编》第7页）、平均每平方米实际装修成本1500元测算，共流失国家税收87.6亿元以上，其中：营业税75亿元以上、契税12.6亿元以上，还不包括土地增值税的流失。

分析其主要原因包括：

（一）国家层面缺乏系统的顶层设计，导致自上而下对成品住房发展的重要性认识不统一，政府和企业工作实践中不协调、不配套、不衔接的问题还比较突出，形不成工作合力。

第一，自20世纪90年代末国家实行住房商品化市场化以来，在制度上一直实行的是商品房预售和毛坯房交付制度，形成了制度惯性和消费观念惯性，这种制度环境下对开发企业要求低，加之住房市场需求持续强劲，开发企业没有压力和动力改变现状，市场和社会也难以改变；

第二，全社会和住建系统对于发展成品住房能够大大提高住房品质性能、减少资源能源消耗和浪费、减少对建筑的破坏和居民生活的干扰、提升居民居住幸福指数、实现绿色发展的重大意义宣传不够，对成品住房的发展不能达成共识；

第三，由于系统研究不够、缺乏顶层设计，与国家提升建筑质量、品质性能、发展绿色建筑等重点工作扣得不紧，实际工作中难以摆上重要位置，对"成品住房"、"全装修住宅"、"精装房"概念认识不统一，缺乏权威定义，导致实践中不协调、不配套、不衔接。

（二）成品住房发展政策法规标准体系不健全，鼓励支持政策不明确或落实不力。

多年来，国家和部分省市陆续制定出台了一些促进全装修住宅和成品住房发展的政策标准技术措施等，大都是碎片化的，不成体系，有的相关政策标准措施不相衔接、不相协调，或出台的时机不合适，不具操作性，实践中难以落地。关于成品住房发展的法律法规，鲜有提及。国家层面土地、财政、金融、税收等相关主管部门鼓励支持成品住房的政策措施比较少，部分省市虽然出台了一些政策措施，但大都是原则性的，含金量不高，落地得更少，甚至有的政策措施还起了反向激励作用，比如现行的商品房交易营业税、所得税、土地增值税和契税政策等。此外，国家商品房买卖合同示范文本中关于成品住房交付标准及质量保证和说明的内容，没有统一规范标准，任由开发企业自由掌握，消费者处于明显弱势地位。

（三）自由发展和高度市场化的房地产市场以及企业追求利益最大化，决定了房地产开发企业没有动力压力来提高成品住房的研发能力和服务水平，导致成品住房产品技术服务进步不快、能力不强、经验积累不足。

第一，由于多年来制度上没要求、商品房市场需求持续旺盛、开发交付毛坯房风险收益匹配度好，房地产开发企业没有动力、没有压力，也没必要改变毛坯房开发交付方式，目前主动研发成品住房产品与服务发展的，只是一些走在行业发展前列的大型龙头企业。

第二，由于国家有关技术标准规范的不协调、不配套、不衔接或相互割裂，住房项目建设实践中难以做到建筑设计施工装修一体化，项目全寿命期的产业链和技术管理资源整合也较难。

第三，具有较高社会责任感和开发经营管理素质水平的房地产开发企业数量不多，产业的集中度和核心竞争力有待进一步提高，对信息化技术手段的应用尚需进一步加强。

三、相关建议

（一）充分认识成品住房对推进绿色建筑和建筑产业现代化发展的重要意义，结合贯彻落实《中共中央国务院关于进一步加强城市规划建设管理的若干意见》有关大力发展装配式建造方式和住建部关于今年"推动装配式建筑取得突破性进展"的要求，建议在国家层面作出强制规定，要求在"十三五"期间，我国主要发展成品化的装配式建筑，而不再允许发展毛坯式的装配式建筑。

以江苏省为例，以2014年江苏省城镇房屋建筑竣工面积6422.85万m²（数据来源：《2015江苏统计年鉴》第506页）为基数测算，到"十三五"末共新增房屋建筑竣工面积约3亿m²，按中央规划的30%装配式建筑计算，约新增装配式房屋建筑竣工面积9000万m²，如全部建成成品化的装配式房屋建筑，按前述口径测算，可减少建筑垃圾900万t，节省水泥77多万t、沙子225万t、水150万t，节约用电2300万kW·h。

（二）进一步加强系统研究和顶层设计，加快健全完善成品住房发展制度政策法规标准体系，国家加大对成品住房发展鼓励支持政策的研究制定和落实力度，加强成品住房发展制度政策法规标准的协调性协同性，实行成品住房销售交付的制度，建议国家近期尽快研究制定并出台促进成品住房发展的税收优惠政策等。

仍以江苏省为例，以2014年江苏省13个省辖市市区商品住宅销售8044万m²为基数测算，考虑到房地产市场去库存的因素，到"十三五"末，约销售商品住宅3亿m²，平均每平方米实际装修成本1500元测算，共增加国家税收325亿元以上，其中：营业税270亿元以上、契税45亿元以上，还不包括土地增值税的增加。如实行成品住房税收优惠政策，仍然能够为国家增加可观的税收。

（作者：江苏省住房和城乡建设厅住宅与房地产业促进中心　徐盛发　王双军　胡云辉）

编写人员：

负责人及统稿：

刘东卫：中国建筑标准设计研究院有限公司

伍止超：中国建筑标准设计研究院有限公司

武　振：住房和城乡建设部住宅产业化促进中心

参加人员：

宋　兵：清华大学建筑设计研究院建筑产业化分院

张鸿斌：招商局蛇口工业区控股股份有限公司

王世星：东易日盛家居装饰集团股份有限公司

赵　钿：中国建筑设计研究院

徐盛发：江苏省住建厅住宅与房地产业促进中心

甘生宇：万科企业股份有限公司

钢结构建筑发展状况

主要观点摘要

本专题报告在系统分析钢结构建筑发展现状、存在问题的基础上，从"两阶段推进、两方面同步、双轮驱动"等方面提出政策建议。

一、历史沿革

20世纪50～60年代，是我国钢结构建筑发展起步阶段；60年代后期至70年代钢结构建筑发展一度出现短暂停滞；80年代初开始，国家经济发展进入快车道，政策导向由"节约用钢"向"合理用钢"、"推广应用"转型，钢结构建筑进入快速发展时期；进入21世纪以来，《国家建筑钢结构产业"十五"计划和2015年发展规划纲要》、《国务院关于钢铁行业化解过剩产能实现脱困发展的意见》、《中共中央国务院关于进一步加强城市规划建设管理工作的若干意见》等政策文件相继出台，"推广应用钢结构"转型为"鼓励用钢"，钢结构建筑进入大发展时期。

二、发展情况

从材料用量看，2012～2014年我国建筑钢结构产量占建筑总用钢量9%～10%左右，建筑钢结构产量占到全国钢材总量5%左右。而发达国家此两类比例分别为30%、10%。

从建设量看，据不完全统计，2014年新建钢结构住宅面积约400万m^2，占当年新开工住宅面积的比例不足1%；新建工业厂房中采用钢结构的比例超过70%（中国建筑金属结构协会建筑钢结构分会提供数据）。

从应用范围看，建筑钢结构主要应用于大跨度、高层公共建筑、单层和多层工业建筑，以及部分住宅和市政基础设施中。

从钢结构住宅结构体系看，钢结构住宅建筑体系包括低层轻钢住宅和多层、高层钢结构住宅两大类。多层、高层钢结构住宅体系主要包括框架体系、框架-核心筒体系、框架剪力墙体系、钢管束剪力墙体系等。

从技术标准方面看，据不完全统计，现有与钢结构设计、制造、施工相关的国家与行业标准、技术规范、规程近140余项，较20世纪80年代约增加了两倍以上，基本可以满足现有工程需求。

从钢结构住宅建设情况看，政策推进力度不断加大，企业和科研单位积极探索技术体系，建成了武汉世纪家园、上海北蔡试点工程、北京市郭庄子住宅小区等一批代表性钢结构住宅项目。

从企业发展情况看，据中国钢结构协会统计，截至2013年，全国钢结构企业约有4000~5000家。行业集中度不高。钢结构企业主要包括国有、民营和外资或中外合资三大类企业。

三、存在问题

（1）顶层制度设计有待完善。不同层级的钢结构建筑发展目标和产业规划亟待明确，牵头推广机构有待建立，联合推进机制有待完善。

（2）激励政策有待加强。针对规模效益不足、产业链不完善、异型结构构件生产加工费用较高、新型墙板价格偏贵、防火防腐投入较大导致的成本偏高问题，亟待出台激励引导政策。

（3）标准体系亟待完善。一是钢结构住宅标准规范有待完善。二是与钢结构住宅配套的叠合楼板、内外墙板等标准规范有待完善。三是设计、构件加工、现场施工、竣工验收等标准关联性不高。四是技术成果亟待转化为标准规范。

（4）缺乏整体性技术解决方案。一是钢结构住宅三板技术体系有待完善，外围护结构渗漏、施工效率低等问题依然存在。二是配套体系产业化施工能力和效率亟待提升。三是亟待通过推进全装修来提高人们对于钢结构住宅的接受度。

（5）装配化程度和装配精度亟待提升。多数钢结构建筑还采用现场焊接方式，施工精度尚以厘米计，较难达到工业化系统集成的标准要求。工业化装配式高效连接技术亟待提升。

（6）建设管理制度有待完善。设计施工相互割裂、分阶段管理碎片化问题在钢结构建筑建设过程中影响尤甚。衔接不畅造成设计变更、工期延长、品质不佳、成本提高等成为系统性问题。

（7）市场需求有待培育。钢结构建筑特别是钢结构住宅市场规模依然偏小，尚难以吸引更多设计、施工企业聚拢于产业链条。现阶段仅有少数企业在推进钢结构住宅，单兵推进比较艰难。

（8）供给能力有待提升。一是设计单位认识不足，设计优化能力较弱。二是技术管理和施工人员能力储备不足。三是现场管理由分包安装队伍自由裁量埋下质量安全隐患。

（9）关键技术问题有待解决。钢结构住宅墙体开裂、渗漏等问题依然存在。现有技术尚难以彻底解决钢结构防火问题。在构件生产，施工安装等方面还需进一步提升技术和管理水平。

四、政策建议

"两阶段推进"即"十三五"前半程是以重点技术研发和项目示范为突破口的稳步推广阶段；后半程是钢结构建筑大规模快速发展阶段。"两方面同步"即公建和住宅同步发展钢结构建筑。"双轮驱动"即试点示范省市和基地企业同步推进。

（1）出台指导意见，营造发展环境。一是出台推进钢结构建筑发展的指导意见，明确钢结构建筑发展目标和总体布局。二是设立钢结构建筑发展管理机构，建立联动机制。三是科学分解钢结构建筑发展的工作任务。四是研究制定财政补贴、税费减免、面积奖励等扶持政策。

（2）建立标准体系，强化技术支撑。一是健全钢结构建筑系统化、多层次标准体系构架。二是针对抗震、抗风、高寒、多雨、高腐蚀等不同需求研究适宜的结构体系、建造工艺和墙板应用技术。三是建立以装配率、全装修率等为主要指标的评价标准体系。四是建立标准化设计引导下的通用部品体系，实现标准化单元通用互换。五是联合攻关解决外墙板开裂、渗漏等关键问题。六是研究钢结构建筑与绿色建筑、低能耗建筑技术协同发展。七是建立与钢结构建筑特点相匹配的防火消防验收规范。八是研究钢结构主体的高效、高精度装配式连接技术，为工业化系统集成创造条件。

（3）明确重点发展领域。一是政府投资和国有投资项目要积极推进钢结构建筑。二是在商业、文化、体育、医疗等公共建筑中积极采用钢结构。三是在工业建筑中优先选用钢结构。四是在公路、铁路、桥梁以及城市市政基础设施中推广钢结构。五是8度及以上高抗震烈度地区的学校、医院等优先选用钢结构建筑。六是推进轻钢结构农房建设。

（4）推进试点示范省市建设。一是培育钢结构建筑试点示范省市。二是试点示范省市要探索创新项目管理制度，推进工程总承包项目试点，建设示范项目。三是鼓励试点示范省市钢结构住宅项目全面推行装配式全装修。

（5）推进基地企业建设，确保供给能力。一是鼓励基地企业牵头开展新产品、新材料研发，提升建筑质量和性能。二是以基地企业为载体形成一批设计施工一体化、结构装修一体化的钢结构工程总承包企业。三是培养管理、技术人员和产业工人。四是借助"一带一路"契机主动"走出去"参与全球分工。

发展钢结构建筑是建筑业推进"供给侧改革"的重要举措，是"藏钢于民"、完善战略储备、拉动经济发展的重要抓手，是推进建筑业转型升级发展的有效路径。钢结构建筑具有安全、高效、绿色、可重复利用的优势，是当前装配式建筑"三足鼎立"发展的重要支撑。本专题研究在系统分析钢结构建筑发展存在问题的基础上，从完善制度设计、出台扶持政策、建立技术支撑体系、拓展发展领域、推进"双轮驱动"等方面提出政策建议。

1 国内外发展情况

1.1　发达国家和地区发展情况

1.1.1　欧洲发展情况

欧洲钢结构企业大多比较小，多和建筑公司相融合，并成为建筑工程公司的下属子公司。欧洲国家如英、法、德等国钢结构产业化体系相对成熟，钢结构加工精度较高，标准化部品齐全，配套技术和产品较为成熟。欧洲钢结构主要应用领域包括工业单体建筑、商业办公楼、多层公寓、户外停车场等。

1.1.2　美国发展情况

美国大多数钢结构企业已经转型为专业的建筑施工企业，且已经摆脱恶性竞争，走上精品发展路线。多数钢结构工厂规模不大，员工数仅相当于我国中等规模企业。美国钢结构产品质量好，技术含量高，种类齐全。高附加值产品在整个钢结构产量比重大，产业注重节能环保。

钢结构建筑领域主要包括：工业（单体建筑、生产用厂房、仓库及辅助设施等）、商业（商场、旅馆、展览馆、医院、办公大楼等）、社区（私有及公有社区活动中心及建筑如学校、体育馆、图书馆、教堂等）、市政（桥梁、轨道交通）、住宅（多层公寓）等。钢结构施工安装环节机械化水平较高，施工质量管理到位，呈现技术密集型发展。

1.1.3　日本发展情况

日本注重钢结构设计、制作技术的研发，尤其是在桥梁和住宅钢结构方面具有技术特长。钢结构总量比较稳定，1998年后建筑钢结构用钢量占钢材产量的30%左右，总量约为2000万t。选用高强度、高性能钢材，耐火钢结构、耐候钢结构是主要钢结构产品。

耐候钢结构桥梁用钢量保持了高速增长，2002年后保持在桥梁用钢量的20%以上。钢结构主要应用领域包括工业厂房、住宅、大型场馆、桥梁等。阪神大地震之后，日本钢结构设计制作技术有了新的发展，开发应用了钢结构焊接机器人等新型技术。

1.2 我国钢结构建筑发展历程

一是起步发展阶段。新中国成立后，在苏联经济和技术方面的支持下，我国探索建设了以工业厂房为主的多个钢结构项目。在民用建筑领域，1954年建成的跨度57m的北京体育馆、1959年建成的跨度60.9m的北京人民大会堂万人礼堂是这一时期的代表性钢结构建筑。

二是短暂停滞阶段。20世纪60年代后期至70年代，各行业对钢材需求量快速增加，国家提出"建筑业节约钢材"政策要求，钢结构建筑发展进入短暂停滞期。

三是由"节约用钢"向"合理用钢"、"推广应用"转型阶段。20世纪80年代初，国家经济发展进入快车道，钢结构建筑迎来兴旺发展时期。超高层建筑大量采用钢结构体系，也刺激了钢铁行业产能扩张。80年代钢结构建筑最高为208m，90年代钢结构建筑最高达到460m。1997年建设部发布《中国建筑技术政策》（1996~2010年）明确提出发展建筑钢材、钢结构建筑施工工艺的要求，政策趋向由"节约用钢"转型为"合理用钢"。深圳国贸大厦、上海森茂大厦、北京国贸大厦是这一时期的代表。钢结构建筑进入快速发展时期。

钢结构住宅建设全面启动。20世纪80年代中后期我国开始从意大利、日本引入低层钢结构住宅。1999年国家经贸委明确将"轻型钢结构住宅建筑通用体系的开发和应用"作为建筑业用钢的突破点。在国家、地方政府推动和政策扶持下，各地积极推进钢结构住宅发展。武汉世纪家园、天津丽苑小区、上海北蔡工程、山东莱钢樱花园小区、北京郭庄子住宅小区、厦门帝景苑住宅群等是这一时期的代表。

四是由"合理推广应用"向"鼓励用钢"转型阶段。进入21世纪，我国先后承办了一系列国际性重大体育赛事和经贸交流活动，一批超高层、大跨度场馆相继建成，"轻快好省"的钢结构建筑得到政府和社会各界关注，带动钢结构建筑快速发展。北京奥运体育主场馆、上海世博会等文化、体育场馆，以及深圳平安大厦、上海环球金融中心等一批新的城市地标性钢结构建筑成为新一轮钢结构建筑的代表。这些工程实践，缩小了我国钢结构建造技术与国外先进水平的差距。随着我国成为世界第一产钢大国，钢结构也成为机场航站楼、高铁车站和跨海、跨江大桥首选的结构体系，如首都机场3号航站楼、北京、上海等地的高铁车站、杭州湾跨海大桥等。

2013年，国务院《关于化解产能过剩矛盾的指导性意见》明确提出，在建筑领域应优先采用、优先推广钢结构建筑。2016年，《中共中央、国务院关于进一步加强城市规划建设管理工作的若干意见》和《国务院关于钢铁行业化解过剩产能实现脱困发展的意见》也都明确提出发展钢结构建筑，我国钢结构建筑将迎来在充足材料供给和较好技术基础上的新发展（表7-1）。

近三年来国家及部分省市发布的推进钢结构建筑发展政策 表7-1

发布单位	政策名称和发布时间	主要内容
国家发展和改革委员会、住房和城乡建设部	2013年1月1日,《绿色建筑行动方案》	提出"推广适合工业化生产的预制装配式混凝土、钢结构等建筑体系,加快发展建设工程的预制和装配技术,提高建筑工业化技术集成水平。"
国务院	2013年10月6日,《国务院关于化解产能严重过剩矛盾的指导意见》	指出"推广钢结构在建设领域的应用,提高公共建筑和政府投资建设领域钢结构使用比例,在地震等自然灾害高发地区推广轻钢结构集成房屋等抗震型建筑。"
工业和信息化部、住房城乡建设部	2015年8月31日,《促进绿色建材生产和应用行动方案》	提出"发展钢结构建筑和金属建材。在文化体育、教育医疗、交通枢纽、商业仓储等公共建筑中积极采用钢结构,发展钢结构住宅。工业建筑和基础设施大量采用钢结构。在大跨度工业厂房中全面采用钢结构。推进轻钢结构农房建设。""推广预拌砂浆,研发推广钢结构等装配式建筑应用的配套墙体材料。""研究制定建材下乡专项财政补贴和钢结构部品生产企业增值税优惠政策。"
国务院	2015年11月4日,国务院常务会议	提出结合棚改和抗震安居工程等,开展钢结构建筑试点
杭州市委、市政府	2013年3月,《杭州市钢结构产业创新发展三年行动计划(2013-2015)》	指出"突破重大关键技术,着力推进大跨度钢结构、多高层(超高层)钢结构建筑(含住宅)、桥梁钢结构(含高架桥)、海洋钢结构等领域产业化进程。到2015年,全市钢结构产业规模以上企业实现销售产值达到210亿元,年平均增长10%左右,产值利税率达8%,形成3~4家创新能力强、具有自主品牌和总承包资质、年销售产值近百亿元的行业龙头企业。"
云南省住房和城乡建设厅	2015年7月,《关于加快发展钢结构建筑的指导意见》	提出在全省城乡建设中大力推广使用钢结构建筑,把云南省的钢结构建筑产业打造成为西南领先,具有辐射周边国家能力的新兴建筑产业。用3~5年的时间,建立健全钢结构建筑主体和配套设施从设计、生产到安装的完整产业体系。"十二五"期间,力争新建公共建筑选用钢结构建筑达15%以上,不断提高城乡住宅建设中钢结构使用比例

1.3 我国钢结构建筑已经具备良好的发展基础

从钢产量及增长率来看,1996年,我国钢产量突破1亿t,到2014年我国钢产量已达8.23亿t,钢铁产量连续19年保持世界第一。同时,钢产量的年增长率逐年下降,增速减缓,钢铁工业逐渐进入稳定发展阶段(图7-1)。

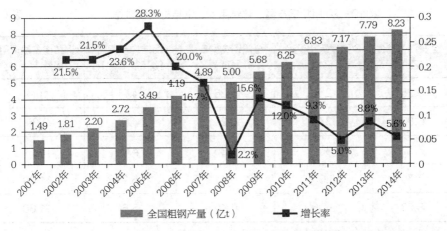

图7-1 2001～2014年国内钢产量及增长率

数据来源：中国钢铁工业协会

　　从钢结构材料用量方面看，《建筑钢结构行业发展"十二五"规划》中明确了建筑钢结构的应用比例，即"十二五"期间实现建筑钢结构用材占到全国钢材总产量的10%左右。2012～2014年国内钢产量分别为7.17亿t、7.79亿t和8.23亿t，建筑用钢量分别为3.3亿t、3.66亿t和3.96亿t，建筑钢结构产量分别为3500万t、4100万t、4600万t，钢结构建筑产量占建筑总用钢量10%左右，钢结构建筑产量分别占到全国钢材总量5%左右，未能完全达到"十二五"预定目标（图7-2）。

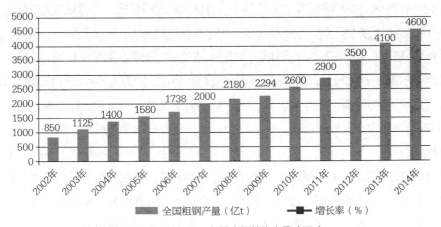

图7-2 2002～2014年国内钢结构产量（万t）

数据来源：中国钢结构协会

2010~2014年钢产量、建筑用钢、钢结构用钢数据 表7-2

年份	全国钢产量（亿t）	全国建筑用钢量（亿t）	全国钢结构产能（亿t）	钢结构产能占钢产量（%）	钢结构占建筑用钢量（%）
2010	6.25	2.5	0.26	4.2	10.4
2011	6.83	3.2	0.29	4.2	9.06
2012	7.17	3.3	0.35	4.9	10.61
2013	7.79	3.66	0.41	5.2	11.20
2014	8.23	3.96	0.46	5.6	11.60

数据来源：中国钢结构协会

从钢结构建筑所占比例看，发达国家钢结构产量占粗钢总产量比例均超过10%，钢结构建筑占建筑总用钢量比例达到30%以上，其中，日本、美国的比例更高。比较而言，我国近三年的比例分别保持在5%、9%、10%。总体而言，虽然钢结构建筑有很多优点，国家和地方也采取了一些鼓励措施推进钢结构建筑发展，但与发达国家相比，我国钢结构建筑仍然处于起步阶段。

根据中国建筑金属结构协会建筑钢结构分会和行业专家提供数据，2014年全国新开工住宅建筑面积12.49亿m^2，其中钢结构住宅约400万m^2，占比不足1%。新建工业厂房约为6亿m^2，其中，采用钢结构的比例超过70%，即钢结构工业厂房约为4.2亿m^2。总体而言，我国民用建筑和市政基础设施应用钢结构还有较大的发展空间。

从应用领域看，钢结构建筑主要应用于工业建筑和民用建筑。工业建筑主要包括大跨度工业厂房、单层和多层厂房、仓储库房等。民用建筑包括两类，一类是学校、医院、体育、机场等公共建筑；另一类是居住类建筑，即轻钢集成住宅和高层钢结构住宅。总体来看，居住类建筑应用比例还比较低。钢结构应用领域还包括跨江、跨海大桥和城市市政桥梁等。

从技术标准方面看，近年来，我国钢结构工程建设与应用技术迅猛发展，极大地促进了钢结构技术标准化工作的推进。据不完全统计，现有与钢结构设计、制造、施工相关的国家及行业标准、技术规范、规程近140余项，较20世纪80年代初增加了两倍以上。相关钢结构标准规范基本齐备，基本可以满足现有工程需求。但现有标准规范仍然需要结合技术进步和各地特点不断完善、补充和修编。结合国外的发展情况，钢结构产品标准化、通用化已成为主流，这也将成为我国钢结构行业技术和标准的发展趋势。

从企业发展情况看，据中国钢结构协会统计，截至2013年，全国钢结构企业约有4000~5000家，其中拥有钢结构制造企业资质的单位共375家。年产10万t以上的企业仅

50多家，行业集中度不高。钢结构企业主要包括三大类：以中建钢构、宝冶钢构为代表的国有钢结构企业；以杭萧钢构、精工钢构、东南网架、沪宁钢机等为代表的大型民营钢结构企业；以巴特勒、美联、中远川崎等为代表的外资或中外合资钢结构企业、福建的台资企业等。

1.4 我国钢结构住宅的发展情况

1997年以来，住建部、国家相关部委及地方政府着力推进钢结构住宅发展，一大批企业和科研单位积极跟进，探索推广应用成熟的钢结构住宅技术体系，取得较好成效。全国范围内众多的代表性钢结构住宅项目建设完成，主要包括武汉世纪家园、天津丽苑小区试点工程、上海北蔡试点工程、包头万郡大都城钢结构住宅项目、山东莱钢樱花园小区钢结构节能住宅试点工程、北京市郭庄子住宅小区、四川都江堰幸福家园、厦门帝景苑超高层钢结构住宅群等。现行钢结构住宅建筑体系主要包括：低层轻钢住宅和多、高层钢结构住宅两大类。

1.4.1 低层轻钢结构住宅

我国在20世纪80年代末至90年代初开始引进欧美及日本的轻型装配式小住宅。采用的建筑体系主要有：

（1）轻钢龙骨承重墙体系。此类住宅以镀锌轻钢龙骨作为承重体系，板材主要发挥维护结构和分隔空间作用。该体系较适用于1~3层的低层装配式轻钢结构住宅，不适用强震区高层建筑。

（2）低层轻钢框架结构体系。该体系在欧美等国家经过几十年的发展，已具备非常完善的技术生产体系和配套部品体系。该体系采用轻型钢梁柱框架结构。一般适用于6层以下的多层建筑，不适合用于高层建筑。已建成的项目包括天津太平洋村住宅产业化基地系列小住宅等。

1.4.2 多层及高层钢结构住宅

高层钢结构住宅是国内近期实践较多的钢结构住宅类型。从结构体系来分主要包括6大类。

（1）钢框架体系。该体系有较大的变形能力，结构简单，抗震性能良好、房间布置灵活，一般用于多层住宅及低烈度区的小高层住宅。

（2）钢框架-支撑体系。该体系属于钢框架和支撑双重抗侧力的体系，支撑可选用中心支撑、偏心支撑和内藏钢板支撑等。该体系是高层钢结构住宅中应用最广泛的结构体系，适用于高层及超高层住宅。代表项目主要包括杭州钱江世纪城、包头万郡.大都城、沈阳铁西区工人新村、北京建谊成寿寺示范工程等（图7-3）。

图7-3　钢框架-支撑体系

（3）钢框架-核心筒体系。该体系由钢框架和钢筋混凝土核心筒组成双重抗侧力体系，在高层住宅中通常将楼电梯间等公共区域设置剪力墙形成核心筒，来承担地震作用等水平力，外围钢框架承担竖向力。这类结构体系是早期钢结构住宅的常用体系。典型项目是门头沟铅丝厂公租房项目1号楼（图7-4）。

（4）钢框架模块-核心筒体系。该体系由爱尔兰引入，根据国内抗震要求和材料部品实际情况进行了改型研究和实验验证。其主体钢框架模块结构、室内精装修全部在工厂完成，现场只需完成模块吊装、连接及外墙装饰。核心筒是模块建筑体系的抗侧力核心，钢框架模块承担竖向荷载。典型项目是镇江新区港南路公租房小区（图7-5）。

图7-4　钢框架-核心筒体系　　　　图7-5　钢框架模块-核心筒体系

（5）钢框架–混凝土剪力墙体系。该体系是由钢框架和钢筋混凝土剪力墙（或钢板剪力墙）组成的双重抗侧力体系。典型项目是宝钢援建都江堰的幸福家园·逸苑住宅。

（6）钢管束剪力墙体系。钢管束剪力墙结构体系是由若干U型钢、矩形钢管、钢板拼装组成的具有多个竖向空腔的结构单元形成钢管束，并在其中浇筑混凝土形成剪力墙与钢梁组成的结构体系，是杭萧钢构研发的专利技术。典型项目主要包括杭州钱江世纪城11号楼和包头万郡·大都城三期（图7-6）。

图7-6　钢管束剪力墙体系

2 钢结构住宅的关键环节

2.1 墙体存在问题及建议

2.1.1 存在问题

钢结构住宅墙体采用高度工厂化的生产制造与安装体系。钢结构住宅建筑外墙体除了应具备轻质、耐久、坚固、方便二次或者多次装修需要等必备性能外，还应具有工艺简单、价格合理等特点。目前已完成的钢结构住宅墙体，按照其安装方式可分为两大类：外挂式与内嵌式。

从目前看，我国发展钢结构住宅，不可能采用传统的砌体材质（如黏土砖等实心材料），而必须转向蒸压加气混凝土板、砌块及其他类型的新型墙体材料。

从国内外研究和实践看，围护结构的研发是推广应用钢结构住宅需要解决的关键问题。而墙体在围护结构中占重要部分，对钢结构住宅墙体的研究，主要在于墙体材料的材性革新和墙体构造节点两个方面。

复合墙板作为围护墙体，越来越多地应用于钢结构住宅，但也暴露出了一些问题，如裂缝、渗漏、隔声、墙体钉挂等。部分是由于构造技术出了问题，如墙板的连接、墙板与钢构件的连接等，这些都是阻碍国内钢结构住宅发展的重要因素。钢结构住宅从结构上比较容易解决，而与之相配套的墙体材料及构造技术还不能很好地解决，这对于设计人员和施工人员，解决起来都有一定的难度。

由于钢结构自身的特性，研究钢结构住宅墙体的节点构造，比传统砌筑式墙体要复杂得多。如何选择和开发围护墙板，如何解决墙体存在的构造技术问题、改善墙体的使用功能、提高墙体的节能效果，是钢结构住宅推广应用中的关键问题之一。

根据对已建成使用的山东地区钢结构住宅进行墙体质量问题抽样调查，发现了如下问题：

（1）墙体裂缝问题

在调研中发现，墙体裂缝是钢结构住宅中最常见的问题，有些裂缝很严重，甚至影响结构安全。墙体裂缝主要包括室内墙面抹灰裂缝、室外墙面抹灰裂缝及外墙贴瓷砖裂缝。不少钢结构住宅工程在竣工验收后3~4个月，室内墙面会陆续出现裂缝，呈现一种有规则竖向裂缝、水平裂缝和窗台下口八字裂缝、不规则裂缝等。除了涂料粉刷墙面裂缝外，贴面砖的墙也会出现墙面面砖开裂现象。

（2）墙体渗漏问题

墙体渗漏一直是建筑工程的焦点问题之一。钢结构住宅也存在着的外墙渗漏问题，主要表现为：外墙镶贴饰面渗漏、外墙抹灰层渗漏、外墙窗框渗漏及地下室外墙渗漏等。外墙窗框渗漏主要集中在窗框顶部、窗台和窗框两侧边与外墙接壤部位，尤其以窗台的渗漏最为严重。喷淋式试验检查渗水部位显示，外墙雨水是因窗框与外墙抹灰层之间的裂缝而渗入室内的。

（3）隔墙隔声效果不佳

由于某些墙板厚度太薄，构造不合理，又没有采取隔声效果好的材质，墙体达不到隔声要求，尤其是分户墙的墙体。

（4）墙体不能局部受荷、不利于电气水管线布置等

很多情况下，钢结构墙体被设计成纯围护结构，而业主在装修过程中有比较多的东西要挂在墙上，如壁柜、厨房的抽油烟机、洗手间的热水器等。仅起围护作用的墙体基本不能受荷，而且不便在装修过程中敲敲打打，否则容易开裂，存在安全隐患。另外，也不便于水电装修过程中的割槽、埋线等。

2.1.2　建议

（1）采用成熟的PC墙板

首先，采用PC墙板可以满足钢结构住宅工厂化、规模化生产要求，且现场安装速度快；其次，PC墙板整块都是工厂化生产，便于质量控制；最后，采用PC墙板坚固、耐用，可以解决局部受荷、装修挂件等问题。

但是推广PC墙板也存在一些问题，如建筑形体不一，墙体尺寸多，造成工厂生产模具要求高，这样墙板的生产成本就高，价格没有优势。吊装要求高，接缝处要进行可靠处理，从而解决目前出现的墙体问题等。

（2）采用复合墙体外墙系统

对于建筑节能要求高及北方寒冷地区的钢结构建筑，如何建造出保温性能好，方便施工安装，成本相对合理的外墙系统是钢结构建筑必须解决的一项课题。图7-7中的形式是目前使用较广的一种形式。

图7-7中砌块墙体可以选择各类加气混凝土砌块、混凝土小型空心砌块、煤矸石砌块及石膏砌块等。外挂板材采用具有保温隔热、装饰、防水及耐候功能的板材，可以阻断砌块的冷热桥。这种外挂板材造价较高，但由于用量不大，而且荷载相对较小，节点成本不会很高。板材与钢结构之间采用龙骨连接，可以避免钢结构变形对板材造成的破坏。如何开发研制出价格低廉、美观且具有较好保温性能的板材，是目前墙体材料研究的重点。

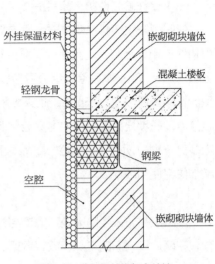

图7-7 典型钢结构复合外墙

钢结构住宅墙体问题是一个系统性问题。首先，从设计开始就需要建筑、结构、水电设备及装修等各个参建方同时介入；其次，要加快户型模式化研究及标准图集的编制，满足工厂化生产要求；最后，要加大研究或从国外引入新型的墙体材料，以解决目前存在的问题，满足工程需求。同时，加快可用材料的抗风、抗震及热工性能研究，得出具体的数值，形成行业标准，以方便工程参建各方人员使用。

2.2 防火问题及建议

钢材是一种很好的热导材料。普通建筑用钢材（如Q235或Q345），在全负荷状态下失去静态平衡稳定性的临界温度为500℃左右，一般在300～400℃时钢材强度就开始迅速下降。一般无任何保护及覆盖物的钢结构耐火极限只有15min左右，远远低于建筑设计防火规范的要求的柱3.0h、梁2.5h的防火要求。因此，钢结构防火问题已成为钢结构住宅产业化发展的瓶颈问题。

2.2.1 常用做法及存在问题

目前主要采用的钢结构防火做法主要有三种：

（1）外包法

主要有两种方式：一是实体外包和板材外包。常用的实体外包法是将现浇混凝土浇灌于临时模板中以封闭钢柱、钢梁。二是采用钢板网抹灰外包等方式。板材外包有防火石膏板外包、金属套柱外包等。

（2）涂抹膨胀性防火涂料法

膨胀型防火涂料在受热时会发泡膨胀，在钢材外形成一定厚度的保护层，从而延长承重构件的耐火极限；防火涂料又分厚型和薄型，厚型涂料一般涂敷厚度为2～3cm，耐火极限可达2～3h；厚型涂料组分颗粒较大，涂层外观不平整，大多用于结构隐蔽工程；薄型涂料涂敷厚度为2～5mm，耐火极限一般不超过2h。薄型涂料外观效果好，但多数为有机涂料，长期暴露在空气中容易老化而导致防火性能降低。但在住宅梁柱遮挡部位和阴角太多涂抹时，质量不容易控制，加之耐久性问题，一般15年要进行一次维护，这会大大增加住宅使用成本。

（3）屏蔽法

屏蔽法是将未经防火处理的钢结构构件包藏在耐火材料构成的墙体或顶棚内。如将钢柱包在两片墙之间的空隙，或将钢梁、钢柱隔离在防火顶棚内。这种方法相对比较经济，因为结构防火造价已包含在墙体造价内，但会造成建筑墙体加厚，导致有效使用面积减少。而对那些裸露在外的钢构件，还需采用合理的防火保护构造做法。

2.2.2　建议

当前技术水平还没有很好的办法解决防火问题，我国防火验收对于没有规范标准的做法，都要求必须进行防火测试和认证。这样不仅费用高昂，而且结果往往是测试归测试，施工归施工，现场做不到位或偷工减料，导致存在极大安全隐患，这也是业主不愿采用防火新技术的主要原因。针对钢结构住宅的防火做法，各方应共同配合形成标准规范，且标准规范要充分考虑成本和施工可操作性、耐久性和可靠性。

2.3　设计存在的问题及建议

钢结构设计分为两个阶段：第一阶段施工图设计，第二阶段详图设计。分工为：施工图设计阶段包括内力计算、构件验算、土建基础、钢结构布置图绘制及典型节点绘制；详图阶段包括加工图绘制、围护结构设计等。设计人员主要是结构人员，而建筑人员参与很少，不利于形成整体系统的建筑设计。

2.3.1　存在问题

（1）设计周期短，存在设计不细致，审核不认真的情况，致使制作和安装无法按图实施，属于设计不到位问题。

（2）设计粗糙，错漏较多，存在返工和增补工作量问题，影响施工顺利进行。

（3）由于工期紧，结构图、加工图、围护图常常是不同人员在不同时期完成，相互校核不到位，相互匹配方面存在问题，致使工程技术人员不能及时发现问题，造成材料浪费、制作错误、修改增加，影响现场安装，存在边设计、边施工、边安装、边修改的现象。

（4）材质、板型、颜色、节点构造等不确定，或需由现场确定的情况较多。这属于设计深度不够的问题。造成的原因主要有自身设计原因、业主原因、与相关专业沟通不够、资料不全等几个方面。

（5）缺乏由相关部门组织，设计、制造、安装等人员参加的图纸会审环节，未能形成常态制度。这与图纸不能同时发出，会审不能一次进行；业主工期要求紧、催促早生产、早进场而没有时间仔细阅图紧密相关。常常是在制造或安装中出现问题后才来审图，造成很多被动局面。另外，各部门也不能对出现的问题进行沟通。

（6）业主工程要求更改随意、频繁且滞后，使工作量增加，造成设计考虑不周全，出现新遗漏或施工难度加大。由于正常施工前发生变更并不一定产生过大的费用，但一定的工作量完成后再更改就很困难，施工费用、材料费用将大增，而前期不能及时签认，产生相关费用，最终会导致结算困难。

（7）当设计与制作、安装单位同属一家企业时，总体上看这对制作安装过程中出现的问题进行处理以及设计修改的实施是有利的，但实际情况并不尽然，有时因此反而使施工中出现的问题较难处理。

2.3.2　建议

（1）细化建筑体系划分，根据不同体系进行细化设计，得出实用、经济的设计方案。

按建筑层数划分可以分为：3层及以下的低层住宅，可采用冷弯薄壁型钢密柱体系、轻型钢框架体系；4～6层多层住宅，主要采用纯钢框架体系、纯钢框架支撑体系，或者在局部加入混凝土剪力墙等；7～12层中高层住宅，可采用纯钢框架支撑（剪力墙板）体系、纯钢框架混凝土剪力墙体系、钢框架-混凝土核心筒体系。13～30层高层住宅，可采用钢框架-支撑（宜采用偏心耗能支撑）体系、钢框架-钢板剪力墙体系、钢框架-内藏钢板支撑混凝土剪力墙体系、钢框架-钢骨混凝土核心筒体系。同时，要根据不同建筑体系不同的设计方案，推进不同体系构件的生产和安装施工。完整、细化的体系分类是实现钢结构产业化发展的重要一步。

（2）推进标准化设计。

在细化建筑分类体系的基础上进行模数化、标准化设计，推进住宅部件标准化，可从以下四个方面进行研究：一是结构构件标准化，制定结构安装的工业化体系，为构配件及部品提供模数化空间；二是模数部品拆分，将住宅各个功能部位按模数化拆分，完成模块化设计；三是部品系列化生产，部品技术集成化生产，形成系列化、配套化供应体系；四是现场集成化施工，减少湿作业，提高工效，降低成本，提高质量品质。

建立钢结构住宅构件的通用标准体系，实现柱、梁、板等标准化单元通用互换，形成住宅零部件的市场供应体系。钢结构住宅体系的开发应系统化、规模化、配套化，设计应多样化、标准化，生产工厂化，施工机械化、装配化。钢结构住宅开发应遵循全国统一制定的钢结构住宅标准化模数尺寸，生产的构配件可互相匹配，并组合成形式多样的钢结构住宅。

2.4 构件生产存在问题及建议

2.4.1 存在问题

（1）制作清单、样图有错漏情况，影响制作和安装。

（2）未按制作程序生产操作，造成各种质量问题。如：不做屋架预拼装，外形尺寸检查不严，导致构件侧向弯曲、腹板变形不平整、长度误差超标、孔眼位置不准。又如：平面扭曲、水平度垂直度不符合标准以及油漆喷刷不到位，焊渣、毛刺、焊瘤未清理等，导致构件现场无法安装，增加现场处理的工作量。

（3）构件制作速度慢，不能按时到场，不能保证现场安装。影响制作速度的主要原因有：合同工期紧，材料供应不及时，加工制作人员紧张，岗位缺员；工程多、任务重，企业规模偏小，加工制作能力不足，计划安排不合理等。另外，工程复杂，相关专业对构件制作要求高，细部处理工序多也是影响构件出厂速度的原因。

（4）构件出厂不配套，进场无顺序，未能按施工方案或施工组织设计编制出的进度要求执行，导致构件进场也无法安装。

（5）构件制作的钢印号、标签以及进场数量与货运清单之间不相符，有的错误明显。既影响现场的清点，造成卸车不能一次到位，增加了现场二次倒运工作，又会使构件数量、规格等无法统计，引起安装错误，并增加内外部结算、构件交接的难度。

（6）构件制作检验资料完成不及时，影响现场构件的报验，导致中间付款、安装工作的延误。

（7）缺乏熟练技工，同时员工队伍不稳定，流动频繁，导致质量问题频出而不能消除。

2.4.2 建议

（1）通过BIM三维系统实现任意钢结构建筑在计算机平台的三维空间中建模与预拼装。

（2）建立、健全完善的生产制度，责任到人。强化三检制度的执行力度。各工段应对各工序工程质量自检，责任落实到兼职质检员、班组长或工段长。工序之间要加强交接检验，责任落实给下道工序的工长或质检员。车间专职质检员专检，专检后才可以发货出厂，质检员有质量否决权，出厂后构件有较大、较多问题应追究专职质检员责任。同时执行专职质检员巡回检查和各工序抽检制度。各岗位承担相应质量责任时，应根据问题的具体情况分析确定，坚持责权利对等原则。

（3）严格制作清单、样图的审核，严格制作工艺程序的执行，不可缺省。

（4）加强各工段工序的衔接，加强人员培训，招募熟练工人，管理到位，缩短构件各工序制作时间，加快周转和出厂速度。

2.5　施工安装的问题及建议

钢结构安装过程中主要存在以下几个问题：

（1）与土建交接不顺，安装过程受土建等相关专业影响大。钢结构吊装前，应对建筑物的定位轴线、平面封闭角、底层柱的位置线、混凝土基础的标高和混凝土强度及等级进行复查。并把复测结果和整改要求交付基座施工单位。而实际工程中往往不能很好地执行。施工道路不畅通、水电源不到位、场地标高不达标、基坑不回填、场地不夯实、不平整是现场施工条件的通病。

（2）与其他专业施工单位存在交叉作业的矛盾，缺乏协调力强的业主方。

（3）钢结构安装分包获利不均，合同条款不公，企业风险偏大。从目前钢结构安装工程承包管理模式看，尤其是民营企业承揽的工程，现场安装多为私人承包，虽然企业与安装队伍有安装协议，但协议条款对安装队伍不甚公平。由各地工头组织的成建制地输出的劳务农民工队伍因为靠工头管理而不属于企业，存在的问题比较多。

（4）项目部控制无力，安装队伍难以管理。由于一定程度上存在违法分包，施工安排不能落实，安装人员质量意识淡薄，不按程序要求施工，只想蒙混过关。由于思想认识的偏差，有些钢结构施工项目经理部，设置简单，人员少，管理不到位，现场管理多由承包的安装队伍说了算。项目经理不参与安装队伍的选择，只是管理协调而无决定权，这些都是现场控制不力的原因。

针对钢结构施工中存在的问题，应从几个方面解决。一是加强施工企业能力建设，提升施工队伍的技术和管理水平。鼓励建立社会化、专业化的劳务公司。二是创新监管机制，加强对结构关键连接节点的监管。三是建立健全质量、安全、检验检测等方面的标准规范体系，加大执行力度。四是大力发展钢结构建筑工程总承包模式。五是推进BIM技术在钢结构建筑施工管理中的应用。六是增强企业之间的经验交流与合作，学习国内外先进技术和管理经验。

2.6　企业发展存在问题及建议

2.6.1　经验借鉴

从美国市场的发展历史看，钢结构行业经历了从分散到集中的过程，集中度不断提高。经过多次收购和重组，目前近半数的美国金属建筑制造商协会会员属于NCI、Nucor、Bluescope三大厂商集团（图7-8）。行业集中度不断提高的原因有两点：一是重钢领域资质壁垒形成强者恒强格局。对于重钢和空间钢结构建筑承包商，要求承包商拥有一级建筑资质和优秀项目业绩，因此具有

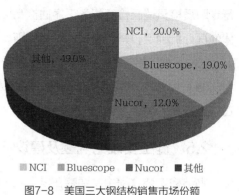

图7-8　美国三大钢结构销售市场份额

优秀项目积累的企业，强者恒强。二是钢结构产品具有合理的运输半径，进行全国性布局的企业能够抢占更大的市场份额。钢结构产品重量、体积都较大，长途运输会带来运输成本，必须有一定的经济运输半径。经济运输半径一般为500~800km，因此进行全国性布局的龙头企业能够降低成本，抢占市场份额。

日本钢结构构件生产厂家规模比较大的也仅有7~8家。由此可见钢结构住宅产业化过程也是钢结构企业规模化、集成化的一个过程。

2.6.2　存在问题

我国钢结构市场非标产品较多，监督体系不健全，执行不力。多数业主方对于钢结构有偏见，缺乏专业的钢结构专业人员。造价咨询单位对钢结构加工、制造、安装有全面了解的人员偏少。施工总承包方钢结构人员缺乏。目前不少小型加工厂依附总承包单位进行供材，加工安装能力相对较差；而大企业单价高，业主或总承包单位在选择加工企业时，往往以价格作为优先考虑的因素，造成质量安全隐患。

2.6.3　建议

横向一体化是指企业以兼并处于同一生产经营阶段的一家或多家企业为其长期发展方向。横向一体化战略的实施途径主要为合资、兼并方式。应充分发挥大型企业的骨干领导作用，发展规模经营。相关部门应加强对行业发展的宏观指导，促进行业结构调整，对现有生产能力、生产情况和企业分布情况进行了解，结合各地市场需求，提出行业发展指导意见。

纵向一体化建筑钢结构企业拥有自己的安装公司。通过纵向一体化，钢结构生产企业可以控制生产经营的下一步，因而能提高对产品需求的预测能力，减少库存量。现在我国很多大型钢结构生产企业拥有自己的安装队伍。考虑到设计和制作是钢结构生产过程的主

要环节，在钢结构工程中占80％以上的工作量，应以设计牵头，加强制作管理，从而较好地控制钢结构工程的质量。

充分发挥大型企业的骨干作用，发展规模经营，形成高水平、高效益的钢结构企业。加强对小型企业的指导，制止小型企业的盲目发展。要调整现有小型企业产品结构，通过专业协作，配套生产或相互联合克服自身不足。

3 钢结构建筑主要问题

3.1 制度设计有待完善，激励政策有待加强

从制度设计而言，由国家到地方的钢结构建筑发展目标亟待进一步明确。各级建设行政管理部门亟待研究制定本地区钢结构建筑发展的目标和具体政策措施。钢结构建筑发展需要发改委、规划、国土、建设、财政等多部门合力协调推进，但目前绝大多数地区尚无钢结构建筑发展牵头推广机构，联合推进机制有待建立。

从激励政策而言，国内已有北京、上海等30多个省市陆续出台推进装配式建筑发展的政策文件，从土地、金融、财税等方面支持力度越来越大。但钢结构建筑作为装配式建筑的重要组成部分，在有些地方政策中未能明确，针对钢结构建筑特点的激励扶持政策相对不足。

如针对钢结构建筑因为规模效益不足、产业链不完善，以及异型结构柱构件生产和加工费用较高、新型装配式墙体板材市场价格偏高、结构防火防腐处理投入较大和二次加工等因素导致的建安成本居高不下等问题（依据中国产业信息网对传统混凝土框架住宅与钢结构住宅的比较，普通钢结构框架住宅造价比混凝土结构高出约10％左右），绝大多数地区都未能出台鼓励钢结构建筑发展的资金补助政策。企业在缺乏利益驱动的情况下，不愿选用钢结构建筑。制度性、长期性的钢结构建筑激励扶持政策亟待出台，政策持久吸引力和可操作性也有待提升。

从管理模式而言，设计与施工相互割裂的问题，在钢结构建筑工程管理模式中反映尤甚，开发、设计、生产、施工、运维等环节未能有效衔接。设计人员不能充分了解钢结构施工需要，致使设计方案不便于工业化施工；施工现场人员的施工需求不能有效传递给设计人员，导致设计变更、成本增加、工期延长、品质不佳等问题重复发生。既不利于全产业链模式的建筑集团对工程进行整体把控，也不利于从全生命周期角度降低钢结构建筑成本。亟待打破工程管理环节的条块分割，进行产业链整合，吸引具有全产业链整合能力的集团企业进入钢结构建筑领域。

3.2　钢结构住宅标准规范体系亟待建立

一是钢结构住宅标准规范有待完善。目前钢结构建筑单一类技术规程、规范比较齐全，网架结构、压型钢板、高层民用钢结构、多层钢结构设计等技术规程基本健全，但关键问题有两个。一是目前专门涵盖不同钢结构住宅体系的国家级、行业级技术标准相对缺失，针对钢结构住宅的技术规程和专门验收规范有待出台；二是轻型钢结构规范主要偏重于工业厂房，低、多层轻型钢结构住宅规范亟待进一步系统化，亟待从节能、水、电、气等方面进行系统性研究。

二是标准之间的关联性不高。钢结构建筑特别是住宅从项目设计、部品部件生产、装配化施工、竣工验收、使用维护直至评价认定等环节的标准、规范和规程，有相当一部分尚处于企业和地方层级，相互关联性不高，亟待完善后逐步升级，并提升系统性。

三是缺乏模数化、标准化整合。钢结构主体和叠合楼板、内墙板、外墙板、外部装饰等部品部件不能有效配套和技术集成的问题，一直困扰钢结构建筑发展。市场非标产品过多，构件系列化开发、规模化生产、配套化供应体系有待完善，适应于不同地质条件、不同气候条件、不同市场定位的钢结构建筑技术体系亟待形成。基于《工业化建筑评价标准》的钢结构建筑评价标准细则亟待出台。

四是技术成果转化率有待提升。部分钢结构建筑关键技术尚未被国内企业完全消化吸收。如在发达国家应用较多的大跨度开合结构体系、张拉整体结构体系等，一直是国内近10年来的研究重点，但工程实践基本是空白。导致相应结构体系设计标准或规范基本空白或者不健全，工程技术成果转化效率有待提升。

3.3　钢结构住宅整体解决方案亟待探索

三板体系有待完善。三板体系包括楼面体系、屋面体系和墙体体系，后两者又属于围护体系。钢结构具有较大延性，对板材有特殊要求，尤其是墙体，除了美观、轻质高强、高效保温隔热要求之外，最重要的是要与钢结构骨架协调变形。而目前常用的外围护结构，如条板、整间板、砌块等，由于细部节点处理不能很好适应结构变形，导致了板缝开裂、渗漏等问题。如青岛某钢结构住宅外墙采用预制复合保温板，拼接处出现开裂漏水；中国香港后安装法施工的住宅发生渗漏水现象；某知名企业的钢结构住宅外墙也曾出现漏水等质量问题（图7-9）。

钢结构墙体主要包括内嵌式与外挂式两大类。部分高层钢结构住宅外围护墙采用砌块砌筑，只能是墙体、保温、装饰分步施工，导致工业化程度下降。外墙由于局部设置斜向支撑，砌筑时施工不便；如改用外挂墙板，不仅增加墙厚还增加成本。多数企业的配套板

图7-9 某企业CCA墙板出现问题实例图

材、部品生产立足于自身研发，缺乏市场推广机制，一次性投入大，大幅减小了利润空间。完善墙板技术体系、确保配套部品盈利已成为突出问题。

防火处理、露梁露柱、毛坯交房直接影响钢结构住宅认同度。一是高层钢结构住宅梁柱截面尺寸较大，防火处理后难与内隔墙做平，一定程度上影响了住宅家具布置和使用功能，增加了外凸的处理费用，给住户带来不便。北京某钢结构住宅由于层高太小，导致钢梁钢柱突出直接影响了空间使用。二是钢结构住宅空间设计过程中，建筑师和工程师协同参与度不够，造成房间梁柱外露、净空间减小、隔声和防水效果差等问题，对钢结构住宅推广产生不利影响。三是钢结构住宅作为目前工业化程度最高的技术体系，多数仍采用毛坯交房，不仅埋没了钢结构主体结构的施工优势，也在一定程度上影响了人们对钢结构住宅的认同度（图7-10）。

装配精度、装配化程度和产业化施工能力亟待提升。多数钢结构建筑还采用现场焊接方式，施工精度尚以厘米计，较难达到工业化系统集成的标准要求。工业化装配式高效连接技术亟待提升。与钢结构住宅配套的门窗、整体卫浴、厨房等产业化程度不高；水电、装饰专业的技术集成不能满足施工工艺要求，效率较低；钢结构防腐处理过于传统复杂，费工费料，增量工序导致增量成本，这些都严重削弱了钢结构建筑高效、快捷的优势。

图7-10 外墙裂缝和内墙裂缝图

3.4　产业能力建设有待加强

目前，钢结构建筑市场规模偏小，尚难以吸引更多设计、施工企业聚拢形成产业链条上相互配合、竞争有序的格局。众多钢结构部品生产、施工企业对即将到来的钢结构建筑市场"蓝海"认识不足，开发商、设计单位、施工单位仍然习惯于传统的混凝土结构，主动采用钢结构的积极性不高，能力有待加强。

设计优化能力较弱。钢结构住宅设计必须事先对构件生产、装配工艺、施工条件、专业集成进行系统配套，才能实现建造全过程整体性、一体化的优势。而现实情况是，设计单位缺乏创新的积极性，从设计源头就排斥和屏蔽钢结构建筑。或者即使采用钢结构，也会因为节点和连接设计得不合理，导致用钢量增多，因设计问题产生额外费用的现象比较普遍。同时，设计周期短，设计深度不够，结构图、加工图、围护图相互不匹配等问题也在不同程度存在。

人员能力有待提升。钢结构住宅施工管理人员、技术人员储备不足，专业化水平偏低。施工作业人员素质技能偏低，造成工效低下。技能低下的问题在"三板"安装、设备与管线安装、整体厨卫等模块化安装中体现尤为明显，结构施工速度优势无法体现，甚至埋下隐患。

企业现场管理能力有待提升。目前已有两批共计42家钢结构企业获得房屋建筑工程施工总承包一级资质，拓宽了企业以钢结构为主体工程的市场准入和承揽范围，为实现由做"建筑钢结构"向做"钢结构建筑"转型提供了"通行证"。但由于部分钢结构企业长期习惯于结构设计、制造、安装，总承包管理能力欠缺，也缺乏精通土建、水电、安装等技术专业人才，使其工程施工总承包管理成为严重的短板。同时，由于工程转包和违法分包现象在一定程度存在，有些钢结构施工项目经理部设置过于简单，项目管理不到位，现场管理多由承包工程的安装队伍自由裁量。企业现场控制能力不足埋下质量安全隐患。

4　政策建议

两阶段推进。"十三五"的前半程为稳步推广阶段，应借力于消化产能等现有政策重点攻关关键技术，选定试点示范省市为突破口，形成一系列成熟完善的技术体系和配套部品体系，稳步推广钢结构。"十三五"的后半程为大规模发展阶段，应以钢结构技术体系优化和建设管理模式创新为动力，有机融合绿色建筑、被动式低能耗建筑技术，实现钢结构建筑全链条生产方式的全面变革和居住性能的全面提升，快速提升应用比例。

两方面同步。即结合住宅结构单一、户型重复的特点，在发展钢结构公共建筑的基础上，同步发展钢结构住宅。

双轮驱动。在大力推进钢结构建筑试点示范省市的同时，积极培育钢结构基地企业，确保供需两旺。

4.1 出台指导意见，营造发展环境

一是研究出台推进钢结构建筑发展的指导意见，通过政策引导形成示范效应。可将推进钢结构建筑发展内容纳入"推进装配式建筑指导意见"中。

二是明确发展目标和基本原则。在钢结构建筑指导意见或在推进装配式建筑指导意见中，要明确提出"十三五"时期的新建、竣工钢结构建筑面积比例、新建钢结构建筑通用部品使用比例、集成技术在钢结构建筑中的应用比例等发展目标和推进原则。

三是强化目标责任，落实考核制度。将钢结构建筑目标任务科学分解到省、市、县级人民政府，将目标完成情况和措施落实情况与领导干部综合考核评价相挂钩。

四是完善组织架构和管理制度。国家层面应成立部际钢结构建筑协调推进领导小组，负责全国范围内钢结构建筑整体推进、统筹协调和任务目标的督促落实。地方建设行政管理部门要设立钢结构建筑专兼职管理机构，专责牵头与发改、财政等部门建立联动机制，制定实施本地区推进钢结构建筑指导意见和发展规划，牵头本区域钢结构建筑试点示范项目的选定和管理工作，指导钢结构建筑关键核心技术的研究推广。

五是培育市场环境。研究制定符合钢结构建筑建设特点的经济政策和技术政策，在立项、规划、土地和建设等环节加大支撑力度，制定不同层级财政资金投入、税费减免、补助资金奖励、基础设施建设等扶持政策。针对关键性技术研发和应用提供必要的支持。现阶段，直接的经济补贴政策比较有效。

4.2 建立标准体系，强化技术支撑

一是建立以目标为导向、解决系统性问题的标准体系。以钢结构建筑的系统配套和工业化集成为目标，健全基于钢结构建筑设计、部品生产、现场施工的系统化、多层次标准体系构架。标准应涵盖低层轻钢框架结构体系和多高层钢结构常用的纯框架体系、框架-核心筒体系、框架剪力墙体系等，并建立与钢结构建筑特点相匹配的防火消防验收规范。

二是遴选成熟、适宜不同地区的钢结构建筑技术体系。编制国家级钢结构住宅结构体系及节点设计标准和施工图集，完善计算软件。针对西部抗风设计、北方高寒地区、南方多雨环境、沿海地区高腐蚀等特点以及地震设防烈度8度以上地区的不同需求，研究定型适宜的钢结构房屋体系和建造工艺、墙体板材应用体系等。研究解决主体施工精度、高效连接、内装及分隔系统等影响钢结构建筑推广应用的系统性技术问题。鼓励各地将技术成

熟、经过试点示范、已经建成并安全运行超过2年的钢结构建筑技术体系，纳入区域性适宜推广建筑技术体系目录，在本区域内重点推广。

三是在现有《装配式建筑评价标准》基础上，进一步细化钢结构建筑评价标准体系。以装配率、全装修率、装配式外墙、装配式内隔墙使用情况作为钢结构建筑的认定指标，并根据经认定的集成技术的应用数量，划分钢结构建筑的不同评定等级。

四是建立标准化设计引导下的钢结构通用部品体系。制定标准化设计和模数化部品部件规范。建立钢结构住宅构件通用标准体系，实现柱、梁、板等标准化单元通用互换，形成住宅零部件的市场供应体系。建立全国统一制定的钢结构住宅标准化模数尺寸。以钢结构建筑试点示范项目为载体，重点发展钢结构建筑的厨房、卫生间标准化设计，以及相应模数化产品部品的集成与配置，逐步建立一套与钢结构住宅配套的模数化、模块化、工业化的厨卫产品体系。

五是重点研究三板体系中的外墙板技术。从墙体材料材性革新和墙体构造节点优化两方面入手研究完善外墙板技术。推广应用成熟的墙板连接、墙板与钢构件的连接技术，逐步解决裂缝、渗漏、隔声、墙体钉挂等问题。鼓励钢结构企业与混凝土构件生产企业联合攻关，提高外墙板质量，降低成本，逐步解决板缝开裂、渗漏等问题。开发能够进行菜单式选择的钢结构建筑专家咨询系统，主要包括：结构体系方案、标准图集、施工技术规程、所需部品部件材料动态选用数据库等。

4.3　扩大应用范围，拓展应用领域

一是民用建筑优先采用钢结构。在体育、文化、交通枢纽、商业、医疗等公共建筑中积极采用钢结构；积极发展钢结构住宅；特别是，政府和国有投资的建筑工程要带头使用钢结构，要明确此类工程项目中的钢结构建筑所占比例，并将钢结构建筑列入城市重点工程计划。

二是工业建筑和基础设施要大量采用钢结构。在大跨度工业厂房中全面采用钢结构；在工矿企业临建生产办公用房、建筑工地临建房屋等项目中优先选用钢结构；在跨江、跨海大桥、公路、铁路桥梁以及城市市政桥梁和附属工程中推广钢结构。

三是在抗震地区优先选用钢结构建筑。地震等级7度以上城市和乡镇的学校、医院等工程应优先选用钢结构建筑。逐步明确地震烈度等级8度及以上设防地区新建住宅中钢结构比例，全面提高建筑物的抗震水平。推进轻钢结构农房建设。

4.4　整合区域资源，推进试点示范省市建设

一是选择经济条件较好，产业基础雄厚，发展意愿强烈的省市作为钢结构建筑试点示

范省市。试点示范省市要出台钢结构建筑发展的扶持政策，明确发展目标和年度考核指标，在投入机制、监督机制、能力建设、宣传推广等方面加强宏观指导，营造发展环境。

二是试点示范省市要在政府投资工程中带头使用钢结构。探索改革钢结构建筑部品生产、招标投标、质量监督和竣工验收等环节的建设管理制度，推进设计、施工一体化的钢结构建筑总承包模式试点。摸索钢结构建筑规模化发展路径，完善技术，积累经验，待条件成熟后向全国推广。

三是推进成品住宅。提倡精细化设计，鼓励装配式装修，规定成品住宅的交付，通过构造措施和全装修在一定程度上解决室内露梁露柱等问题，提升空间舒适度，提高人们对于钢结构住宅的接受度。

四是推进钢结构建筑上下游企业集聚。试点示范省市要着力培育从设计、构件加工生产到施工安装的全链条产业体系，探索形成一揽子整体解决模式。要统筹考虑钢结构建筑与绿色建筑、被动式低能耗建筑的协同发展。

4.5 培育基地企业，带动供给能力提升

集聚式发展是钢结构建筑实现跨越式发展的重要基础。在美国，近半数的金属建筑制造商协会会员属于三大厂商集团；日本规模比较大的钢结构住宅生产厂家也仅有7~8家。借鉴发达国家经验，应依托住宅产业化基地企业建设模式，着力培育以钢结构建筑为主体的基地龙头企业，促进集聚发展，提升市场供给能力。

向钢结构建筑基地企业进行政策倾斜，鼓励基地企业牵头，通过引进先进技术和设备，开展新产品、新材料的研发，改进钢结构建筑部品部件质量，完善施工工艺，提升钢结构建筑质量和性能。鼓励基地企业将现有钢结构建筑专利技术产业化，通过工程实践逐步纳入相关技术规程或建设标准，推进企业标准向行业标准和国家标准的提升。

基地企业要按照钢结构建筑特点，将提升设计优化能力作为切入点，形成一批设计施工一体化、结构装修一体化的钢结构工程总承包企业。基地企业要着力提升技术成熟度，培养管理和技术人员，培养一批专业化的钢结构建筑产业工人，形成有效市场供给能力。

基地企业要围绕市场需求，加强与上游钢结构企业的主动协同联动，"倒逼"结构用钢质量提升，形成质量稳定可靠、品种规格齐全的热轧H形钢、高强度建筑结构用钢、高强度冷弯矩形管等结构用钢供给能力。推进标准化程度较高的钢结构构配件生产，提供定制化、个性化钢结构产品，引领部分钢结构材料生产商向服务商转型。

积极引导以基地企业为龙头，借助"一带一路"契机主动"走出去"参与全球分工，在更大范围、更多领域、更高层次上参与国际竞争。要研究欧、美、日等发达国家和地区的钢结构建筑技术标准，打破技术壁垒。扩大轻钢房屋在非洲等发展中国家的出口。

参考文献：

[1] 重庆市规划局等,《重庆市关于加快钢结构产业创新发展与推广应用调研情况报告》。

[2] 林树枝、肖祖辉,《钢结构住宅发展情况、存在问题与对策建议》。

编写人员：

负责人及统稿：

樊则森：中建科技集团有限公司

武　振：住房和城乡建设部住宅产业化促进中心

参加人员：

林树枝：厦门市建设局

王广明：住房和城乡建设部住宅产业化促进中心

杨家骥：北京市住房保障办公室

胡育科：中国建筑金属结构协会建筑钢结构分会

张　波：山东万斯达建筑科技股份有限公司

胡　海：重庆市规划局

曾　强：重庆建工集团

齐祥然：新疆德坤实业集团有限公司

木结构建筑发展状况

主要观点摘要

一、发展历程

我国木结构建筑历史可以追溯到3500年前。1949年新中国成立后，砖木结构凭借就地取材、易于加工的突出优势，在当时的建筑中占有相当大的比重。20世纪70、80年代，由于森林资源量的急剧下降、快速工业化背景下钢铁、水泥产业的大发展，我国传统木结构建筑应用逐渐减少，大专院校陆续停开木结构课程，对于木结构的研究与应用陷入停滞状态。加入WTO后，随着现代木结构建筑技术的引入，我国的木结构建筑开始了新一轮发展。

二、发展现状

（1）木结构建筑发展的政策环境不断优化，在最新发布的几个国家政策文件中分别提出在地震多发地区和政府投资的学校、幼托、敬老院、园林景观等新建低层公共建筑中采用木结构。

（2）低层木结构建筑相关标准规范不断更新和完善，逐渐形成了较为完整的技术标准体系。

（3）国内科研院所与国际有关科研机构合作，积极开展木结构建筑耐久性研究等相关研究，取得了较为丰富的研究成果。

（4）建设了一批木结构建筑技术项目试点工程，上海、南京、青岛、绵阳等地的木结构项目实践为技术、标准的完善积累了宝贵经验，也为木结构建筑在我国的推广奠定了基础。

（5）培育了一批木结构建筑企业。截至2013年底，我国木材加工规模以上企业数量达1416家，全国专业木结构施工企业由十年前的不到20家发展到现阶段已超过200家。

2014年全国木材产业总产值2.7万亿元，进出口总额1380亿美元[①]。

三、存在问题和瓶颈

（1）社会对木结构建筑的认可度不够。目前社会对木结构的印象仍停留在易燃、易腐、易蛀、破坏森林资源、成本高等传统认识上，而现代木结构技术产业化程度高、应用领域广、节能减排效果好的优势未得到广泛宣传和认同。

（2）部分关键技术有待研究完善。当前，我国对于木材材性、结构安全、防火安全、热工性能、耐久性能等木结构关键问题与施工防水、防漏、隔声等木结构重要技术的研究有待完善。

（3）多高层木结构标准规范相对滞后。目前我国木结构建筑标准规范在建筑高度、防火措施等方面相对保守，在消防验收标准上不够完善，部件标准化程度较低，导致现代木结构建筑发展缓慢。

（4）工程建设管理部门对于木结构建筑的开工许可、工程监理、工程验收等相对不熟悉，造成业主方办理相关手续比较困难。木结构工程建设管理程序有待进一步规范，同时还应进一步规范、落实木结构建筑设计和施工图审查制度。木结构建筑工程预算定额有待进一步健全和完善。

（5）木结构产业能力和基础薄弱。目前我国木结构建筑企业规模普遍偏小，技术与管理水平较低，产业链各环节相对脱节，行业资源有待整合。

（6）人才储备和培育机制不完善。我国的木结构学科已无形消亡几十年，国内高校大多已停办木结构课程，导致国内木结构人才储备与培育机制存在较大空白，设计研发能力十分薄弱，专业人员严重缺乏，严重制约了木结构在我国的本土化发展。

四、发展思路与对策

（1）编制木结构建筑发展规划，加大对木结构建筑的政策激励，在具备条件的地区，倡导发展木结构建筑，如在旅游度假区、园林景观等低层建筑以及平改坡、部分棚户区改造工程中因地制宜地采用木（竹）结构建筑。

（2）大力开展木结构建筑关键技术研究，探索研究适应于不同地区的现代木结构技术体系和配套部品体系，系统研究木材特性、结构安全、防火安全、热工性能、耐久性能等。

（3）逐步完善相关标准规范，加快研究制定多层、高层木结构建筑标准规范，建立与

---

① 数据来源于中国木材保护工业协会。

木结构建筑特点相匹配的防火消防验收规范。

（4）鼓励各地积极开展木结构工程试点示范，培育木结构龙头企业。

（5）积极研发木质新型墙体在混凝土结构、钢结构建筑中应用。

（6）建立、完善木结构建设管理制度。

（7）加强木结构建筑设计、构件生产、施工、监理等一线人员的能力建设。

（8）广泛宣传现代木结构建筑的优良性能和节能环保优势，消除公众对木结构建筑的误解。

木结构建筑是指结构承重构件主要使用木材的一种建筑形式。结构材料主要包括原木、锯材、集成材、木基结构板材和结构复合材等工程木质材料。现代木结构建筑是指利用最新科技手段，将木材经过层压、胶合、金属连接等工艺处理，所构成的整体结构性能远超原木结构的现代木结构体系。

1 发展历程

木结构是人类文明史上最早的建筑形式之一，这种结构形式以优良的性能和美学价值被广泛推广应用。我国木结构建筑的发展经历了以下几个阶段：

我国木结构历史可以追溯到3500年前，其产生、发展、变化贯穿整个古代建筑的发展过程，也是我国古代建筑成就的主要代表。最早的木框架结构体系采用卯榫连接梁柱的形式，到唐代逐渐成熟，并在明清时期进一步发展出统一标准，如《清工部工程做法则例》。始建于辽代的山西省应县木塔是中国现存最高最古老的一座木构塔式建筑，该塔距今近千年，历经多次地震而安然无恙；故宫的主殿太和殿是我国现存体形最大的木结构建筑之一，它造型庄重，体型宏伟，代表了我国木结构建筑的辉煌成就。

1949年新中国成立后，因木结构具有突出的就地取材、易于加工优势，当时的砖木结构占有相当大的比重。特别是"大跃进"时期，我国的砖木结构建筑占比达到46%。

20世纪50、60年代，我国实行计划经济，提出节约木材的方针政策，国外经济封锁又导致木材无法进口，这对木结构建筑发展产生了很大束缚。20世纪70年代，基于国内生产建设需要，国家提出"以钢代木"、"以塑代木"的方针，木结构房屋被排除在主流建筑之外。

从20世纪80年代起，为了发展经济对森林大肆采伐，导致森林资源量急剧下降，到80年代末我国的结构用材采伐殆尽，当时国家也无足够的外汇储备从国际市场购进木材。党中央、国务院针对我国天然林资源长期过度消耗而引起生态恶化的状况，做出了实施天然林资源保护工程的重大决策，并相继出台了一系列木材节约代用鼓励性文件。此外，我国快速工业化带来的钢铁、水泥等产业的大发展，促进了钢混结构建筑的推广。这造成中国发展了几千年的传统木结构体系逐渐解体，新的砖砌体、砖混结构逐渐成为新建农村住宅的主要结构形式。大专院校停开木结构课程，并停止培养研究生，原来从事木结构的教学和科技人员不得不改弦易辙，木结构学科消亡，木结构人才流失严重，使得我国木结构建筑研究和应用处于停滞状态。

中国加入WTO后，与国外木结构建筑领域的技术交流和商贸活动迅速增加。1999

年，我国成立木结构规范专家组，开始全面修订《木结构设计规范》。从2001年起，我国木材进口实行零关税政策，越来越多的国外企业开始进入中国市场，并将现代木结构建筑技术引进中国，木结构建筑进入新一轮发展阶段。

2 发展成就

近年来，我国现代木结构建筑市场发展呈上升态势，木结构建筑保有量约1200万~1500万m²。截至2013年底，我国木材加工规模以上企业数量达1416家。2014年全国木材产业总产值2.7万亿元，进出口总额1380亿美元，就业人口1000万人[①]。我国现有的木结构建筑中，轻型木结构是主流，占比近70%，重型木结构占比约16%，其他形式木结构（包括重轻木混合、井干式木结构、木结构与其他建筑结构混合等）占比约17%。木结构别墅占已建木结构建筑的51%，仍是目前木结构建筑应用的主要市场[②]。整体来看，我国木结构建筑发展状况如下：

2.1 木结构建筑相关标准规范不断更新和完善

住房和城乡建设部先后制订修订了一系列与木结构建筑相关的标准规范，已逐渐形成较完整的技术标准体系。具体包括：《木结构设计规范》GB 50005-2003、《木结构工程施工质量验收规范》GB 50206-2012、《木结构试验方法标准》GB/T 50329-2012，还出版了《木结构设计手册》、《木结构设计》和《木结构建筑图集》等，为发展木结构建筑打下了基础。

特别是国家标准《建筑设计防火规范》GB 50016-2014也加入了木结构的相关内容，对国家建筑标准设计图集07SJ924《木结构住宅》进行了修编。2014年12月，经住房和城乡建设部审查批准，《木结构建筑》14J924自2015年1月1日起开始实施。新图集由《木结构住宅》更名为《木结构建筑》，扩大了木结构的适用范围，从独栋住宅和集合式住宅扩展到小型公共建筑，包括学校、商店、办公、旅馆、度假村、敬老院、社区服务中心以及景观建筑等。图集包括轻型木结构房屋体系、胶合木房屋体系和原木房屋体系三种现代木结构。

2015年11月，由木材节约发展中心、东北林业大学、中国木材保护工业协会申报的住建部产品标准《建筑木结构用阻燃涂料》正式列入住房城乡建设部2016年工程建设标

---

① 数据来源于中国木材保护工业协会。

② 数据来源于中国木材保护工业协会。

准规范制订、修订计划。该项研究适用于各类木结构建筑用阻燃涂料的研发，有利于推动现代木结构建筑的进一步发展。此外，上海、河北、江苏等地也积极推进地方标准的研究和制定，如上海市出台了《轻型木结构建筑技术规程》DG/TJ 08-2059-2009，对促进中国现代木结构建筑的发展发挥了重要的作用。

2.2　科研院所与国际有关科研机构合作开展多项木结构研究项目

我国分别开展了木结构典型构件耐火极限验证试验研究、木结构房屋足尺模型模拟地震振动台试验研究、结构用木材目测分级研究、规格材强度测试研究、木结构建筑耐久性研究等，取得了较为丰富的成果，为在我国推广现代木结构建筑技术的应用提供了依据。

2.3　建设了一批现代木结构建筑技术项目试点工程

多年来，各地建成了一批现代木结构示范项目。2005年加拿大木结构房屋中心——梦加园办公楼在上海浦东金桥开发区落成；2006年9月上海徐汇区木结构平改坡示范工程竣工，随后相继完成了上海各区数十幢木结构旧房改造项目；青岛市18栋木结构旧房改造项目，南京、石家庄等地区数百栋木结构平改坡工程相继竣工；2008年汶川地震后，加拿大政府为四川省援建一批木结构建筑，包括都江堰向峨小学、绵阳市特殊教育学校、北川县擂鼓镇中心敬老院、青川县农房项目等。

这些示范项目为探索和推广适合中国的现代木结构建筑技术，完善木结构相关技术规范，开展多层木结构住宅建筑技术应用研究做了有益的尝试，并且积累了宝贵的工程实践经验，为木结构建筑的大面积推广奠定了基础。

2.4　初步建立了推广中国现代木结构建筑技术项目的政府间合作机制

2010年3月29日，住房和城乡建设部与加拿大自然资源部及加拿大卑诗省（British Columbia）林业厅签订了为期五年的合作谅解备忘录，双方同意将现代木结构建筑技术应用于中国建筑节能与减碳领域，并开展相关合作。同时，成立了中加双方联合工作小组，负责木结构合作项目重大事项决策，审议项目实施计划和年度工作计划，讨论决定项目实施过程中的重大事项，协调项目执行过程中需要协调的有关事宜，指导项目实施。

3　政策环境

我国国家层面关于木结构的相关政策以2015年为界，大致划分为两个阶段：2015年以前属于自发式低水平徘徊阶段；2015年国家层面的政策文件中第一次提到了木结构建筑，这也标志木结构开始进入国家政策视野。

2015年以前我国没有专门针对木结构的政策。尽管2010年住房和城乡建设部与加拿大签订木结构合作框架并成立领导小组，但并未出台正式政策文件，市场推动作用有限。2012年，海南省发布的《海南省旅游业发展"十二五"规划》（琼府办［2012］50号）专门指出，为保护当地原生态结构的特点，景区可发展以木结构为主的避暑山庄；海南乡村旅游项目中的示范项目、养生项目、文明示范村都可建设木结构住宅；部分旅游景区的低层建筑也可建设为木结构。

2015年以来，我国的生态化进程加快，木结构越来越受到政府的重视。现代木结构作为绿色建筑的一种新形式，顺应生态文明和可持续发展潮流，其关注度、影响力正不断提高，其发展对于我国降低二氧化碳气体排放、减少建筑运行能耗具有重要的现实意义。

2015年8月31日工业和信息化部、住房城乡建设部联合印发《促进绿色建材生产和应用行动方案》（工信部联原［2015］309号）（以下简称行动方案），推动建材工业稳增长、调结构、转方式、惠民生，更好地服务新型城镇化和绿色建筑发展。行动方案的第四节第十一条明确提出，要"发展木结构建筑。促进城镇木结构建筑应用，推动木结构建筑在政府投资的学校、幼托、敬老院、园林景观等低层新建公共建筑，以及城镇平改坡中使用。推进多层木-钢、木-混凝土混合结构建筑，在以木结构建筑为特色的地区、旅游度假区重点推广木结构建筑。在经济发达地区的农村自建住宅、新农村居民点建设中重点推进木结构农房建设。"

2016年2月，国家发展改革委、住房城乡建设部《关于印发城市适应气候变化行动方案的通知》（发改气候［2016］245号）中提出，要"加快装配式建筑的产业化推广。推广钢结构、预制装配式混凝土结构及混合结构，在地震多发地区积极发展钢结构和木结构建筑。鼓励大型公共建筑采用钢结构，大跨度工业厂房全面采用钢结构，政府投资的学校、幼托、敬老院、园林景观等新建低层公共建筑采用木结构。"同月，《中共中央国务院关于进一步加强城市规划建设管理工作的若干意见》（中发［2016］6号）中提出，要"在具备条件的地方，倡导发展现代木结构建筑"。

目前，国家也正通过国际交流等多种形式积极推进多层木结构建筑的应用示范，促进木结构应用由单体建筑向集中连片转变。

4 标准规范

随着我国木结构的产业化进程加快，我国现已制订和完善了一系列与低层木结构建筑和木材产品相关的标准规范，已逐渐形成较完整的技术标准体系，具体涉及木结构设计相关标准、木结构用材料的产品标准与测试方法标准等内容（表8-1）。木结构相关标准规范处于快速发展期。

木结构相关标准规范列表 表8-1

相关标准规范名称	编号	发布时间
《定向刨花板》	LY/T 1580-2000 LY/T 1580-2010	2000年 2010年修订
《木结构设计规范》	GB 50005-2003	2003年
《木骨架组合墙体技术规范》	GB/T 50361-2005	2005年
《建筑设计防火规范》	GB 50016-2006 GB 50016-2014	2006年 2014年修订
《单板层积材》	GB/T 20241-2006	2006年
《结构用竹木复合板》	GB/T 21128-2007	2007年
《木结构覆板用胶合板》	GB/T 22349-2008	2008年
《防腐木材》	GB/T 22102-2008	2008年
《木材防腐剂》	GB/T 27654-2011	2011年
《防腐木材的使用分类和要求》	GB/T 27651-2011	2011年
《建筑用加压处理防腐木材》	SB/T 10628-2011	2011年
《结构用集成材》	GB/T 26899-2011	2011年
《木结构工程施工质量验收规范》	GB 50206-2012	2012年
《木结构工程施工规范》	GB/T 50772-2012	2012年
《木结构试验方法标准》	GB 50329-2012	2012年
《防腐木材工程应用技术规范》	GB 50828-2012	2012年
《建筑结构用木工字梁》	GB/T 28985-2012	2012年
《胶合木结构技术规范》	GB/T 50708-2012	2012年
《结构木材 加压法阻燃处理》	SB/T 10896-2012	2012年
《轻型木桁架技术规范》	JGJ/T 265-2012	2012年
《结构用木质复合材产品力学性能评价》	GB/T 28986-2012	2012年
《结构用规格材特征值的测试方法》	GB/T 28987-2012	2012年
《结构用锯材力学性能测试方法》	GB/T 28993-2012	2012年

续表

相关标准规范名称	编号	发布时间
《轻型木结构用规格材目测分级规则》	GB/T 29897-2013	2013年
《轻型木结构　结构用指接规格材》	LY/T 2228-2013	2013年
《木结构建筑》	14J924	2015年

4.1　木结构现行主要规范和图集介绍

4.1.1　《木结构设计规范》GB 50005-2003

本规范适用于1～3层木结构建筑设计，共11章、16个附录，主要内容包括木材产品和其他材料；基本设计规定；木结构构件连接计算；普通木结构；胶合木结构；轻型木结构；木结构防火和木结构防护等。

4.1.2　《木结构工程施工质量验收规范》GB 50206-2012

本规范自2012年8月1日起正式实施，主要用于指导木结构建筑工程中木材、其他材料以及木结构框架和防腐等施工质量的验收。规范新修编后，除了对木结构工程材料验收提出要求之外，重点完善了对木结构工程施工过程质量控制和对木结构建筑的质量验收要求。

4.1.3　《木结构工程施工规范》GB/T 50772-2012

本规范自2012年12月1日起正式实施，主要适用于木结构工程的制作、安装和木结构防护（防腐及防虫蛀）及防火施工，它对木结构工程的选材要求、质量要求、构造措施、施工程序和施工误差等都做出了规定，以确保木结构建筑的建造能够达到更高的质量、安全、耐用性和结构安全要求。

4.1.4　《木结构试验方法标准》GB/T 50329-2012

为确保木结构试验的质量，正确评价木结构、木构件及其连接的基本性能，统一木结构的试验方法，制定行业标准《木结构试验方法标准》GB/T 50329-2012。本标准适用于房屋和一般构筑物中承重的木结构、木构件及其连接在短期荷载作用下的静力试验。木结构的试验方法除应符合本标准外，尚应符合国家现行有关标准的规定。

4.1.5　《木结构建筑》14J924

《木结构建筑》14J924为国家建筑标准设计图集，于2015年出版，适用于3层及3层以下的轻型木结构建筑、胶合木结构建筑与原木结构建筑；不超过7层的木结构组合建筑（其中木结构部分不超过3层，且应设置在建筑上部）；多层民用建筑顶层木屋盖系统（含平屋面改坡屋面屋盖系统）；建筑高度不大于18m的住宅建筑、建筑高度不大于24m的办公建筑和丁、戊类厂房（库房）的非承重外墙以及房间面积不超过100m²、高度为54m以下普通住宅和高度为50m以下的办公楼的房间隔墙。

4.2 其他相关国家规范和行业规范

4.2.1 《木骨架组合墙体技术规范》GB/T 50361-2005

《木骨架组合墙体技术规范》GB/T 50361-2005于2005年颁布，是我国第一本有关木骨架组合墙体的技术规范，由住房和城乡建设部颁布。本规范适用于住宅建筑、办公楼和丁、戊类工业建筑的非承重墙体的设计、施工、验收和维护管理。规范拓宽了木结构在其他建筑体系中的应用范围，并为建筑节能提出了新的解决方案。规范对木骨架组合墙体用于6层及6层以下住宅建筑和办公楼的非承重外墙和房间隔墙，以及房间面积不超过100m^2的7～18层普通住宅和高度为50m以下办公楼的房间隔墙提出了技术要求。

4.2.2 《胶合木结构技术规范》GB/T 50708-2012

《胶合木结构技术规范》GB/T 50708-2012自2012年8月1日起正式实施。本规范是经过广泛的调查研究，参考国际先进标准，总结并吸收了国内外有关胶合木结构技术和设计、应用的成熟经验，结合中国的具体情况编写。本规范有助于推动木结构在大跨度、大空间商业建筑和部分工业建筑中的应用。

4.2.3 《轻型木桁架技术规范》JGJ/T 265-2012

《轻型木桁架技术规范》JGJ/T 265-2012自2012年8月1日起正式实施。适用于轻型木桁架结构体系的设计、施工、验收和维护管理。本规范对木桁架的标准设计和生产流程提出要求从而确保木桁架的工程质量，同时也为木桁架的设计软件开发提供了技术基础，简化了相关的设计。

4.3 木材产品标准

除工程规范外，还有一系列木材产品标准。这些标准对木材产品的加工制造和质量验收提出技术要求，这类标准共有100余项标准。表8-2仅列出主要木材产品标准。

主要木材产品标准列表 表8-2

1.《单板层积材》GB/T 20241-2006
2.《定向刨花板》LY/T 1580-2010
3.《结构用集成材》GB/T 26899-2011
4.《木结构覆板用胶合板》GB/T 22349-2008
5.《结构用竹木复合板》GB/T 21128-2007

6.《结构用集成材》GB/T 26899-2011

7.《建筑结构用木工字梁》GB/T 28985-2012

8.《建筑用加压处理防腐木材》SB/T 10628-2011

9.《轻型木结构 结构用指接规格材》LY/T 2228-2013

10.《木材防腐剂》LY/T 1635-2005

11.《防腐木材工程应用技术规范》GB 50828-2012

12.《防腐木材》GB/T 22102-2008

13.《结构木材 加压法阻燃处理》SB/T 10896-2012

14.《结构用木质复合材产品力学性能评价》GB/T 28986-2012

15.《结构用规格材特征值的测试方法》GB/T 28987-2012

16.《结构用锯材力学性能测试方法》GB/T 28993-2012

17.《轻型木结构用规格材目测分级规则》GB/T 29897-2013

18.《防腐木结构用金属连接件》JG/T 489-2015

5 行业企业

2014年全国木材产业总产值2.7万亿元，进出口总额1380亿美元，就业人口1000万人。截至2013年底，我国木材加工规模以上企业数量达1416家。木结构企业发展主要特征如下：

5.1 木结构企业数量增长迅速

全国专业木结构施工企业由十年前的不到20家，一直发展到近年的超过200家。尤其是经济发达省市的木结构企业发展迅速，主要集中在京、津、沪、苏四省市，约占全部木结构建筑企业的2/3。这些地区经济相对发达，木结构建筑的市场需求相对更为集中；港口密集，口岸多，木材进口与物流更为便捷。

5.2 木结构企业规模普遍偏小

我国木结构相关企业中，95％为中小型企业，即便是较大型的企业，年生产与建造能力也仅为100栋（每栋按200m²计），仍不及国外木屋企业年建造规模的1/10。此外，我国木结构企业中民营企业占据主流，国有经济成分极少。这些中小企业中的大部分是"多种经营"，除木结构建筑施工外，常规的建筑装修工程、小型混凝土建筑土建工程，或是园林景观工程、木制家具都做。

5.3　多数企业技术相对落后

相对于发达国家，我国木结构建筑企业采用的技术较为落后。我国现有的木结构建筑中，轻型木结构是主流，占比近70%。多数企业在轻型木结构建筑建造过程中直接照搬国外的设计方案，采用传统的"现场生产、现场施工"的方法，未采用工业化的生产方式。

5.4　木结构企业普遍面临开工不足的困境

开工不足几乎是行业内企业当前面临的普遍困境。"中国现代木结构建筑技术项目"联合工作小组在2013年的调研中发现，受访的木结构建筑施工企业和部件生产企业现有的生产能力和施工能力近一半处于闲置状态。长时间的开工不足令行业内多年培养、积累的木结构建筑施工技术力量和技术工人流失，给行业的长期发展带来了不利影响。

6　问题分析

6.1　社会对木结构建筑的认可度不够

我国是世界上使用木结构建筑最早的国家，有着数千年应用木结构的历史和经验。由于原材料缺乏等原因，一度盛行"以钢代木、以塑代木"，木材（包括木结构建筑）在建筑中的应用多年来处于被限制的境地。近几十年来的城镇化、工业化过程中，建筑大多数采用混凝土结构，仅在少量的古建筑修缮工程以及旅游风景区等少量建筑项目中采用木结构建筑，很少有人关注或从事木结构建筑技术研究推广，木结构建筑发展几乎停滞。

由于缺乏对现代木结构建筑体系的了解，人们对木结构的认识仍停留在易燃、易腐、易蛀、破坏森林资源、成本高等传统认识上。现代木结构建筑技术已经不同于使用简单锯材及依赖大直径原生木材的传统木结构建造方式，通过现代加工工艺处理，已逐步克服易燃、易腐等缺陷；工业化生产的工程材构件，大大提高了原材的利用率和性能，拓宽了木材在建筑领域的应用范围，可应用于大跨度和多层建筑中；现代木结构构件可进行工厂预制，产业化水平高；并且，国际上可持续森林管理实践已相当成熟，可保证森林的可持续发展和持续稳定的木材供应。

6.2 部分关键技术有待研究

现阶段，全面、系统、深入地开展针对木材材性、结构安全、防火安全、热工性能、耐久性能等方面的研究工作十分紧迫。

首先是木材与木构件的力学强度问题。木结构建筑的首要安全问题是木材与木构件的力学强度问题。木材的力学强度测试较其他材料都更加困难，正在修订过程中的国家标准《木结构设计规范》GB 50005-2003（已完成规范送审稿）完善了木材材质分等及强度等级的规定，增加了国产规格材树种和进口木材树种的利用范围，一定程度上解决了部分木材与木构件的力学强度问题。但在胶合木的设计强度规定上，我国还缺乏系统的实验工作和大量数据，现利用国际上的强度设计值，也还需要做大量的转换工作。

其次是木结构的防护问题。木结构的防护主要包括木材的防虫、防腐、防霉和防裂等方面。在长期潮湿的环境里，木构件易受木腐菌侵害，若通风良好，则木构件可以使用上百年仍保持完好无损。室外和一些特殊部位（如与地面接触的木构件等）易形成腐朽和白蚁等虫蚀问题，一定要进行严格防护处理。

此外，还有施工防水、防漏、隔声等技术问题有待进一步研究。

6.3 标准规范相对滞后

目前，我国木结构建筑的相关标准、规范距离发达国家还有一定的差距，尚需进一步完善。首先是在建筑高度方面，国外实践证明，现代木结构技术生产的承重构件可以建成多层及大跨度建筑，而我国要求木结构建筑不超过3层，在体量和跨度上没有明确规定，在木结构建筑应用范围、可使用的木产品及建造规模上有诸多限制，都不利于多层乃至高层木结构建筑的发展。

其次是在防火规范方面。据统计，火灾中的人身伤亡只有不到1%的比例是因房屋倒塌引起。现行防火规范过于保守，限制了木结构建筑的建设规模和适用范围。在国外，木屋的防火是按不同的结构采取不同的方法：美式轻型结构靠结构层两侧的装饰层为房子穿上防火衣；井干结构和梁柱结构根据木材在火焰燃烧中会在表面形成一层碳化层起阻火作用的原理，通过放大截面尺寸使结构在火灾中有足够的时间不倒塌，留足逃生时间；在建筑的明火点（如厨房）周围会采取有针对性的防火（隔火）手段；设置烟火感应报警和消防喷淋装置，侧重预防；国外的火灾损失防控更侧重于人身安全保护，并且有完善的财产保险制度。此外，由于缺少木结构消防验收的专门标准，现有木结构建筑普遍面临无法验收的窘境，因此多数木结构建筑都是无手续的"小产权房"。

最后，木结构部品、部件标准化工作欠缺较多，标准化程度亟待提升。由于缺乏大型木构件的技术标准，使得在公共建筑中使用木结构也阻力重重。

6.4　木结构建筑建设管理制度尚未建立

目前，工程建设管理部门对于木结构建筑的招标投标、开工许可、工程监理、工程验收等相对不熟悉，造成办理相关手续比较困难。木结构工程建设管理程序有待进一步规范，木结构建筑相关内容有待纳入施工图审查，木结构工程预算定额有待进一步完善。

木结构工程项目直接由施工方进行设计，没有按照规范和标准实施。80％以上的木结构施工企业没有施工资质；木结构建筑是中国建筑业的一名"新生"，建筑工程施工资质是施工企业进入建筑业的"准入证"，这意味着多数木结构施工企业需要挂靠或借用资质做木结构建筑施工，这些木结构施工企业的利润就要减少。利润少，积累少，在国内竞争激烈的建筑施工市场，这些施工企业的发展就会面临诸多困难，客观上催生了低价竞争的现象。没有正规施工资质的原因主要是木结构项目的建筑规模普遍较小，有许多是一些"点缀性"的小工程，对施工资质要求不高，资质审查也不严，并且借用或找资质挂靠也容易。

6.5　木结构产业能力和基础薄弱

根据中国木材保护工业协会的调查，做过木结构建筑设计的受访设计单位中，95％的设计单位有3年以上的木结构建筑设计经历，但其中有10年以上经历的仅占1/3[①]，木结构施工企业中入行10年以上进入成熟期的企业仅占10％。目前木结构建筑企业的技术基本靠引进和吸收国外技术，设计技术、材料技术、加工设备、加工技术、施工技术、管理技术、维护技术水平总体偏低，施工工具、材料、辅配件、设计软件等皆不完备。各地虽然已经有了一批现代木结构建筑构件、零部件及木结构建筑施工企业，但多数规模过小，上下游企业、行业组织、行政管理部门、学术科研机构之间相互缺乏联动，资源缺乏有效整合，产业链各环节严重脱节。

6.6　人才储备和培育机制不完善

长期以来，由于中国现代木结构建筑在整个建筑领域中所占比重的持续走低，国内大专院校大多停办木结构课程，科研投入严重不足，科研设计部门中原有的木结构专业科技人员改弦易辙，同时也缺乏类似国外"木造建筑师"的行业人才培养机制。中国的木结构学科已无形消亡近五十年，从而形成了严重制约木结构建筑发展的本土化技术空白、研发

---

① 　数据来源于中国木材保护工业协会。

能力与人才瓶颈。

　　木结构企业迫切需要木结构建筑设计方面的专业人才以及相关的生产、施工技术。一些企业没有专业的木结构设计人员，完全照搬北美或北欧的建造体系；还有凭借效果图（从网上、资料而得）、靠施工人员凭经验建造建筑的现象，给建筑留下了很多安全隐患，也会扰乱木结构建筑市场。

　　木结构设计师、工程师、施工、监理、验收等专业人员严重缺乏，相关木结构设计软件、材料估算、建筑和材料导则等不足，加工及施工工艺脱节，已不能满足我国木结构建筑发展的需要。加大木结构建筑设计、相关产品研发、施工、监理等专业人才的培养已经成为发展中国木结构建筑的当务之急。

7 发展建议

　　从发达国家的经验来看，现代木结构可以作为住宅建筑的重要建筑结构形式之一，并广泛应用于各类低、多层的公共建筑甚至是高层建筑。

　　我国木结构建筑技术的发展，必须结合国情，借鉴国外先进技术，争取尽快走向自立发展的道路，建立与传统木结构相结合、与我国林产工业相匹配的现代木结构建筑技术体系。应结合各地区实际情况，积极鼓励、扶持现代木结构实用技术的研究与本土化转化，积极推广现代木结构建筑技术在适用建筑类型与建筑工程中的应用，倡导在替代钢材、混凝土可行的情况下，优先使用现代木结构建筑技术体系。具体发展建议如下：

7.1 编制木结构建筑发展规划

　　在充分研究分析木结构建筑在我国的发展基础与发展趋势基础上，科学制定发展规划，明确发展目标、推广范围、重点任务、激励政策和保障措施。研究制定加快木结构建筑技术推广应用的政策和措施，开展产品标准和工程建设标准规范的制订修订工作；制定推广应用行动计划。加强组织领导，制订详细的工作计划，明确工作目标和任务并落实到具体部门，指定专人负责，统筹协调，形成合力，扎实推进、落实各项工作。

　　适宜发展木结构建筑的省或市可以在充分调研当地木结构建筑发展现状、问题与发展需求的基础上，编制适宜当地的地区木结构建筑发展规划。

7.2 加大对木结构建筑的政策激励

　　充实、完善我国装配式建筑、绿色建筑、绿色建材的标准规范及评价标识体系，将木结构建筑技术纳入相关发展计划及财政激励机制。将木结构建筑预制技术纳入国家与地方政府设立的发展装配式建筑的财政激励机制框架内；将高强度结构木材及辅料构件等产品作为绿色低碳建材纳入绿色建材认定标准和认定体系，列入绿色建材产品目录。加快研究制定推进木结构产业发展的财政、金融、税收等优惠政策，如建立积极的投融资机制，鼓励担保机构加大对木结构建筑企业的支持力度。

7.3　开展木结构建筑关键技术研究

大力开展木结构建筑关键技术研究，探索研究适应于不同地区的现代木结构技术体系和配套部品体系。鼓励现代木结构建筑关键技术研发，建立符合我国国情的、以本土林产工业为支撑的技术体系。加大对现代木结构建筑技术开发研究的支持力度，尽快缩小与国际先进水平的差距。将木结构建筑相关研究纳入国家重大研究专项、科技重点项目和科技支撑计划项目框架内。鼓励行业骨干企业建立技术研究机构和试验室，成为国家或地方某工程领域专项技术研发基地。

组织重点领域和关键技术的研究。针对木材特性、结构安全、防火安全、热工性能、耐久性能等方面开展系统研究。针对速生林木材应用、胶合木的加工与应用、环保墙体材料等绿色建材、多层木结构技术等多个领域开展研究。重点加强对现代木结构建筑节能、环保、抗震、防火、安全监控、既有建筑改造等关键技术的研究。研究大跨度、多层木结构技术体系，特别要逐步定型木–钢、木–混凝土组合结构体系和节点技术等。

7.4　逐步完善相关标准规范

通过开展木结构建筑关键技术研究，对现有规范标准进行梳理、修订，为新编和修订与木结构相关的规范标准提供依据，逐步扩大木结构建筑技术的应用范围和规模，逐步建立和完善我国现代木结构建造技术的标准规范体系。鼓励有条件的地区根据当地实际情况，制定地方性木结构建筑技术导则和规范。

借鉴国际上木结构用于多、高层建筑的实践经验，就如何突破目前对木结构建筑的层数限制问题，与规划管理部门进行沟通，有计划地开展相关标准规范制订和修订；对木结构防火性能和耐久性能进行深入研究，建立与木结构建筑特点相匹配的防火消防验收规范。加大已有标准和规范的贯彻力度。加强行业主管部门指导，形成上下游企业和行业组织共同参与的标准制修订工作机制，及时将创新技术成果纳入标准。

7.5　加快多层、高层木结构建筑试点示范

借鉴发达国家多层、高层木结构建筑发展的经验，研究适合我国的多层、高层现代木结构建筑技术。在适宜地区进行多层、高层木结构建筑试点示范，特别是3层以上木结构

集合住宅的应用示范。为相关标准规范的出台和多层、高层木结构建筑的推广奠定基础。

7.6 在适宜地区推广木结构建筑

针对我国各地区经济发展不平衡、木结构产业基础不一的现状，采取多措并举的方针。重点推进在具备条件的特色地区、旅游度假区、园林景观等低层建筑以及平改坡、棚户区改造工程中因地制宜地采用木（竹）结构建筑。在经济发达地区农村自建住宅、新农村居民点建设中推进木结构农房建设。在政府投资的学校、幼托、敬老院、园林景观等新建低层公共建筑中采用木结构。

7.7 推动木质新型墙体在混凝土结构、钢结构建筑中的应用

积极研发木质框架结构墙体和木质非承重墙体并推进其在建筑工程中的应用。鼓励各地将轻木结构建筑中的木质框架结构墙体和重木结构建筑中的木质非承重墙体列入《新型墙体材料目录》之中。鼓励建设单位在新建、扩建、改建建筑工程中使用木质新型墙体。

7.8 积极培育木结构企业发展

引导企业通过开展战略联盟、战略合作、校企合作、技术转让、技术参股等方式，加大技术研发投入，加快技术改造，形成专利、专有技术、标准规范、工法的技术储备，在工程建设中积极应用先进技术，提高工程科技含量，推进现代木结构企业的技术创新。

鼓励适宜地区整合相关社会资源，培育具有带头、示范作用的大型木结构产业化基地，逐步完善木结构产业链条，充分发挥龙头企业在科技研发、人才培养、标准制定、技术创新、项目示范等方面的优势，在木结构建筑的发展过程中发挥更大的作用。

7.9 建立木结构建设管理制度

建立与木结构建筑体系相适应的管理制度和质量监督制度，完善木结构建筑的设计、审图、生产、施工、监理、验收等一系列管理体系和制度。

完善木结构建筑市场准入和招投标制度，营造有利于木结构建筑发展的建设管理环境，完善木结构住宅产权制度。完善木结构建筑工程造价管理制度，建立木结构建筑施工定额体系。建立木结构建筑统计制度，基于现有信息系统形成木结构建筑企业和工程项目数据库，完善木结构行业施工资质体系，建立木结构建筑维修维护体系。

加强和完善木结构建筑部品构件质量监管、检测制度，强化木结构建筑构件部品质量追溯机制。建立木结构建筑构件部品认证制度；定期发布优良、合格和强制淘汰的部品目录。加强施工现场木结构建筑构件部品进场检测的监督抽查。制定和完善针对木结构建筑

施工特点的质量验收、安全管理及监督检查标准，对超出现行标准的结构体系安全性实行专家审查论证制度。推进木结构建筑工程质量保险制度，完善质量追偿制度。建立木结构建筑构件安装施工现场质量、安全标准化管理制度，加强对起重吊装等重大危险源的监管。逐步建立木结构建筑现代化评价体系，实现全生命周期的质量跟踪管理。建立独立的木结构、木-钢结构、木-混凝土结构环境效益评估和监管体系，实现全生命周期的"绿色化"跟踪管理。

7.10　加强相关人员能力建设

加强木结构建筑设计、构件生产、施工、监理等一线人员综合技能培训；高等院校和高等技术培训学校合作，开设木结构建筑有关专业课程、选修课程或讲座；鼓励企业建立技术中心，培养有生产实践经验的技术领军人才及工程技术骨干；建立校企联合培养人才的新机制，优化专业知识结构，培养创新型、技能型、应用型和复合型人才。

7.11　宣传推广现代木结构建筑

广泛宣传现代木结构建筑的优良性能和节能环保优势，对森林资源的可再生性、木结构产业循环经济效益等进行知识普及，改善公众对木结构、林业资源可持续发展认识存在的误区，特别是发展木结构建筑会对林业资源造成破坏以及木结构在结构安全性、耐久性、防火、防虫、防潮耐腐方面性能差等认识误区。组织木结构建筑研讨会、展览会、示范项目现场参观交流等推广活动，让更多人了解木结构建筑的优势。

7.12　加强国际交流

国际上木材加工技术和设备的丰富以及计算机技术的运用，推动了木结构构件数字化、工厂化的发展，提高了木结构生产加工的效率，为规范化施工、规模化发展提供了保证。鼓励政府管理部门、企业、科研机构等开展国际交流与合作，学习借鉴国际上成熟的现代木结构建筑技术，加快技术创新，发展具有自主知识产权的核心技术，不断提高我国现代木结构建筑的竞争力。

编写人员：

负责人及统稿：

王洁凝：住房和城乡建设部住宅产业化促进中心

参加人员：

毛林海：中国现代木结构建筑技术产业联盟

喻遁秋：中国木材保护工业协会

那鲲鹏：中国城市科学研究会

徐盛发：江苏省住房和城乡建设厅住宅与房地产业促进中心

范宏滨：木建优品（北京）建筑材料有限公司

王双军：江苏省住房和城乡建设厅住宅与房地产业促进中心

余小溪：中国木材保护工业协会

尚　进：中国现代木结构建筑技术产业联盟

郭剑永：沈阳枫蓝木业有限公司

专题9
日本装配式建筑发展状况

主要观点摘要

（1）日本的工业化住宅发展以大规模的政府公团和公营住宅发展为契机，政府部门组织研究并出台相关的标准规范和技术指导，采取强力推进措施，不以成本衡量，而是以质量和品质为考核指标，并随着技术体系的成熟和效率优势的显现，带动市场化商品房的发展。

（2）日本的住宅产业链非常完善，除了主体结构工业化之外，借助于其在内装部品方面发达成熟的产品体系，形成了主体工业化与内装工业化相协调发展的完善体系。

（3）1960~1973年，大规模的公营住宅建设为日本产业化的发展提供了重要载体。建设省制定了一系列方针政策和统一的模数标准，逐步实现标准化和部件化，使现场施工操作简单，减少现场工作量和人员，缩短工期，极大地提高了质量和效率。

（4）1973~1985年，从满足基本住房需求阶段进入完善住宅功能阶段，住宅质量明显提高，这一时期，日本掀起了住宅产业的热潮，大企业联合组建集团，在技术上产生了盒子住宅、单元住宅等多种形式，平面布置也由单一化向多样化方向发展，住宅产业进入稳定发展时期。

（5）1985年以后到90年代，采用产业化方式生产的住宅（主要指低层住宅）占竣工住宅总数的25%~28%。1990年，日本推出了采用部件化和工业化方式生产、生产效率高、住宅内部结构可变、适应居民多种不同需求的"中高层住宅生产体系"。住宅产业在满足高品质需求的同时，也完成了自身的规模化和产业化的结构调整，进入成熟阶段。

（6）政府的主导作用明显。建立了通产省（现为经济产业省）和建设省（现为国土交通省）两个专门机构。通产省从调整产业结构角度出发研究住宅产业发展中的问题，通过课题形式，以财政补贴支持企业新技术的开发；建设省则从住宅生产工业化和技术方面引导住宅产业发展，并设立了专门的机构及组织，包括住宅局、住宅研究所和住宅整备公团。三个机构职能不同，互相配合，共同促进住宅生产工业化和技术方面的发展。

日本政府通过一系列财政金融制度引导企业，使其经济活动与政府制定的计划目标一致，使既定的技术政策得以实施。对于在建设中体现了产业化、产业化的新技术、新产品的企业，政府金融机构给予低息长期贷款。

（7）住宅产业发展的技术政策主要有：大力推动住宅标准化工作；建立优良住宅部品（BL）认定制度；建立住宅性能认定制度；实行住宅技术方案竞赛制度等。

（8）协会、社团发挥重要作用。日本预制建筑协会成立50多年来，在促进PC构件认证、相关人员培训和资格认定、地震灾难发生后紧急供应标准住宅、促进高品质住宅建造、建筑质量保险和担保等方面，发挥了积极作用。

（9）标准规范完善齐全，主要集中在PC和外围护结构方面，包括JASS10-预制钢筋混凝土结构规范、JASS14-预制钢筋混凝土外墙挂板，蒸压加气混凝土板材（ALC）方面的技术规程（JASS21）。另外，预制建筑协会还出版了与PC相关的设计手册。钢结构和木结构住宅在主体结构设计中采用与普通钢结构、木结构相同的设计规范。

（10）主体结构以预制装配式混凝土PC结构为主，同时在多层住宅中大量采用钢结构集成住宅、模块化建筑和木结构住宅，实现了多层住宅的高度装配化和集成化。2013年，日本公寓住宅占全部住宅总数的50%，其中木结构占12%；独立住宅占住宅总数50%，其中木结构占44%。

（11）PC结构住宅经历了从WPC（PC墙板结构）到RPC（PC框架结构）、WRPC（PC框架-墙板结构）、HRPC（PC-钢混合结构）的发展过程。

（12）目前，日本可以使用预制梁柱等建筑结构构件建造高度200m以上的超高层集合住宅工程，一般均是框筒结构，并设有隔震或减震层；在标准层以上，一般保持4天一层的工程进度；使用的预制结构构件对混凝土强度有强制要求，均为超高强度的混凝土；PC构件须经权威机构认定，工程构造方案须经日本国土交通省审查通过。

（13）PC构件企业均隶属于具有设计、加工、现场施工和工程总承包能力的建筑承包商，很少存在单独的PC构件加工企业；PC构件加工厂大部分采用固定台模的生产工艺，生产方面更偏重于提高质量和工效，对生产速度、生产规模等方面的追求相对不强；由于生产规模和市场需求有限，为获得盈利能力，日本的PC构件企业在质量、技术含量等方面着力较多，通过提高附加值的方式获得盈利能力。

（14）日本的构件质量高、成本控制合理，取得了良好的口碑，采用装配式建造方式建造的建筑质量要明显高于普通建筑。

（15）日本的住宅建设主要采用主体结构和装修、管线全分离的方式，通过结构降板、架空地面、局部轻钢龙骨隔墙、局部吊顶的形式将所有管线从结构体和地面垫层中脱离出来，方便室内管线的改造、维护和修理，延长建筑寿命。

1 发展历程

日本的建筑工业化发展道路与其他国家差异较大，除了主体结构工业化之外，借助于其在内装部品方面发达成熟的产品体系，日本在内装工业化方面发展同样非常迅速，形成了主体工业化与内装工业化相协调发展的完善体系（图9-1）。

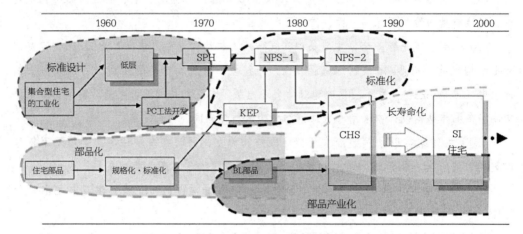

图9-1　日本建筑工业化发展历程（主体结构PC+内装工业化）

从日本住宅发展经验来看，走工业化生产的住宅建设体系，是核心所在。日本集合住宅的产业现代化发展的三条脉络：（1）建筑体系的发展；（2）主体结构的发展；（3）内装部品工业化的发展。

1.1　1960~1973年的满足基本住房需求阶段

经过1945~1960年的经济恢复阶段，1960年日本的国民生产总值（GNP）达到人均475美元，具备了经济起飞的基本条件。随着经济的高速发展，日本的人口急剧膨胀，并不断向大城市集中，导致城市住宅需求量迅速扩大。而建筑业又明显存在技术人员和操作人员不足的问题。因此，为满足人们的基本住房需求，减少现场工作量和工作人员，缩短工期，日本建设省制定了一系列住宅工业化方针、政策，并组织专家研究建立统一的模数标准，逐步实现标准化和部件化，从而使现场施工操作简单化，提高质量和效率。该时期日本通过大规模的住宅建设满足了人们的基本住房需求。1960年，日本政府制定了新住宅建设五年计划，1971年再次制定了第二期住宅建设五年计划。在1960~1975年的15年间，共计划新建1830万户，平均每年新建120万户左右。

根据1968年的住宅统计调查，日本的总户数已达到了一户一住宅的标准，人们的基本住房需求得以满足。大规模的住宅建设，尤其是以解决工薪阶层住房的大规模公营住宅建设，为日本住宅产业的初步发展开辟了途径。

1.2 1973～1985年的设施齐全阶段

1973年，日本的住宅户数超过家庭户数。1976年，日本提出10年（1976～1985年）建设目标，达到一人一居室，每户另加一个公用室的水平。日本的建筑工业化从满足基本住房需求阶段进入完善住宅功能阶段，该阶段住宅面积在扩大，质量在改善，人们对住宅的需求从数量的增加转变为质量的提高。20世纪70年代，日本掀起了住宅产业的热潮，大企业联合组建集团进入住宅产业，在技术上产生了盒子住宅、单元住宅等多种形式，并且为了保证产业化住宅的质量和功能，设立了工业化住宅质量管理优良工厂认定制度，并制定了《工业化住宅性能认定规程》。该规程规定申请认定的对象应是具备以下条件的工业化建造住宅：具有独立生活所需的房间和设备；价格适中，一般居民可以负担；符合《建筑标准法》和其他有关法令；适宜大批量生产并易于施工的工法建造，具有可靠的质量；具有良好的市场，建成一年以上的同类型住宅超过100户。这一时期，产业化方式生产的住宅占竣工住宅总数的10%左右，平面布置也由单一向多样化方向发展。

在推行工业化住宅的同时，70年代重点发展了楼梯单元、储藏单元、厨房单元、浴室单元、室内装修体系以及通风体系、采暖体系、主体结构体系和升降体系等。到了80年代中期，产业化方式生产的住宅占竣工住宅总数的比例已增至15%～20%，住宅的质量功能也有了提高。日本的住宅产业进入稳定发展时期。

1.3 1985年后的高品质住宅阶段

1985年，随着人们对住宅高品质的需求，日本几乎已经没有采用传统手工方式建造的住宅了，全部住宅都采用了新材料、新技术，而且在绝大多数住宅中采用了工业化部件，其中工厂化生产的装配式住宅约占20%。到90年代，采用产业化方式生产的住宅占竣工住宅总数的25%～28%。1990年，日本推出了采用部件化、工业化生产方式、高生产效率、住宅内部结构可变、适应居民多种不同需求的"中高层住宅生产体系"，住宅产业在满足高品质需求的同时，也完成了产业自身的规模化和产业化的结构调整，进入成熟阶段。

根据日本总务省统计局数据，2013年，日本公寓住宅占全部住宅总数的50%，其中木结构占12%；独立住宅占住宅总数50%，其中木结构占44%。

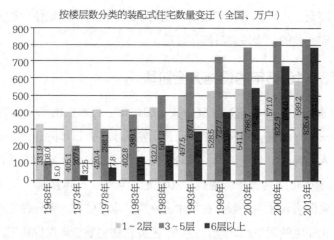

图9-2　日本装配式住宅发展情况

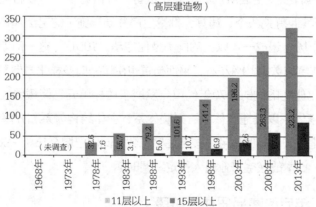

图9-3　日本高层装配式住宅发展情况

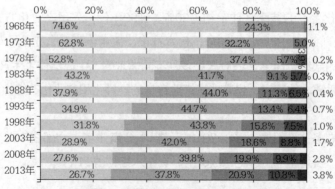

图9-4　不同层高装配式住宅比例发展

从图9-4可以看出，近年来日本高层装配式住宅的比例逐年提升。

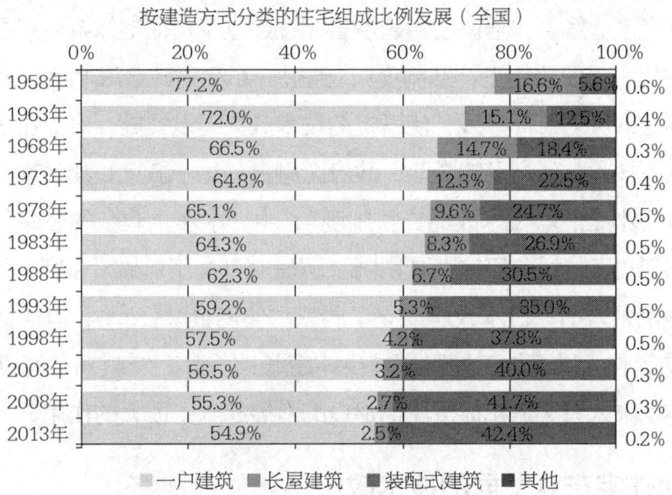

按建造方式分类的住宅组成比例发展（全国）

	一户建筑	长屋建筑	装配式建筑	其他
1958年	77.2%	16.6%	5.6%	0.6%
1963年	72.0%	15.1%	12.5%	0.4%
1968年	66.5%	14.7%	18.4%	0.3%
1973年	64.8%	12.3%	22.5%	0.4%
1978年	65.1%	9.6%	24.7%	0.5%
1983年	64.3%	8.3%	26.9%	0.5%
1988年	62.3%	6.7%	30.5%	0.5%
1993年	59.2%	5.3%	35.0%	0.5%
1998年	57.5%	4.2%	37.8%	0.5%
2003年	56.5%	3.2%	40.0%	0.3%
2008年	55.3%	2.7%	41.7%	0.3%
2013年	54.9%	2.5%	42.4%	0.2%

图9-5 装配式住宅与传统住宅的比例发展

2 政策特点

2.1 政府的主导作用

日本政府建立了通产省（现为经济产业省）和建设省（现为国土交通省）两个专门机构来负责住宅产业化的推进工作。这两个政府部门从不同角度引导住宅产业化的发展，各司其职。通产省从调整产业结构角度出发研究住宅产业发展中的问题，通过课题形式，以财政补贴支持企业进行新技术的开发；建设省则着重从住宅生产工业化和技术方面引导住宅产业发展，并设立了专门进行住宅方面工作的机构及组织。其中，日本政府在建设省又设立了住宅局、住宅研究所和住宅整备公团三个机构。三个机构职能不同，互相配合，共同促进住宅生产工业化和技术方面的发展。

同时，日本政府在当时的通产省、建设省成立了审议会，作为政府管理部门的决策咨询机构。它要对管理部门大臣（如通产大臣、建设大臣等）提出的课题进行调查并提出建议。60年代末，在通产省产业结构审议会下，组建了"住宅与都市产业分会"，作为通产大臣的咨询机构。住宅与都市产业审议分会的建议为通产大臣的决策（制订规划、计划）提供了有力的支撑，为引导住宅产业各企业的发展提供了方向。建设省的住宅宅地审议会（现在的社会资本整备审议会）20世纪60年代成立，主要是进行关于住宅产业的相关问题及政策的讨论。

2.2   促进住宅建设和消费经济政策的制定

为了推动住宅产业发展，通产省和建设省相继建立了"住宅体系生产技术开发补助金制度"及"住宅生产工业化促进补贴制度"。通过一系列财政金融制度引导企业，使其经济活动与政府制定的计划目标一致，使既定的技术政策得以实施。对于在建设中体现了实用化、产业化的新技术、新产品的企业，政府金融机关给予低息长期贷款。如涉及中小企业，还可根据《中小企业新技术改造贷款制度》，由"中小企业金融公库"发放低息长期贷款。此外，还建立了"试验研究费减税制"、"研究开发用机械设备特别折旧制"等。

在鼓励住房消费方面，日本政府成立了国家"住宅金融公库"，以比商业贷款低30%的优惠利率向中等收入以下的工薪阶层提供购房长期贷款，贷款期限可以长达35年。这一举措对解决中低收入者购房和促进住宅建设的发展起到了很大的作用。

2.3   保障住宅产业发展的技术政策

除经济方面的支持外，日本政府制定了一系列的技术政策来保证和推动住宅产业的发展。这些技术政策主要包括以下四个方面：

第一，大力推动住宅标准化工作。早在1969年，日本政府就制定了《推动住宅产业标准化五年计划》，开展材料、设备、制品标准、住宅性能标准、结构材料安全标准等方面的调查研究工作，并依靠各有关协会加强住宅产品标准化工作。据统计，1971～1975年，仅制品业的日本工业标准（JIS）就制定和修订了115本，占标准总数187本的61%。1971年2月通产省和建设省联合提出"住宅生产和优先尺寸的建议"，对房间、建筑部品、设备等优先尺寸提出建议。建设省于1979年提出了住宅性能测定方法和住宅性能等级的标准。标准化工作是企业实现住宅产品大批量社会化商品化生产的前提，极大地推动了住宅产业化的发展。

第二，建立优良住宅部品（BL）认定制度。该审定制度于1974年7月建立，所认定的住宅部品由建设省以建设大臣的名义颁布。1987年5月以后，建设省授权住宅部品开发中心进行审定工作。住宅部品认定中心对部品的外观、质量、安全性、耐久性、使用性、易施工安装性、价格等进行综合审查，公布合格的部品，并贴"BL部品"标签，有效时间为五年。经过认定的住宅部品，政府强制要求在公营住宅中使用，同时也受到市场的认可并普遍被采用。优良住宅部品认定制度建立，逐渐形成了住宅部品优胜劣汰的机制。这是一项极具权威的制度，是推动住宅产业和住宅部品发展的一项重要措施。

第三，建立住宅性能认定制度。为了保证工业化住宅的性能质量，使业主清楚工业化住宅质量情况，保护购买者的利益，建设省于70年代中期开始实行工业化住宅性能认定。目前已制定了《工业化住宅性能认定规程》，其目的是为购房者选择住宅提供参考，并保证他们获得更大的利益。

第四，实行住宅技术方案竞赛制度。日本将实行住宅技术方案竞赛制度作为促进技术开发的一项重要措施和方式。从70年代初起，围绕不同的技术目标，多次开展技术方案竞赛。通过一系列的技术方案设计比赛，不仅实现了住宅的大量生产和大量供给，而且调动了企业进行技术研发的积极性，满足了客户对住宅的多样化需求。

2.4 协会、社团发挥重要作用

日本预制建筑协会（Japan Prefabricated Construction Suppliers and Manufacturers Association）成立于1963年，由日本交通建设省和经济产业省主管，为一般社团法人，设有总会（General Assembly）、理事会（Board of Director）、项目管理委员会（Project Management Committee），下设6个分会和1个事务所：预制建筑分会（PC Architecture Committee）、住宅分会（Housing Committee）、标准建筑分会（Standardized Architecture Committee）、公共关系分会（Public Relations Committee）、教育分会（Education Committee）、保险与担保推进分会（Committee on Warranties and Insurance against Defects）和一级建筑士事务所（First-Class Architects' Office）。协会从1988年开始，对PC构件生产厂家的产品质量进行认证。截至2015年8月，共认证了119个厂家的项目，每个项目要详细打分。2015年4月，全日本共有57家PC部材厂家的产品品质通过了日本预制建筑协会的认定，国外（中国）有上海住总工程有限公司、东锦株式会社大连东都建材有限公司、上海建工材料工程有限公司第三构件工厂生产的PC构件产品通过了该协会的品质认定。一般来说，60m以下的建筑使用PC构件，谁都可以做；超过60m以上的建筑，使用PC构件的，需要交通建设省审查批准。在日本的超高层住宅建筑，可以肯定地说都用了PC部材，能够节省工期，对降低成本作用是很大的。

一般社团法人，如日本预制建筑协会这种促进行业自律、行业发展的组织模式，值得我国借鉴。日本预制建筑协会成立50多年来，在促进PC构件认证、相关人员培训和资格认定、地震灾难发生后紧急供应标准住宅、促进高品质住宅建造、建筑质量保险和担保等方面，发挥了积极作用。在我国建筑产业现代化发展的起步阶段，可以吸收借鉴日本预制建筑协会的经验，尽量少走弯路。

3 标准和规范

日本在建筑工业化方面的标准规范主要集中在PC和外围护结构方面，包括日本建筑学会编制的：JASS10-预制钢筋混凝土结构规范、JASS14-预制钢筋混凝土外挂墙板规范，同时还包含在日本得到广泛应用的蒸压加气混凝土板材（ALC）方面的技术规程（JASS21）（图9-6～图9-8）。

各本规范的主要技术内容包括：总则、性能要求、部品材料、加工制造、脱模、储运、堆放、连接节点、现场施工、防水构造、施工验收和质量控制等。

除建筑工业化相关规范之外，日本预制建筑协会还出版了PC相关的设计手册，此手册近年经中国建筑工业出版社引进并在国内出版。

相关技术手册包含内容：PC建筑和各类PC技术体系介绍、设计方法、加工制造、施工安装、连接节点、质量控制与验收、展望等。

日本的钢结构和木结构住宅在主体结构设计中采用与普通钢结构、木结构相同的设计规范，在此就不一一叙述。

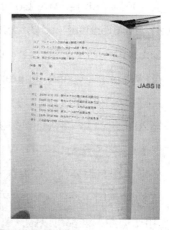

图9-6　JASS10-日本预制混凝土结构规范

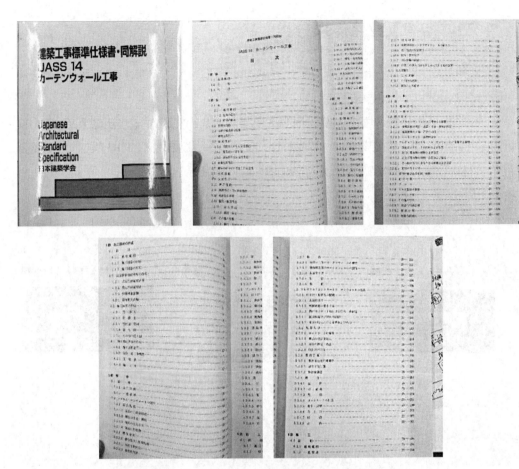

图9-7　JASS14-日本预制混凝土外挂墙板规范

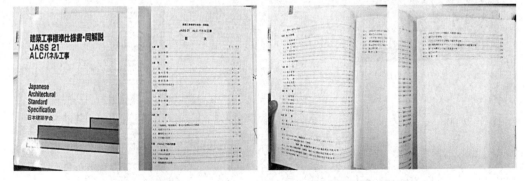

图9-8　JASS21-日本ALC外墙板规范

4 主体结构工业化体系分类

日本的主体结构工业化以预制装配式混凝土PC结构为主，同时在多层住宅中也大量采用钢结构集成住宅和木结构住宅。

日本的PC结构住宅与国内的发展情况有所差异，其PC结构住宅经历了从WPC（PC墙板结构）到RPC（PC框架结构）、WRPC（PC框架-墙板结构）、HRPC（PC-钢混合结构）的发展过程，具体的发展示意如图9-9～图9-11所示。

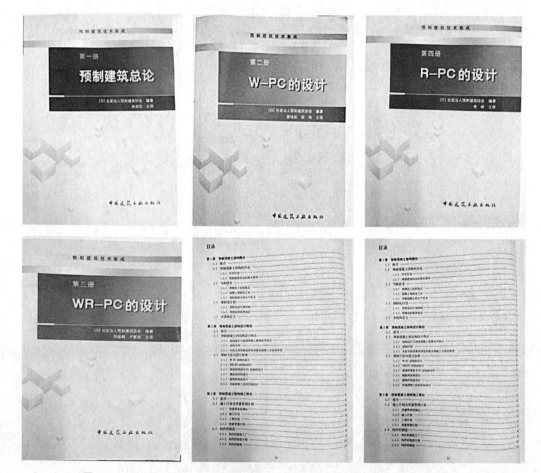

图9-9　日本预制建筑协会出版的相关PC技术手册（总论、WPC、WRPC、RPC）

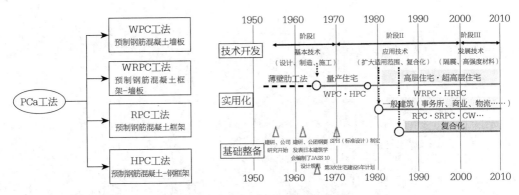

图9-10 日本PC结构分类和发展示意图

工法名称	构造形式	构造种别	建物用途		○主要用途		◎实践中主要用途			
			住宅	事务所	商业设施	物流设施	工厂	学校	医院	体育场馆
WPC工法	墙板结构	RC造	◎							
SRPC工法	框架结构	SRC造	◎	○					◎	
WRPC工法	框架–墙板复式结构	RC造	◎							
高层RPC工法	框架结构	RC造	◎							
RPC工法	框架结构	RC造	○	◎	◎	◎	◎	◎	◎	
SPC工法	框架结构	S造	○	◎	○	○	◎	○	◎	
混合动力构法	框架结构	复合结构		◎	◎	◎	○	○	○	
PCa·PC构法	框架结构	PS造	○	◎	○	○	○	○	○	◎
PCa·PC构法	折板结构	PS造								◎

图9-11 日本PC工法适用范围

4.1 WPC结构体系

日本的WPC体系主要由PC墙板组成结构的竖向承重体系和水平抗侧力体系构成，PC墙板与PC楼板之间，以及PC墙板自身之间采用干式连接或半干式连接（图9-12）。WPC体系作为一种简易连接的PC结构体系，在日本主要适用于5层及以下纵横墙布置均匀的住宅类建筑。WPC体系是日本工业化住宅早期发展的主要结构形式之一，目前在日本已经较少采用WPC工法体系。

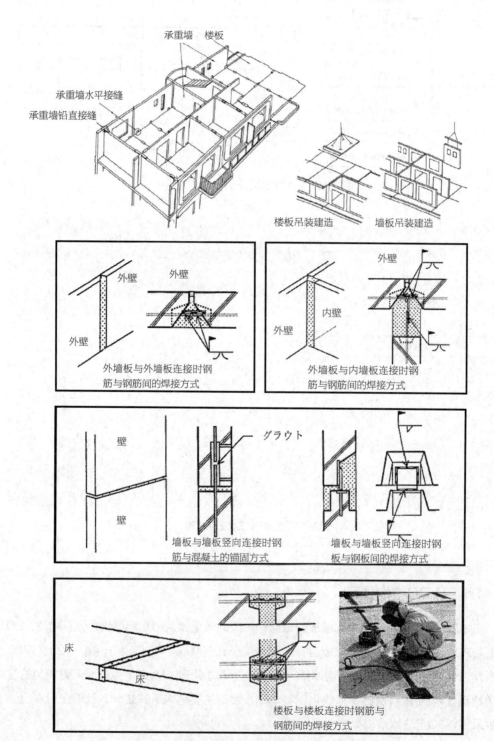

图9-12　日本WPC工法体系示意图

4.2　WRPC结构体系

日本在WPC工法的基础上，结合PC框架及湿式连接节点，研发出了带预制墙板的PC框架-墙板体系（WRPC），其主要运用在6～15层的共同住宅中。由于采用部分PC框架代替了PC墙板，因此其建筑平面布局更加灵活，同时由于采用湿式连接节点，因此其整体结构的安全性、抗震性能及适用高度都有所提高。

为适应建筑平面布局和PC结构体系特点，其采用的PC框架柱通常为扁平型的壁式框架，PC墙板可以是单向布置，也可以是双向布置（图9-13）。

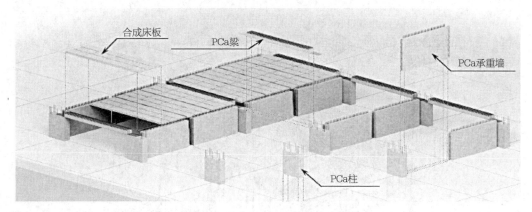

图9-13　日本WRPC工法体系示意图

4.3　RPC结构体系

由于日本建筑结构设计方法及如下特点，使得日本目前在住宅PC结构中大量采用PC框架体系（RPC）（图9-14、图9-15）。

（1）由于框架结构延性好、抗震性能好、结构受力明确、计算简单，日本的混凝土结构自身以钢筋混凝土框架结构为主。

（2）由于填充和围护结构大量采用成品轻质板材，且板材与主体结构之间采用柔性连接，因此日本的混凝土框架结构在地震作用下的层间变位限值要明显大于我国，同时结合高强混凝土、高强钢筋、建筑减隔震措施的运用，日本的混凝土框架结构可以运用在高层或超高层建筑中。

（3）日本的住宅一般为精装修交房，且大量采用SI内装工业化体系，采用集成化内装部品，因此框架结构自身的梁、柱对建筑户型影响较小。

（4）PC框架体系在等同现浇的设计思路下，其构件的加工和现场安装施工相对于其他体系而言要简单方便。

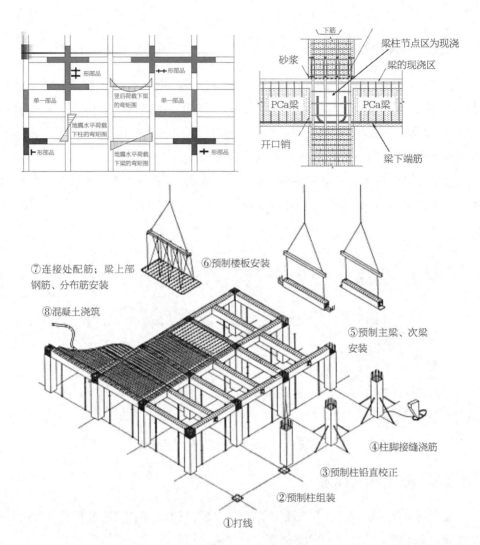

图9-14　日本RPC工法示意图

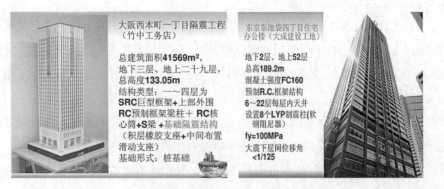

图9-15　日本RPC工法典型工程（RPC超高层建筑）

4.4 HPC结构体系

虽然目前日本的PC结构体系以RPC为主，但日本的各大建筑企业在此基础上均研发了一些具有各自技术特点的其他PC工法体系，其中HPC工法就是典型案例。HPC工法是将钢结构与PC结构相融合的PC工法，结合了预制混凝土结构和钢结构的优点，广泛运用于办公类建筑中（图9-16）。

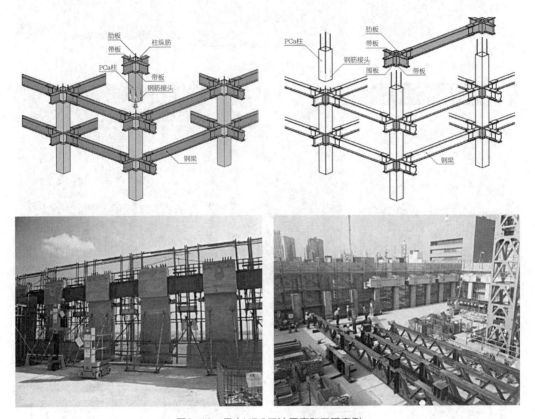

图9-16 日本HPC工法示意和工程实例

4.5 多层钢结构住宅和模块化建筑

日本在多层住宅中同样开发了钢结构住宅和模块化建筑，实现了多层住宅的高度装配化和集成化（图9-17、图9-18）。

地上部分开始施工　　　　　　一层施工完成　　　　　　二层施工完成

屋顶防水施工完成

图9-17　日本多层钢结构集成房屋案例（丰田公司）

焊接　　　　　　　电着涂装　　　　　　自动钢筋绑扎　　　　　钢筋焊接安装

图9-18　日本多层钢结构集成房屋加工（丰田公司）

5 构件（PC）加工

与国内的PC构件加工企业有所不同，日本的PC构件企业呈现出以下特点：

（1）日本的PC构件企业均隶属于各大建筑承包商，大型承包商企业一般具有设计、加工、现场施工和工程总承包的能力，很少存在单独的PC构件加工企业。

（2）日本的PC构件企业存有自己的研发机构和技术研发人员，通常会研发具有自己知识产权的工艺工法，从而达到提高质量和工效、降低成本、缩短工期的目的，形成自身的竞争优势，提高产品的技术附加值和盈利能力。

（3）由于大量采用PC框架梁、柱等构件，因此日本的PC构件加工厂大部分采用固定台模的生产工艺，生产方面更偏重于提高质量和工效，对生产速度、生产规模等方面的追求相对不强烈。这也与日本自身的建筑规模和市场需求有关。

（4）由于生产规模和市场需求有限，为获得盈利能力，日本的PC构件企业在质量、技术含量等方面着力较多，通过提高附加值的方式获得盈利能力。而一些技术含量较低、可大规模流水线生产的构件，比如叠合楼板等，则有专门的PC构件厂生产，不一定所有的PC构件企业都生产此类技术含量和附加值较低的构件。

5.1 藤田PC构件厂

作为日本较大的建筑商，藤田公司在东京地区最大的PC构件厂位于东京市郊千叶县，距离东京市区约50km左右。同样由于日本的技术体系不同于国内，以PC框架为主，且PC构件的年需求量不大，因此成田PC构件厂也是以固定台模生产为主，其年产能不到3万m³，主要满足东京市区的PC建筑需求。藤田PC厂的预制构件不仅供应给藤田公司自己开发和承建的项目，同样供应给其他项目（图9-19）。

工厂生产设备主要有混凝土生产设备，包括原材料存储设备（水泥钢制筒仓、混合剂、粗细骨料槽）、分批投配设备（热式、冷式卧式2轴全自动搅拌机），水蒸气养生设备小型贯流式锅炉，搬运设备（铲斗叉车、装载机、铲斗车、货车），起重设备（高架起重机、壁式起重机、门式起重机）和试验设备（耐压试验机、混凝土试验器具、骨料试验器具、盐量计、施密特锤）。

工厂主要产品有：构架结构件（柱、梁）；住宅用PC构件（走廊、阳台、地面）；幕墙构件（CW）；薄壁模板壁部材料（Pcf-W）；太阳电池板基础支架（solar base）。

工厂有详尽的生产管理流程，主要包括：制作流程、混凝土/木板/钢筋质量管理流程、钢筋保管管理、编排钢筋检查、主筋定位管理、插入件识别管理、混凝土管理、识别测试构件、混凝土打设强度管理、产品检查与管理表（全部记录）、细致入微的环保活动。

千叶工厂早在1989年就取得日本预制建筑协会PC构件质量制度认证，2008年取得该协会H认证（混凝土强度Fc=70~80N/m²）和N认证，2009年又取得混凝土强度Fc=70~120N/m²的H认证，是全日本8家PC工厂之一。目前，千叶工厂的PC构件产品正在供应位于东京都新宿区60层的超高层工业化住宅项目。

图9-19　藤田公司日本东京工厂

5.2　前田PC构件厂

日本前田公司是日本的十大建筑企业之一，其在日本的PC构件厂规模较大。与其他日本的PC构件企业相同，其生产工艺同样采用固定台模法，生产规模和效率相比国内的构件厂，相对不高。但其生产质量控制、工效等方面值得学习（图9-20）。

总结：日本PC构件发展走工厂化、专业化、市场化之路。工厂非常重视PC构件生产各环节的质量管理和产品的认证工作，运行管理有序。从日本预制建筑协会的介绍可以得出结论：日本50多年PC构件发展的历史，是走工厂化、专业化、市场化发展之路的历史，全日本在日本预制建筑协会取得认证的PC工厂就有57家，在发展历程中是充满市场竞争的，如果在市场上没有订单合同，没有市场竞争力，必将难以生存下来。

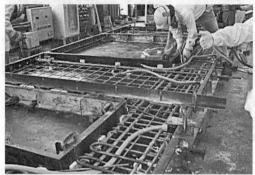

图9-20 前田公司日本工厂

6 现场施工

得益于日本建筑行业在建筑工业化技术体系和工法方面的积累，工地现场施工方面的严格管理和工人素质的培养，日本的建筑工业化行业整体发展比较稳健，构件和建筑质量高、成本控制合理，而且建筑工业化技术广泛应用于商品住宅和公共建筑中，取得了良好的口碑，其建筑质量要明显高于普通建筑（图9-21～图9-23）。

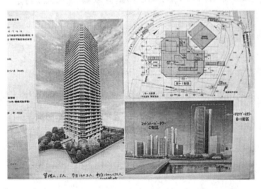

图9-21 日本前田公司37层PC建筑设计图

图9-22　日本前田公司37层PC建筑施工现场

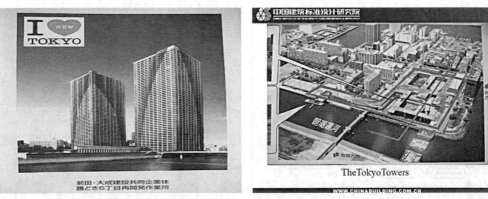

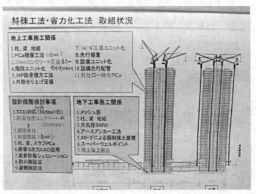

图9-23　Tokoyo Tower PC建筑施工

日本已经可以通过建筑工业化方式使用预制梁柱等建筑结构构件建造高度200m以上的超高层集合住宅工程。这种超高层集合住宅工程一般均是框筒结构，并设有隔震或减震层；工程项目制订了详尽合理的工程进度计划，且执行严格，在标准层以上，一般保持4天一层的工程进度；使用的预制结构构件对混凝土强度有强制要求，均为超高强度的混凝土；PC构件须经权威机构认定，工程构造方案须经日本国交通建设省审查通过。如藤田公司在东京新宿区的60层的超高层工业化住宅地下工程，必须使用工厂预制的超高强度的柱梁，据介绍现浇反而达不到工程要求。

超高层集合住宅工程，向业主方交付的是成品住宅，在与业主方充分沟通，详细充分领会业主方关于工程的各项意图及要求的情况下，工程项目的建筑和装饰装修一体化设计由施工建造总承包方全权负责，工程总造价通过合同约定由施工建造总承包方一次性包死，工程建设盈亏风险由施工建造总承包方自负。

7 SI体系和内装工业化

日本SI体系，将主体结构和内装工业化有机统一起来，除了主体结构工业化外，内装工业化是日本建筑工业化中非常重要的组成部分，内装部品丰富多样，系统集成技术水平很高（图9-24）。

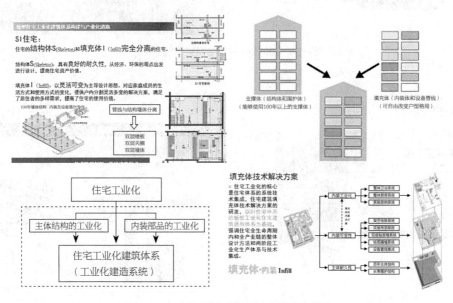

图9-24 建筑工业化的组成及SI体系示意图

日本的SI技术体系，即主体结构和装修、管线全分离的形式，通过结构降板、架空地面、局部轻钢龙骨隔墙/树脂螺栓内衬墙、局部吊顶的形式将所有管线从结构体和地面垫层中脱离出来，这样便于室内管线的改造、维护和修理。解决了主体结构使用年限和内装部品及管线使用年限不同造成的重复装修和建筑浪费，同时实现了装修的全干式工法作业，提供了施工精度和质量，实现了装修的部品化和产品化。

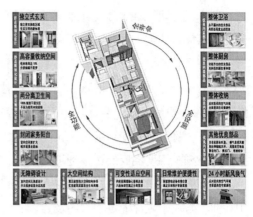

图9-25　内装工业化技术集成体系

1. 内装全干式工法

（1. 轻钢龙骨系统；2. 内装树脂线角与收边材料；3. 木地板）

2. 整体卫浴等通用部品

（1. 整体卫浴；2. 整体厨房；3. 系统坐便；4. 系统洗面）

图9-26　内装全干式工法及整体厨卫系统

2. SI分离工法

（1. 外墙树脂螺栓；2. 吊顶布线；3. 局部架空；4. 电气配线与结构分离）

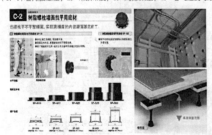

二、百年住宅的长寿化（可持续居住长久价值的实现）

3. SI集成技术

（1. 给水分水器；2. 排水分水集成接头；3. 局部板上同层排水；4. 排水立管套外设置）

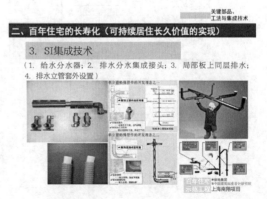

图9-27　SI管线分析及管线集成技术

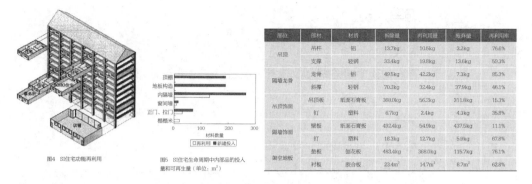

部位	部材	材质	拆除量	再利用量	废弃量	再利用率
吊顶	吊杆	铝	13.7kg	10.5kg	3.2kg	76.6%
	支撑	轻钢	33.4kg	19.8kg	13.6kg	59.3%
隔墙龙骨	龙骨	铝	49.5kg	42.2kg	7.3kg	85.3%
	斜撑	轻钢	70.3kg	32.4kg	37.9kg	46.1%
吊顶饰面	吊顶板	纸面石膏板	368.0kg	56.2kg	311.8kg	15.3%
	钉	塑料	6.7kg	2.4kg	4.3kg	35.8%
隔墙饰面	壁板	纸面石膏板	492.4kg	54.9kg	437.5kg	11.1%
	钉	塑料	18.3kg	12.7kg	5.9kg	67.8%
架空地板	垫板	刨花板	483.4kg	368.0kg	115.7kg	76.1%
	衬板	胶合板	23.4m²	14.7m²	8.7m²	62.8%

图4 SI住宅功能再利用

图5 SI住宅生命周期中内部品的投入量和可再生量（单位：m²）

图9-28 日本内装工业化改造施工在材料回收利用方面的统计数据

图9-29 东京某SI内装工业化住宅施工现场

备注：

本报告参考了日本前田公司、藤田公司等相关单位的技术资料和工程照片，同时还参考了其他相关单位和人员的资料，在此不一一标注资料来源，所引用资料的版权和著作权归资料来源单位和个人所有。

编写人员：

撰稿：

肖　明：中国建筑标准设计研究院，产业化设计研发中心

统稿：

龙玉峰：华阳国际设计集团

文林峰：住房和城乡建设部住宅产业化促进中心

付灿华：深圳市建筑产业化协会

主要观点摘要

（1）美国1997年新建住宅147.6万套，其中工业化住宅113万套，均为低层住宅，其中主要为木结构，数量为99万套，其他的为钢结构住宅。

（2）据美国工业化住宅协会统计，2001年，美国的工业化住宅已经达到了1000万套。其中：工业化住宅中的低端产品——活动房屋从1998年的最高峰——占总开工数的23%，373000套，下降至2001年的10%——185000套。而中高端产品——预制化生产住宅的产量则由1990年早期的60000套增加到2002年的80000套，而其占工业化生产的比例也由1990年早期的16%增加为2002年的30%～40%。

（3）在美国，工业化住宅已成为非政府补贴经济适用住房的主要形式，因为其成本还不到非工业化住宅的一半。在低收入人群、无福利的购房者中，工业化住宅是住房的主要来源之一。现在在美国（2007），每16个人中就有1个人居住的是工业化住宅。

（4）1976年，美国国会通过了国家工业化住宅建造及安全法案，（National Manufactured Housing Construction and Safety Act），同年开始由美国联邦政府住房和城市发展部（HUD）负责出台一系列严格的行业规范标准，一直沿用到今天。除了注重质量，现在的工业化住宅更加注重提升美观、舒适性及个性化，许多工业化住宅的外观与非工业化住宅外观差别无几。美国的工业化住宅经历了从追求数量到追求质量的阶段性转变。

（5）美国工业化住宅的标准。1976年，HUD颁布了美国工业化住宅建设和安全标准（National Manufactured Housing Construction and Safety Standards），简称HUD标准。只有达到HUD标准并拥有独立的第三方检查机构出具的证明，工业化住宅才能出售。

（6）随后，HUD又颁发了联邦工业化住宅安装标准（HUD Proposed Federal Model Manufactured Home Installation Standards），它是全美所有新建工业化住宅初始安装的最低标准，适用于审核所有生产商的安装手册和州立安装标准。

（7）美国工业化住宅的实现方式。美国的住宅建设是以极其发达的工业化水平为基础，具有各产业协调发展、劳动生产率高、产业聚集、要素市场发达、国内市场大等特点。住宅用构件和部品的标准化、系列化、专业化、商品化、社会化程度很高，几乎达到100％，不仅反映在主体结构构件的通用化上，还反映在各类制品和设备的社会化生产和商品化供应上。除工厂生产的活动房屋和成套供应的木框架结构的预制构配件外，其他混凝土构件和制品、轻质板材、室内外装修以及设备等产品也十分丰富，品种达几万种，用户可以通过产品目录，从市场上自由买到所需的产品。这些构件的特点是结构性能好，用途多，有很大通用性，也易于机械化生产。美国发展装饰装修材料的特点是基本上消除了现场湿作业，同时具有较为配套的施工机具。

（8）美国的住宅生产主要由五类企业完成：大板住宅生产商；住宅组装营造商；住宅部件生产商；特殊单元生产商；活动住宅、模块住宅、大板住宅分销商。以上各类型的企业独立运营或相互配合，具有一套完善的、成熟的住宅生产流程，不仅缩短了住宅生产周期，也使得住宅性能得以保证。

（9）美国工业化住宅的突出特点。① 模块化技术：模块化技术是实现标准化与多样化的有机结合和多品种、小批量与高效率有效统一的一种最有生命力的标准化方法。② 成本优势：工业化住宅有着低成本的优势，其优势来自于加工过程中的成本优势。

（10）工业化住宅的主要结构类型：现在美国预制业用得最多的是剪力墙-梁柱结构系统。基本上水平力（风力，地震力）完全由剪力墙来承受，梁柱只承受垂直力，而梁柱的接头在梁端不承受弯矩，简化了梁柱结点。经过六十年实际工程的证明，这是一个安全且有效的结构体系。

（11）未来美国工业化住宅发展有利因素和趋势：一是本身具备不断降低成本的能力，使他们能够在一定程度上与现场建筑商竞争；二是与现场建筑商不断发展的合作关系使现场建设中工业化住宅产品的使用逐渐增加；三是工业化住宅产品的不断更新，工厂化住宅产品生产的重点由活动房屋开始逐步向模块房屋和组件转移；四是工业化住宅中固定住宅的比例不断增加使他们能够进入较高端的市场；五是对工业化住宅的金融支持逐步增加；六是消费者接受程度增加。

（12）未来发展的重点措施：应大力推行金融服务程序的合理化，使那些符合条件的购买者在购买工业化住宅时可以获得最优惠条件的信用贷款；地方政府应采取更严格的安装标准和明确安装企业在工业化住宅安装过程中的责任；土地的使用政策应进行改革以保障工业化住宅可以在更多的地域修建，这样工业化住宅的拥有者也可以与自有土地的房屋所有者拥有一样的权益；保持工业化住宅低成本的优势，大力推广和倡导工业化住宅；改变人们对工业化住宅的心理定位。

1 发展历程

美国的工业化住宅起源于20世纪30年代。当时它是汽车拖车式的、用于野营的汽车房屋。最初作为车房的一个分枝业务而存在，主要是为选择迁移、移动生活方式的人提供一个住所。但是在40年代，也就是"二战"期间，野营的人数减少了，旅行车被固定下来，作为临时的住宅。"二战"结束以后，政府担心拖车造成贫民窟，不许再用其来做住宅。

20世纪50年代后，人口大幅增长，军人复员，移民涌入，同时军队和建筑施工队也急需简易住宅，美国出现了严重的住房短缺。这种情况下，许多业主又开始购买旅行拖车作为住宅使用。于是政府又放宽了政策，允许使用汽车房屋。同时，受它的启发，一些住宅生产厂家也开始生产外观更像传统住宅，但是可以用大型的汽车拉到各个地方直接安装的工业化住宅。可以说，汽车房屋是美国工业化住宅的一个雏形（图10-1）。

图10-1 美国早年的汽车房屋

美国的工业化住宅是从房车发展而来的，其在美国人心中的感觉大多是低档的、破旧的住宅，其居民大多是贫穷的、老弱的、少数民族或移民。更糟糕的是，由于社会的偏见（对低收入家庭等），大多数美国的地方政府都对这种住宅群的分布有多种限制，工业化住宅在选取土地时就很难进入"主流社会"的土地使用地域（城市里或市郊较好的位置），这更强化了人们对这种产品的心理定位，其居住者也难以享受到其他住宅居住者一样的权益。为了摆脱"低等"、"廉价"形象，工业化住宅努力求变。

1976年，美国国会通过了国家工业化住宅建造及安全法案，（National Manufactured Housing Construction and Safety Act），同年开始由HUD负责出台一系列严格的行业规范标准，一直沿用到今天。除了注重质量，现在的工业化住宅更加注重提升美观、舒适性及个性化，许多工业化住宅的外观与非工业化住宅外观差别无几。新的技术不断出台，节能方面也是新的关注点。这说明，美国的工业化住宅经历了从追求数量到追求质量的阶段性转变。

美国1997年新建住宅147.6万套，其中工业化住宅113万套，均为低层住宅，其中主要为木结构，数量为99万套，其他的为钢结构。这取决于他们传统的居住习惯。

据美国工业化住宅协会不完全统计，2001年，美国的工业化住宅已经达到了1000万套，为2200万的美国人解决了居住问题。其中：工业化住宅中的低端产品——活动房屋从1998年的最高峰——占总开工数的23%，373000套，下降至2001年的10%——185000套。而中高端产品——预制化生产住宅的产量则由1990年早期的60000套增加到2002年的80000套，而其占工业化生产的比例也由1990年早期的16%增加为2002年的30%~40%。

消费者可以选择已设计定型产品，也可以根据自己的爱好对设计进行修改，对定型设计也可以根据自己的意愿增加或减少项目，体现出了以消费者为中心的住宅消费理念。2001年满意度超过了65%。

2007年，美国的工业化住宅总值达到118亿美元。现在在美国，每16个人中就有1个人居住的是工业化住宅。在美国，工业化住宅已成为非政府补贴的经济适用住房的主要形式，因为其成本还不到非工业化住宅的一半。在低收入人群、无福利的购房者中，工业化住宅是住房的主要来源之一。

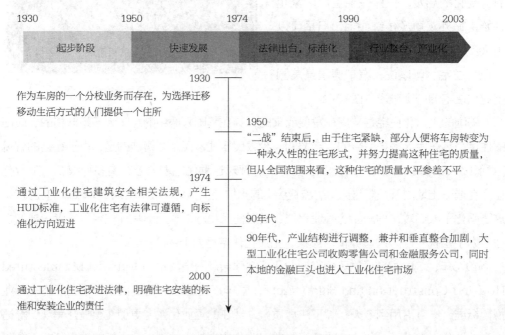

图10-2　美国工业化住宅发展历程图

2　相关标准

美国为了促进工业化住宅的发展，出台了很多法律和一些产业政策，最主要的就是HUD技术标准。

HUD是美国联邦政府住房和城市发展部的简称，它颁布了美国工业化住宅建设和安全标准（National Manufactured Housing Construction and Safety Standards），简称HUD标准。它是唯一的国家级建设标准，对设计、施工、强度和持久性、耐火、通风、抗风、节能和质量进行了规范。HUD标准中的国家工业化住宅建设和安全标准还对所有工业化住宅的采暖、制冷、空调、热能、电能、管道系统进行了规范。

1976年后，所有工业化住宅都必须符合联邦工业化住宅建设和安全标准。只有达到HUD标准并拥有独立的第三方检查机构出具的证明，工业化住宅才能出售。此后，HUD又颁发了联邦工业化住宅安装标准（HUD Proposed Federal Model Manufactured Home Installation Standards），它是全美所有新建HUD标准的工业化住宅进行初始安装的最低标准，提议的条款将用于审核所有生产商的安装手册和州立安装标准。对于没有颁布任何安装标准的州，该条款成为强制执行的联邦安装标准。

3 实现方式

美国的住宅建设是以极其发达的工业化水平为背景的，美国制造业长期位居世界第一，具有各产业协调发展、劳动生产率高、产业聚集、要素市场发达、国内市场大等特点，这直接影响了住宅建设的方式和水平。美国的住宅用构件和部品的标准化、系列化、专业化、商品化、社会化程度很高，几乎达到100%。这不仅反映在主体结构构件的通用化上，而且特别反映在各类制品和设备的社会化生产和商品化供应上。除工厂生产的活动房屋和成套供应木框架结构的预制构配件外，其他混凝土构件和制品、轻质板材、室内外装修，以及设备等产品十分丰富，品种达几万种，用户可以通过产品目录，从市场上自由买到所需的产品。这些构件的特点是结构性能好，用途多，有很大通用性，也易于机械化生产。美国发展装饰装修材料的特点是基本上消除了现场湿作业，同时具有较为配套的施工机具。

3.1 美国住宅形式

美国的住宅形式有4种：一是独门独户式为主体，约占半数以上，多为1~2层，室外有草坪花卉和游泳池。多为中等生活水平的自由住宅；二是小型公寓式，所占比例较大，占30%~40%，多为三层建筑，每栋住两户或四户，最多20户左右，多为出租住宅；三是大型公寓式，所占比例很小，多为5~6层建筑，供出租用；四是豪宅，占地大，建筑面积大，为1~2层建筑，周边有树丛和草坪。

3.2 美国住房主要结构

美国的住房主要结构有三种：

（1）木结构：美国西部地区的房子以木结构为主，以冷杉木为龙骨架，墙体配纸面石膏隔声板。

（2）混合结构：墙体多用混凝土砌块承重，屋顶、楼板采用轻型结构。

（3）轻钢结构：是以部分型钢和镀锌轻钢作为房屋的支承和围护，是在木结构的基础上的新发展，具有极强的坚实、防腐、抗震性以及更好的抗风、防火性。目前在美国民居建筑中所占的比重愈来愈大。美国建房所用的主体材料早已突破了土木结构及"秦砖汉瓦"的格局。他们以钢材为屋架，以木材或复合材料等轻型平板作墙板。先将钢梁安装焊接好，再把木板或复合板裁成一定的规格，再拼装起来。这种房屋不仅美观、重量轻，而且施工方便、省时、省工、经济。

3.3 美国住宅生产

美国的住宅生产主要由5类企业完成：

（1）大板住宅生产商：用工厂生产的预制构配件，包括墙板、屋架和楼板体系等建造的房屋，为大板住宅，分通用和专用墙板体系两种。建房者可购买整套预制构配件，并按当地建筑法规建造安装。

（2）大板住宅制造商占美国住房生产商最大的份额并且具有相当典型性。其中包括以下3种不同的类型：

1）传统大板住宅生产商，其通常通过建筑经销商来销售他们的产品；

2）木结构住宅建造商，他们直接将产品出售给住户或者通过经销商来出售产品；

3）其他结构体系住宅生产商，他们生产轻钢、轻混凝土、加气板材等产品。2001年，3500家大板住宅制造商建造了近877000套住宅。

（3）住宅组装营造商：这些公司通常在大都市中心的郊区建造独户住宅和公寓式住宅楼。美国7000个大的建筑生产商中95%以上优先采用屋顶预制构架，同时使用其他工厂制造的零部件，例如预制地板构架和墙板等。美国住宅预制构件的迅速增长，一是因为劳动力成本高和现场建设花费大，二是因为一些较大的建筑生产商通常有自己的部件生产工厂。住宅组装营造商直接将他们的房屋出售给住户，不通过经销商等中间环节。2001年，住宅组装营造商出售了大约984000套房屋。

（4）住宅部件生产商：即独立生产住宅构件、住宅配件的工厂，美国约有2200个住宅部件生产商。他们将住宅部件、配件出售给住宅组装营造商。住宅部件生产商通常按照一定的流水线来生产屋顶构架、地板构架、墙板或者门窗等构配件，同时也生产楼梯、汽车库等其他住宅组成部分。

（5）特殊单元生产商：即生产安装住宅中各种类型特殊功能单元的生产商。美国约有

170家特殊单元生产商，每年平均建造1400个特殊单元，他们既可通过经销商也可采用直销的方式来销售产品。特殊单元不仅用于住宅，还可用于技术要求更高的公共建筑，如学校、办公、银行、医院等。

活动住宅、模块住宅、大板住宅分销商：这类分销商与多个生产商交易，承揽：基地准备、基础设施配套、监理住宅施工。

以上各类型的企业的独立运营或相互配合，具有一套完善的住宅生产流程，其流程包括以下阶段：① 合同洽谈及工程设计；② 工厂生产及加工装配；③ 基础设施及避雷处理；④ 结构施工及屋面安装；⑤ 内外装饰及设备安装；⑥ 完工交接（图10-3）。

整个建设周期在产业化程度方面十分成熟，不仅缩短了住宅生产周期，也使得住宅性能得以保证。

生产	运输	零售	金融服务	安装
• 开始的生产企业是，主要生产休闲的交通设备； • 后来拓展业务，开始生产质量较好的工业化的住宅；但由于运输成本的关系，企业的地区化特点比较明显； • 90年代初期，行业整合加剧，市场份额向大型的专业化的工业化的跨区域经营的住宅公司集中； • 1998年25家最大公司占92%的市场份额，2000年10家最大公司的市场份额达到78%；1998年，现场建筑企业前50家最大的企业市场份额仅16%； • 大型企业在每个区域设立生产点	• 运输住宅的任务一般都外包； • 运输的过程受到高速公路相关条例的严格限制：对运输的时间、日期、每天运送的次数、运载房屋的大小、重量都有严格的限制	• 符合标准产品一般通过专业零售渠道进入市场； • 消费者可以选购或个性化定制； • 直销模式逐渐显露，但发展趋势尚不明显	• 其贷款方式更类似于汽车的贷款—动产贷款，而与其他房产的"不动产"贷款不同； • 一般利率较高而条件苛刻； • 零售商有时扮演借贷经纪人从中牟利，使消费者不能充分享受工业化住宅低成本生产的优势	• 安装是最后一道工序； • 2000年颁布工业化住宅改进法律，就工业化住宅使用过程中的责任界定给出了法律依据

图10-3　美国工业化住宅的产业链

4 主要特点

4.1 模块化技术

模块化技术是美国工业化住宅建设的关键技术，在美国住宅建筑工业化过程中，模块化技术针对用户的不同要求，只需在结构上更换工业化产品中一个或几个模块，就可以组成不同的工业化住宅。因此，模块化产品具有很大的通用性。模块化技术是工业化住宅设计的一个关键技术保障。

模块化技术是实现标准化与多样化的有机结合和多品种、小批量与高效率有效统一的一种最有生命力的标准化方法，模块化的侧重点是在部件级的标准化，由此达到产品的多样化。模块化技术的实质就是运用标准化原理和科学方法，通过对某一类产品或系统的分析研究，把其中含有相同或相似的单元分离出来，进行统一、归并、简化，以通用单元的形式独立存在，这就是由分解得到的模块。各模块具有相对独立的完整功能，可按专业分工单独预制、调试、储备、运输。

4.2　成本优势

工业化住宅有着低成本的优势，其优势来自于加工过程中的成本优势（图10-4）。

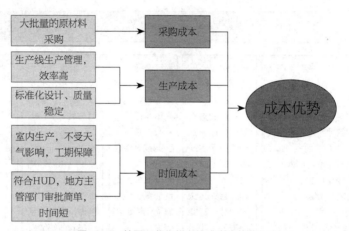

图10-4　美国工业化住宅的成本优势分析图

工业化住宅有广泛的需求市场，低收入人群是工业化住宅的主要购买者。1993～1999年，工业化住宅销售套数占全国业主购房（用于自己居住而购买，与购房出租相对应）总量的1/6，在一些细分市场，这个比例更高。

在全国范围内工业化住宅分布特点如下：南方55%、西部19%、中西部18%、东北部9%（这些区域的共同特点是：低收入家庭、移民和退休人员比例大）。在低收入人群的购房者中，23%来自于工业化住宅，南部地区这一比例超过30%，郊区高达35%；在南部的农村地区的特别低收入的家庭，有63%的家庭购买这种住宅；

工业化住宅的购买者年龄分布呈现向两端分布的态势：与现场修建的住宅购买者相比，年轻的人群和年长的居多。

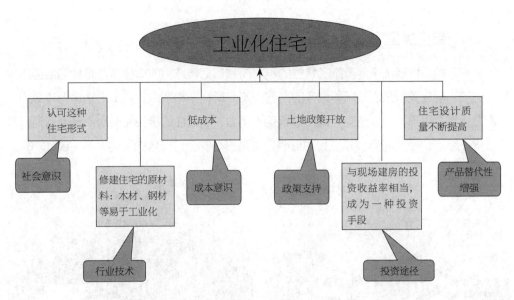

图10-5 美国工业化住宅的特点分析图

4.3 金融服务特点

工业化住宅的金融服务体系包含两个不同的市场：在自有土地上修建的工业化住宅可以采用不动产贷款和对于在租借土地上修建的住宅只能采用"动产"贷款。

按照动产贷款处理的工业化住宅对于产业发展有很大的局限性：在人们观念中，工业化住宅还是一种"拖车拖动的住宅概念"。这种概念难以让贷款方给予充分的贷款信任，这种信任的缺乏让工业化住宅贷款难以操作。与不动产贷款利率相比，动产贷款利率偏高，这对于"低收入"家庭来讲是一个购房障碍。购买现成（已经建好）的工业化住宅变得难以实施，特别是在这个住宅经过搬迁后。工业化住宅的租住者和土地出租者的权益不能得到很好的保护。

4.4 土地使用特点

工业化住宅的土地使用分为两种形式：自有和租赁。由于工业化住宅在美国人心中的产品定位是低档的、破旧的住宅，其居住居民大多是贫穷的、老弱的、少数民族或移民。这就使这种产品的在人们心中的形象比较差，这种住宅在选取土地时就很难进入"主流社会"的土地使用地域。其居住者也难以享受到其他住宅居住者一样的权益。大多数美国的地方政府都对这种住宅群的分布有多种限制，更加深人们对这种产品的心理定位，影响其发展。

4.5 结构类型

从一开始，由经济角度及施工特性的不同而言，框架结构的梁柱结点是预制品最不容易做到的。现在美国预制业用得最多的是剪力墙—梁柱结构系统。基本上水平力（风力，地震力）完全由剪力墙来承受，梁柱只承受垂直力，而梁柱的接头在梁端不承受弯矩，简化了梁柱结点。经过60年实际工程的证明，这是一个安全且有效的结构体系（图10-6）。

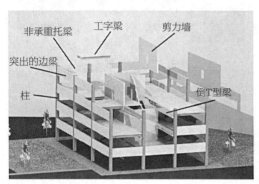
内剪力墙-梁柱结构

外剪力墙-梁柱结构

内剪力墙-梁柱结构

图10-6　美国工业化住宅的主要结构体系

5 未来发展及挑战

5.1 发展趋势

美国工业化住宅未来发展的五个有利因素：（1）本身具备不断降低成本的能力，使他们能够在一定程度上与现场建筑商竞争；（2）与现场建筑商不断发展的合作关系使现场建设中工业化住宅产品的使用逐渐增加；（3）工业化住宅产品的不断更新；（4）工业化住宅中固定住宅的比例不断增加使他们能够进入较高端的市场；（5）对工业化住宅的金融支持逐步增加。

消费者接受程度增加。由于工业化住宅的质量和美观都已符合房地产的普通标准，摆脱了传统火柴盒式的外观及廉价的形象，使得消费者接受程度增加。

工厂化生产商与普通建筑商的整合增加。由于工厂化生产的住宅，每平方英尺造价比传统方式低30%~50%，普通大建筑商开始并购住宅工厂化生产商或建立伙伴关系大量购买住宅组件，希望通过统一的工厂化生产扩大规模，降低成本，使得工厂化生产商与普通建筑商的整合增加。工厂化生产住宅的联邦统一标准正在推进中，目前43个州和国防部已达成了共识。

工厂化住宅产品生产的重点由活动房屋开始逐步向模块房屋和组件转移。活动房屋的生产和销售从1998年后连年走低，2003年产量比1998年下降了约60%。而模块房屋和组件的生产已达到工业化住宅产品的30%以上。由于在建筑行业里，现场建筑商仍占据了市场的主流，所以他们对工厂化生产住宅组件需求的扩大成为工厂化生产进一步发展的根本动力。而事实上，2001年4/5的住宅组件销售给了传统建筑商。而这部分需求的增长预计是每年4%，直到2006年。一些大的工厂化生产商，例如Champion Enterprise，专门成立子公司，针对普通建筑商生产和销售房屋组件，这部分销售额已占了Champion的11%。绝大部分工厂化生产商都在发展与普通建筑商的合作关系，目前15%~25%的销售是直接针对普通建筑商。

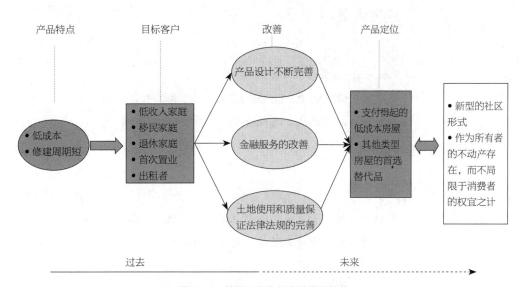

图10-7　美国工业化住宅的发展趋势

5.2　面临挑战

首先也是最重要的，工业化住宅的倡导者必须大力推行金融服务程序的合理化，使那些符合条件的购买者在购买工业化住宅时可以获得最优惠条件的信用贷款。

根据2000年通过的"工业化住宅改进"相关法律提高对住宅安装的详细检查，同时要求地方政府采取更严格的安装标准和明确安装企业在工业化住宅安装过程中的责任。

克服一些土地使用的限制，使工业化住宅可以建造在有需要的社区，并逐渐被人们接受。土地的使用政策应进行改革以保障工业化住宅可以在更多的地域修建，这样工业化住宅的拥有者也可以与自有土地的房屋所有者拥有一样的权益。

与设计和规划者加强合作，在不断创新的设计下不断拓展住宅的发展，同时要保持工业化住宅的低成本优势，大力推广和倡导工业化住宅，将它作为一个现场建造（site-built）住宅的替代产品。

在不断进行行业整合和金融服务的同时，给予低收入家庭更多的关注，特别是一些居住环境特别差的人群。同时改变人们对工业化住宅的心理定位也是十分重要的。

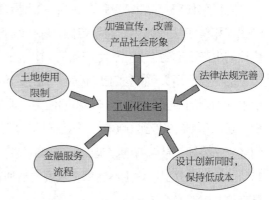

图10-8　美国工业化住宅面临的挑战

编写人员：

撰稿：

Seaboard Services of Virginia合伙人

宗德林：SPANCRETE全球服务公司结构工程师

楚先锋：新博城地产有限公司

谷明旺，深圳市现代营造科技有限公司

统稿：

文林峰：住房和城乡建设部住宅产业化促进中心

张　沂：北京市建筑设计研究院有限公司

德国装配式建筑发展状况

主要观点摘要

（1）预制混凝土大板建筑的经验教训。德国（包括东德和西德）早期预制混凝土大板（PC）建造技术的出现和大规模应用，主要是为了解决战后时期城市住宅大量缺乏的社会矛盾。东柏林地区1963～1990年间共新建住宅273000套，其中大板式住宅占比达到93%。但由于当时规划指导思想的局限性，建筑过分强调整齐划一，建筑单元、户型、建筑构件大量重复使用，造成这类建筑过分单调、僵化、死板、缺乏特色、缺少人性化，有些城区成为失业者、外来移民等低收入、社会下层人士集中的地区，带来严重的社会问题。

（2）当前德国建筑工业化发展趋势。当前，德国重点追求绿色可持续发展，注重环保建筑材料和建造体系的应用，通过策划、设计、施工各个环节的精细化优化过程，寻求项目的个性化、经济性、功能性和生态环保性能的综合平衡。由于人工成本较高，建筑领域不断优化施工工艺，完善包括小型机械在内的建筑施工机械，减少手工操作。建筑上使用的建筑部品大量实行标准化、模数化，强调建筑的耐久性，但并不追求大规模工厂预制率。

（3）德国工业化建造技术特点。德国今天的公共建筑、商业建筑、集合住宅项目大都因地制宜、根据项目特点，选择现浇与预制构件混合建造体系或钢混结构体系建设实施，并不追求高比例装配率。随着工业化进程的不断发展，BIM技术的应用，建筑工业化水平不断提升，采用工厂预制、现场安装的建筑部品越来越多，占比越来越大。

（4）小住宅（独栋或双拼式住宅）中，装配式建筑占比最高，2015年达到16%。单层工业厂房采用预制钢结构或预制混凝土结构在造价和缩短施工周期方面有明显优势，一直得到较多应用。

（5）德国建筑业标准规范体系完整全面。在标准编制方面，对于装配式建筑，首先要满足通用建筑综合性技术要求，如结构安全性、防火性能，以及防水、防潮、气密性、透气、隔声、保温隔热、耐久性、耐候性、耐腐蚀性、材料强度、环保无毒等。同时要满足在生产、安装方面的要求。

装配式建筑标准主要门类包括：① 混凝土及砌体预制构件、装配式体系的标准规范；② 钢结构装配式体系的标准规范；③ 有关预制木结构、装配式体系的标准规范；④ 有关预制金属幕墙、装配式体系的标准规范。

（6）德国现代建筑工业化建造技术主要的三大体系，分别是预制混凝土建造体系（主要包括：预制混凝土大板体系、预制混凝土叠合板体系和预制混凝土外墙体系）、预制钢结构建造体系、预制木结构建造体系。

（7）钢结构建筑：高层、超高层钢结构建筑在德国建造量有限，大规模批量生产的技术体系应用市场较小。建筑的承重钢结构以及为每个项目专门设计的复杂精致的幕墙体系，都是采用工业化生产、现场安装的建造形式。

（8）木结构建筑：德国小住宅（独栋和双拼）大量采用的是木结构体系。木结构体系之中又细分为木框板结构、木框架结构、层压实木板材结构三种形式。

（9）预制装配式建造方式的主要缺点：① 成本高。原因主要有：一是钢筋混凝土墙体比砌体墙更贵；二是预制梁、板结构上大都是简支梁而非连续梁，需要较多地用钢量；三是预制件的连接点复杂，连接元素有些须采用昂贵的不锈钢材料；四是如果使用了保温夹芯板构造，节点更加复杂，大板缝隙的密封处理也会导致额外的费用；五是大体量预制板的运输导致更高的运输成本。② 缺少个性化。工业化预制建造技术的缺点是任何一个建设项目，包括建筑设备、管道、电气安装、预埋件都必须事先设计完成，并在工厂里安装在混凝土大板里，只适合大量重复建造的标准单元。而标准化组件的使用为个性化设计带来困难。

1 发展历程

1.1 装配式建筑的起源

德国以及其他欧洲发达国家建筑工业化起源于20世纪20年代，推动因素主要有两方面：

（1）社会经济因素：城市化发展需要以较低的造价迅速建设大量住宅、办公和厂房等建筑。

（2）建筑审美因素：建筑及设计界摒弃古典建筑形式及其复杂的装饰，崇尚极简的新型建筑美学，尝试新建筑材料（混凝土、钢材、玻璃）的表现力。在雅典宪章所推崇的城市功能分区思想指导下，建设大规模居住区，促进了建筑工业化的应用。

在20世纪20年代以前，欧洲建筑通常呈现为传统建筑形式，套用不同历史时期形成的建筑样式，此类建筑的特点是大量应用装饰构件，需要大量人工劳动和手工艺匠人的高水平技术。随着欧洲国家迈入工业化和城市化进程，农村人口大量流向城市，需要在较短时间内建造大量住宅办公和厂房等建筑。标准化、预制混凝土大板建造技术能够缩短建造时间、降低造价因而首先应运而生。

德国最早的预制混凝土板式建筑是1926～1930年间在柏林利希藤伯格-弗里德希菲尔德（Berlin-Lichtenberg, Friedrichsfelde）建造的战争伤残军人住宅区。该项目共有138套住宅，为两到三层楼建筑。如今该项目的名称是施普朗曼（Splanemann）居住区。该项目采用现场预制混凝土多层复合板材构件，构件最大重量达到7t（图11-1）。

图11-1 德国最早的预制混凝土结构柏林施普朗曼居住区

1.2 "二次"世界大战后德国大规模装配式住宅建设

"二次"世界大战结束以后，由于战争破坏和大量战争难民回归本土，德国住宅严重紧缺。德国用预制混凝土大板技术建造了大量住宅建筑。这些大板建筑为解决当年住宅紧缺问题作出了贡献，但今天这些大板建筑不受欢迎，不少缺少维护更新的大板居住区已成为社会底层人群聚集地，导致犯罪率高等社会问题，深受人们的诟病，成为城市更新首先要改造的对象，有些地区已经开始大面积拆除这些大板建筑。

1.3　德国目前装配式建筑发展概况

预制混凝土大板技术相比常规现浇加砌体建造方式，造价高，建筑缺少个性，难于满足今天的社会审美要求，1990年以后基本不再使用。混凝土叠合墙板技术发展较快，应用较多。

德国今天的公共建筑、商业建筑、集合住宅项目大都因地制宜、根据项目特点，选择现浇与预制构件混合建造体系或钢混结构体系建设实施，并不追求高比例装配率。而是通过策划、设计、施工各个环节的精细化优化过程，寻求项目的个性化、经济性、功能性和生态环保性能的综合平衡。随着工业化进程的不断发展，BIM技术的应用，建筑业工业化水平不断提升，建筑上采用工厂预制、现场安装的建筑部品愈来愈多，占比愈来愈大。

各种建筑技术、建筑工具的精细化不断发展进步。小范围有钢结构、混凝土结构、木结构装配式技术体系的研发和实践应用。

小住宅建设方面装配式建筑占比最高，2015年达到16%（图11-2）。2015年1月至7月德国共有59752套独栋或双拼式住宅通过审批开工建设，其中预制装配式建筑为8934套。这一期间独栋或双拼式住宅新开工建设总量较去年同期增长1.8%；而其中预制装配式住宅同比增长7.5%，显示出在这一领域装配式建筑受到市场的认可和欢迎。

单层工业厂房采用预制钢结构或预制混凝土结构在造价和缩短施工周期方面有明显优势，因而一直得到较多应用。

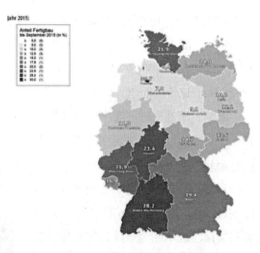

图11-2　各州2015年预制装配式小住宅（独栋和双拼）在新建建筑中所占比例，总体平均达到16%左右

2　发展现状

预制装配式建筑发展过程中，规模最大、最有影响力当属预制混凝土大板建筑。

2.1　原东德地区的预制混凝土大板建造技术的应用

由于战后需要在短期内建设大量住宅，东德地区1953年在柏林约翰尼斯塔（Johannisthal）进行了预制混凝土大板建造技术第一次尝试。1957年在浩耶斯韦达市（Hoyerswerda）

的建设中第一次大规模采用预制混凝土构件施工。此后，东德用预制混凝土大板技术，大量建造预制板式居住区（Plattenbausiedlungen）。预制混凝土大板住宅的建筑风格深受包豪斯理论影响（图11-3～图11-6）。

图11-3　哈勒新城大板住宅，左一是改造更新后的建筑

图11-4　柏林亚历山大广场大板住宅　　图11-5　德累斯顿大板住宅　　图11-6　柏林住宅整体单元吊装施工图

　　1972～1990年东德地区开展大规模住宅建设，并将完成300万套住宅确定为重要政治目标，预制混凝土大板技术体系成为最重要的建造方式。这期间用混凝土大板建筑建造了大量大规模住宅、城区，如10万人口规模的哈勒新城（Halle-Neustadt）。在1972～1990年大规模住宅建设期间，东德地区新建、改建共300万套住宅，其中180万～190万套用混凝土大板建造，占比达到60%以上，如果每套建筑按平均60m²计算，预制大板住宅面积在1.1亿m²以上。东柏林地区1963～1990年间共新建住宅273000套住宅，其中大板式住宅占比达到93%（数据来源：Die »Lösung der Wohnungsfrage« 作者DieterHanauske）。

　　住宅建设工程耗费了东德大量财政收入。为节约建造成本和快速建设，设计开发出不同系列产品，如Q3A、QX、QP、P2系列。预制混凝土大板住宅项目大量重复使用同样户型、类似的立面设计。大板建筑规划形态僵硬缺少变化，在老城区通常采用推倒重建模式，破坏了原有城市肌理（图11-7、图11-8）。

　　大板建筑当时受到普遍欢迎，虽然大板建筑今天饱受诟病，但在当时大板住宅符合东德的社会意识形态，人人平等，整齐划一。预制混凝土大板技术建造的工业化住宅功能基

图11-7　东德装配式建筑构件

图11-8　1972年只新布兰登堡伊斯特城，原东德地区首个应用wb70预制大板体系建造的项目

本合理，拥有现代化的采暖和生活热水系统、独立卫生间，比没有更新改造的20世纪初期建造的老住宅舒适。由于得到东德政府的大量财政补贴，因而这种工业化住宅租金并不很高，受到当地居民的欢迎。大量新建居住区，导致原有历史街区中的住宅吸引力下降、出租率低，租金无法支持建筑的维护，历史街区中的建筑逐渐破败。这种现象也导致政策制定者重新思考补贴政策，甚至开始尝试用预制技术进行老城历史建筑的改造更新。

1980年代以后，东德政府开始在一些城市的重要地区，尝试从规划和城市空间塑造方面，借鉴传统城市空间布局与建筑设计，打破单调的大板建筑风格。

柏林市中心根达曼市场（Gendarmenmarkt），用复杂的预制大板技术建造具有传统风格的建筑。右图为罗斯托克市中心，带有传统红砖哥特风格的预制大板式建筑（图11-9）。

图11-9　柏林、罗斯托克市中心

2.2　原西德地区的预制混凝土大板建造应用

"二次"世界大战之后，原西德地区也用混凝土预制大板技术建造了大量住宅建筑，主要用于建设社会保障性住宅。1957年西德政府通过了《第二部住宅建设法》（II. WoBauG），将短期内建设满足大部分社会阶层居民需求的，包括具有适当面积、设施、可承受租金的住宅，作为住宅建设的首要任务。混凝土预制大板技术以其建设速度快、造价相对低廉在西德地区有大面积应用。较著名的项目包括：

格罗皮乌斯和科布希埃参与的著名的柏林汉莎街区的住宅项目6000居民。

慕尼黑纽帕拉赫居住区（Neuperlach）55000居民。

纽伦堡朗瓦萨居住区（Langwasser）36000居民。

柏林曼基仕居住区（Märkisches Viertel）36000居民。

法兰克福西北新城（Nordweststadt）23000居民。

汉堡施戴斯胡珀（Steilshoop）20000居民。

曼海姆佛格斯唐居住区（Vogelstang）13000居民。

科隆克崴勒新城（Chorweiler）100000居民。

西德地区有大量预制大板建筑，虽然在总建设量中占比不高，但总量估计也有数千万平方米。

西德地区居住使用面积1970年为人均22m^2，1991年上升到人均36m^2。2007年人均超过40m^2。

图11-10　marzahn居住区

图11-11　柏林科隆克崴勒新城图

图11-12　曼海姆佛格斯唐居住区

图11-13　慕尼黑奥林匹克村

图11-14　慕尼黑奥林匹克村

3 标准规范

德国建筑业标准规范体系完整全面。在标准编制方面，对于装配式建筑首先要求满足通用建筑综合性技术要求，即无论采用何种装配式技术，其产品必须满足其应具备的相关技术性能：如结构安全性、防火性能，以及防水、防潮、气密性、透气性、隔声、保温隔热、耐久性、耐候性、耐腐蚀性、材料强度、环保无毒等。同时要满足在生产、安装方面的要求。

企业的产品（装配式系统、部品等）需要出具满足相关规范要求的检测报告或产品质量声明。

单纯结构体系，主要需满足结构安全、防火性能、允许误差等规范要求；而有关建筑外围护体系的装配式体系与构件最复杂，牵涉的标准最多。装配式建筑相关标准非常多，部分标准分列如下：

3.1 有关混凝土及砌体预制构件、装配式体系的标准规范

DIN 1045-3混凝土，钢筋预应力混凝土机构。第3部分：建筑施工DIN13670的应用规则；

DIN 18203-1建筑误差第1部分：混凝土、钢筋混凝土和预应力混凝土预制件；

DIN EN 13369预制混凝土产品的一般性规定；

DIN 1045-4混凝土，钢筋预应力混凝土机构。第4部分：预制构件的生产及合规性的补充规定；

DIN EN 13670混凝土结构的允许误差根据DIN 18202及DIN18203；

DIN EN 14992预制混凝土产品-墙体；

DIN EN 1520带开放结构的轻集料混凝土预制件;

DIN EN 13747预制混凝土产品楼板系统用板;

DIN 1053-4砌体-第四部分:预制构件。

3.2 有关钢结构、装配式体系的标准规范

DIN EN 1993-1-1/NA钢结构设计第1-1部分:建筑物一般性规定和设计规则,欧盟标准3国家参数;

DIN EN 1993-1-2/NA钢结构设计第1-2部分:结构防火设计一般规则,欧盟标准3国家参数;

DIN 18800-1钢结构建筑第一部分设计和构造;

DIN 18800-7钢结构建筑-第7部分:施工和生产资格;

DIN EN ISO 16276-1钢结构腐蚀防护涂层系统,涂层附着性(粘结强度)的评估及其验收标准,第1部分:撕裂测试;

DIN EN 10219-2由非合金和细晶粒结构钢制造的建筑用冷加工的焊接空心型钢,第2部分:限制大小、尺寸和静态值;

DIN 18203-2:建筑公差-第2部分,预制钢构件;

BFS-RL 07-101生产和加工建筑钢结构。

3.3 有关预制木结构、装配式体系的标准规范

DIN EN 1995-1-1/NA:木结构的设计和构造,1-1部分:一般性规定-一般性规则和有关建筑物规定,欧洲规范5-国家参数;

DIN EN 1995-1-2/NA,木结构的设计和构造,1-2部分:一般性规定-承重构件的防火设计,欧洲法规5-国家参数;

DIN EN 14250木构建筑-对采用钉片连接的预制承重构件产品的要求;

DIN EN 14509两侧带有金属覆层的承重复合板-工厂加工产品-技术要求;

DIN EN 408,木结构-承重木材和胶合木材-物理和力学性能的规定;

DIN EN 594,木结构-试验方法-板式构造墙体的承载能力和刚度;

DIN EN 595,木结构-试验方法-检测框架式梁确定其承载能力和变形情况;

DIN EN 596,木结构-试验方法-板式构造墙体柔性连接的检测;

DIN EN 1075,木结构-试验方法-钉板连接;

DIN 18203-3,建筑公差-第3部分:木材和木基材料的建筑部品。

3.4　有关预制金属幕墙、装配式体系的标准规范

DIN EN 1999-1-1承重铝结构的设计和构造，第1-1部分：一般设计规定；

DIN EN 1999-1-4/A1承重铝结构的设计和构造，第1-4部分：冷弯压型板；

DIN EN 14509，自承重式双面金属覆盖夹芯板-工厂制造产品-规格；

DIN EN 14782（Norm），适合室内和室外工程使用的、自承重式金属屋面板和墙面板 –产品规格和要求；

DIN EN 14783适合室内和室外工程使用的、整面支撑的金属屋面板和墙面板，–产品规格和要求；

DIN 18516-1带后侧通风构造的外墙覆板，第一部分：要求，检验原理；

DIN 24041穿孔版。

4　技术体系

4.1　工业化预制建造技术的优点

工业化预制建造技术的优点：首先是大量建造步骤可以在厂房里进行，不受天气影响，现场安装施工周期大幅缩短，非常适用于每年可以进行室外施工时间较短的严寒地区。另一方面优点是建筑构件部品在工厂加工制造，利用机械设备加工制造，工作效率高，精度和质量有保障。

4.2　工业化预制建造的缺点

（1）成本高

在预制建筑出现的初期，工业化建筑产品成本低于传统古典建筑。而今天用预制混凝土大板形式建造的住宅和办公大楼的成本通常高于常规建造技术建造的建筑物。原因：钢筋混凝土墙是比砌体墙更贵。预制梁、板结构上大都是简支梁而非连续梁，因而需要较多地用钢量。此外，预制件的连接点通常复杂，连接元素有些须采用昂贵不锈钢材料。如果使用了保温夹芯板构造，节点更加复杂，大板缝隙的密封处理也会导致额外的费用。大体量的预制板的运输导致更高的运输成本。

（2）缺少个性化

工业化预制建造技术的缺点是任何一个建设项目，包括建筑设备、管道、电气安装、

预埋件都必须事先设计完成，并在工厂里安装在混凝土大板里，只适合大量重复建造的标准单元。而标准化的组件导致个性化设计降低。

德国现代建筑工业化建造技术主要可分为三大体系，分别是预制混凝土建造体系、预制钢结构建造体系、预制木结构建造体系。

4.3 预制混凝土建造体系

4.3.1 预制混凝土大板体系

虽然20世纪中叶以后德国有大量混凝土预制大板建造的居住区项目，但这类项目今天看来大部分不太受欢迎，如今预制混凝土大板建造技术在德国已遭抛弃，从20世纪90年代以后基本没有新建项目应用。取而代之的是追求个性化的设计，应用现代化的环保、美观、实用、耐久的综合技术解决方案，满足使用者的需求。通过精细化的设计，模数化设计，使大量建筑部品可以在工厂里加工制作，并且不断优化技术体系，如可循环使用的模板技术，叠和楼板（免拆模板）技术、预制楼梯、多种复合预制外墙板。因地制宜，不追求高装配率。

4.3.2 预制混凝土叠合板体系

德国大量的建筑是多层建筑。现浇混凝土支模、拆模，表面处理等工作需要人工量大，费用高，而混凝土预制叠合楼板、叠合墙体作为楼板、墙体的模板使用，结构整体性好，混凝土表面平整度高，节省抹灰、打磨工序，相比预制混凝土实体楼板叠合楼板重量轻，节约运输和安装成本，因而有一定市场。有资料显示混凝土叠合预制板体系在德国建筑中占比达到50％以上。采用这种装配结构体系，外立面形式比较灵活。由于德国强制要求的新保温节能规范的实施，建筑保温层厚度在20cm以上。从节约成本角度考虑，采用复合外墙外保温系统配合涂料面层的建筑居多。

图11-15 采用预制混凝土叠合楼板、墙体体系建造的住宅项目

图11-16 由德国国家建筑技术研究院审核批准的一种混凝土叠合板建造体系的节点构造图

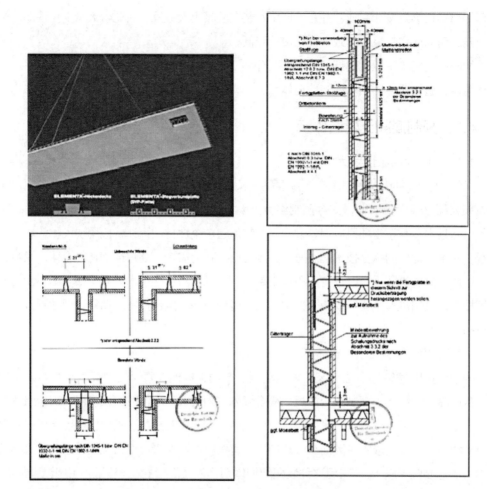

图11-17　由德国国家建筑技术研究院审核批准的一种混凝土叠合板建造体系的节点构造图

4.3.3　预制混凝土外墙体系

2012年在柏林落成的Tour Total大厦，代表了德国预制混凝土装配式建筑的一个发展方向。建筑面积约28000m²，高度68m。外墙面积约10000m²，由1395个、200多个不同种类、三维方向变化的混凝土预制构件装配而成。每个构件高度7.35m，构件误差小于3mm，安装缝误差小于1.5mm。构件由白色混凝土加入石材粉末颗粒浇铸而成，精确、细致地构件、三维方向微妙变化富有雕塑感的预制件，使建筑显得光影丰富、精致耐看。

图11-18　柏林Tour Total大厦，预制混凝土装配式建筑

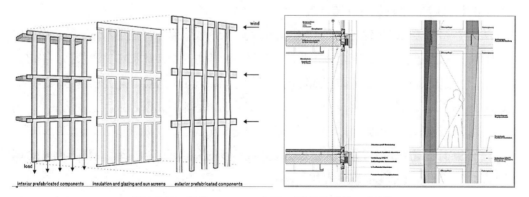

图11-19　柏林Tour Total大厦，预制混凝土装配式建筑

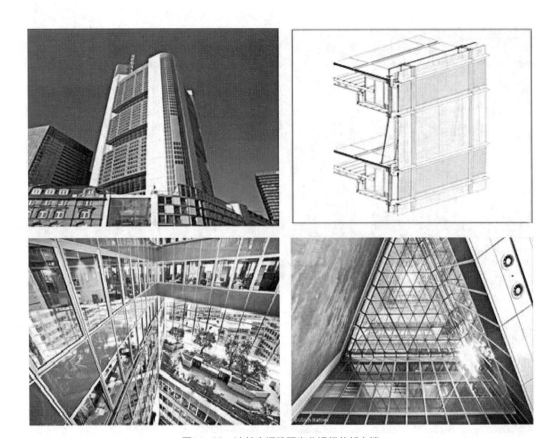

图11-20　法兰克福德国商业银行总部大楼

4.4　预制钢结构建造体系

4.4.1　预制高层钢结构建造体系

　　高层、超高层钢结构建筑在德国建造量有限，大规模批量生产的技术体系几乎没有应用市场。同时高层建筑多为商业或企业总部类建筑，业主对个性化和审美要求高，不接受同质化、批量化、缺少个性的装配式建筑。另一方面，近年来高层、超高层钢结构建筑的承重钢结构，以及为每个项目专门设计的复杂精致的幕墙体系，都是采用工业化生产、到现场安装的建造形式。因此可以归纳到个性定制化装配式建筑。

　　法兰克福德国商业银行总部大楼是德国为数不多的高层钢结构建筑。钢制构件和金属玻璃幕墙采用工业化加工、现场安装方式建造。

　　法兰克福商业银行塔楼，获得德国2012年钢结构建筑奖的帝森克虏伯总部大楼，代表德国近年来钢结构建筑的一个发展方向。由于混凝土结构优异的防火、隔声、耐久、经济实用等性能，以及现代建筑技术能够成熟地利用混凝土结构优异的蓄热性能，来满足愈来愈高的建筑节能和室内舒适度要求，使混凝土或钢混结构成为德国高层建筑最主要的结构形式。建筑核心筒和楼板通常采用现浇混凝土形式、梁和柱采用钢材、钢混或混凝土形式，以满足承载、防火、隔声、热惰性等综合技术要求；建筑外墙、隔墙地面、天花等部品则大量采用预制装配系统。

帝森克虏伯总部大楼，钢混和钢结构建筑，楼板为现浇钢筋混凝土，以满足防火、隔声、热惰性等综合技术要求，外墙、隔墙、楼面、天花等采用预制装配系统（图11-21）。

图11-21 帝森克虏伯总部大楼

2014年落成的欧洲央行总部大楼，一定程度上代表了德国高层办公建筑发展的特点。项目位于法兰克福，建筑高度185m。采用双塔形式，两栋塔楼之间形成一个巨大的室内中庭，中间用钢结构设置多层连接平台，布置绿化和交往空间。建筑结构为现浇钢筋混凝土，以满足承载、防火、隔声、热惰性等综合技术要求；高性能的全玻璃幕墙、隔墙、楼面、天花等采用预制装配系统。

法兰克福欧洲央行总部大楼，建筑结构为现浇钢筋混凝土，以满足承载、防火、隔声、热惰性等综合技术要求；高性能的全玻璃幕墙、隔墙、楼面、天花等采用预制装配系统（图11-22）。

图11-22 法兰克福欧洲央行总部大楼

4.4.2 预制多层钢结构建造体系

汉诺威VGH保险大楼采用一种模块化、多层钢结构装配式体系建造。由承重结构、外墙、内部结构和建筑设备组成。基本构件：楼板5.00×2.50m，厚度20cm（可加长10.00），墙板3.00×1.25m，厚度15cm。楼板和墙板由U型钢框架和梯形钢板构成，表面防火板。楼面地面可采用架空双层地面构造。楼板和承重墙板之间采用螺栓固定，并用柔性材料隔绝固体传声。墙板之间可作为窗、门、百叶等。非承重隔墙采用轻钢龙骨石膏板墙体。

汉诺威VGH保险大楼，采用模块化、多层钢结构装配式体系建造（图11-23、图11-24）。

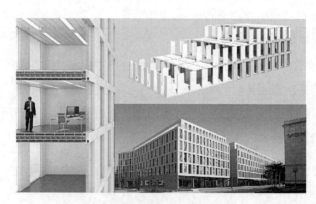

图11-23 汉诺威VGH保险大楼

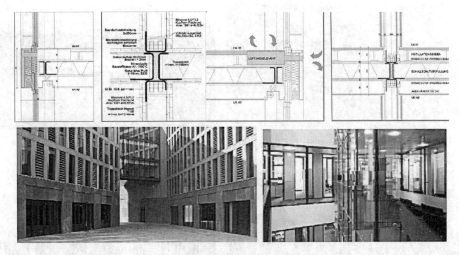

图11-24 诺威VGH保险大楼

4.5 预制木结构建造体系

德国小住宅领域（独栋和双拼）是采用预制装配式建造形式最高的领域，而其中大量采用的是木结构体系。木结构体系之中又细分为木框板结构、木框架结构、层压实木板材结构三种形式。

4.5.1 木框板结构

承重木框架与抗剪板体是木框板结构建筑的特点。框体采用实木，最好是构造用全实木（KVH）形式。板材主要由木材或石膏板材料构成。标准化的木截面和标准化的板材尺寸使加工生产和建造得到优化。实木框架和板材有机组合，形成的墙壁、楼板和屋顶结构体系，能够有效地吸收和承载所有垂直和水平荷载。木框板结构建筑自重轻，保温层位于木框材料厚度之间，因而建筑显得轻盈。

要达到被动房的节能水平，需要增加外侧或内侧保温材料，这一步可以在工厂预先完成。外墙部分可以选择装饰木材面板、面砖或保温层加涂料等形式。

在工厂预制的墙体等板材中，已经预先安装好建筑的保温隔热、隔蒸汽层和气密层，以及建筑上下水、电气设备管线或预留穿线和接口空间。工厂预组装的组件还包括建筑的外门和窗户。工地上的工作包括：建筑上下水管线和电气线路的连接，瓷砖、地板、粉刷、室内门等。预制装配建筑，可以保证质量、控制成本，大大缩短了施工周期：通常在地下室或建筑地面板完成之后五个星期内可入住。

计算机控制、自动化生产、现代化的生产组织优化使工业化预制木构住宅不断完善进步。预制木结构建筑质量有严格保证，每件预制产品在出厂时都有质量检测合格标识。

图11-25 预制木框板结构装配体系构件生产过程

图11-26 用预制木框板结构装配体系建造的小住宅项目

除了小住宅建筑之外，木框板结构在办公建筑、幼儿园、多层住宅、商业建筑等领域也有应用。

4.5.2 木框架结构

木框架结构体系是指垂直承载的木制柱和水平承载的木制梁组成的木结构体系。木材大多采用工程用高质量的复合胶合木（Brettschichtholz），跨度可达5m。这种工程用复合胶合木，也被用来建造大跨度体育馆等建筑。辅助性木结构，如楼板次梁、檩条等则采用构造用实木。

用木框架结构体系建造的房屋，其外墙板也具有保温隔热层，隔蒸汽层和气密层，但木框架结构体系中的内外墙板不承担任何结构作用。建筑物的抗剪由木制、钢制斜撑或刚性楼梯间承担。由于墙体是填充性构件，因而墙体可随意布置并在未来轻松更改，楼板也可方便设置挑空构造。建筑内部空间灵活流动，开窗位置与面积灵活，采光和景观好。

图11-27 预制木框架体系构建加工、建造部品在工地进行安装

图11-28　用预制木框架结构体系建造的独立式小宅项目　　　图11-29　用预制木框架结构体系建造点多层居住住宅和办公室

4.5.3　层压实木板材结构

层压实木板材结构建筑近十年来得到快速发展。实木板材结构采用交叉层压木材（Brettsperrholz），有很好的结构承载性能，可以加工制成楼板、墙体、屋面板。现代化的计算机控制切割机床，能够轻松切割出任何需要的洞口和形状。层压实木板材结构不受建筑模数限制，可以创造出独特的、纯净的空间，受到建筑师、结构工程师和业主的青睐。层压实木板材结构，同以上两种结构形式一样，可以在工厂加工预制，到现场组装（图11-30）。

图11-30　层压实木板结构建造

5　经验借鉴与启示

5.1　预制混凝土大板建筑的经验教训

德国早期预制混凝土大板（PC）建造技术的出现和大规模应用，主要是为解决战后时期城市住宅大量缺乏的社会矛盾。用预制混凝土大板建造的卫星城、城市新区深受20世纪初以《雅典宪章》为代表的理想主义现代主义城市规划思潮的影响。《雅典宪章》试图克服工业城市带来的弊病，摒

图11-31　建造拆除

弃建筑装饰，用工业化的技术手段，快速解决社会问题，创造一个健康、平等的社会。但人类社会是非常复杂的，城市发展更是复杂的，由于当时的规划指导思想的局限性，建筑过分强调整齐划一，建筑单元、户型、建筑构件大量重复使用，造成这类建筑过分单调、僵化、死板，缺乏特色，缺少人性化。有些城区成为失业者、外来移民等低收入、社会下层人士集中的地区，带来严重的社会问题。

5.2　对中国的借鉴与思考

中国城市建设的高潮已过去，大量城市建筑需求量接近饱和，没有依靠混凝土大板技术快速大规模建设住宅的需求；推动德国混凝土大板建筑大规模应用的另一个因素是以雅典宪章为代表的早期现代城市规划与现代建筑指导思想，发达国家对此经过深度反省、已基本放弃。因此推动德国当年混凝土大板建设的两大动因在当今的中国社会都不存在。

混凝土大板建造体系在人性化城市空间塑造、个性化建筑表现、建筑成本控制、建筑构造技术问题解决等方面都存在严重不足，这是混凝土大板体系今天在德国被抛弃的根本原因，这点值得我们深思。中国不应盲目推广混凝土大板建设体系。特别不应为了追求预制率水平而推广混凝土大板建设体系。

5.3　德国建筑工业化发展趋势

今天德国的建筑业突出追求绿色可持续发展，注重环保建筑材料和建造体系的应用。追求建筑的个性化。设计精细化。由于人工成本较高，建筑业领域不断优化施工工艺，完善建筑施工机械、包括小型机械，减少手工操作。建筑上使用的建筑部品大量实行标准化、模数化。强调建筑的耐久性，但并不追求大规模工厂预制率。其建筑产业化体现在：

（1）工厂化：大量构件、部品在工厂生产，减少现场人工作业、减少湿作业；

（2）工具化：施工现场减少手工操作，工具专业化、精细化；

（3）工业化：现代化制造、运输、安装管理，大工业生产方式产业化；

（4）BIM系统的全面应用，全行业，全产业链的现代化，工业4.0模式。

建造技术方面：

办公和商业建筑的建造技术以钢筋混凝土现浇结构、配以各种工业化生产的幕墙（玻璃、石材、陶版、复合材料）为主。

多层住宅建筑以钢筋混凝土现浇结构和砌块墙体结合，复合外保温系统、外装以涂料局部辅以石材、陶板等为主。联排及独立住宅则有砌体、木结构、少量钢结构常规建造体系，以及工业化生产预制砌体、预制木结构全精装修产品。

工业厂房、仓储建筑成本控制严格，以预制钢结构、混凝土框架结构，配以预制金属复合保温板、预制混凝土复合板居多。

建造体系的选择：经济性、审美要求、施工周期、功能性（防火、隔声、维护、使用改造的灵活性、热工舒适性……）、环保与可持续性等方面的综合考量是选择何种建造体系的关键。大部分装配式建筑，由于重复大量使用相同构件，容易出现单调、廉价的感觉。但通过精细化设计，利用预制装配式构件，也能够建设个性鲜明、较高审美水平的建筑。

5.4 对中国的借鉴与思考

中国推广装配式建筑最主要的目的应是提高建筑产品质量、提高建筑的环保和可持续性。建筑产业化的发展方向应该是工厂化、工具化、工业化、产业化的全面推进。特别应该大幅提高建筑材料、部品、成品的质量标准要求和生产、建造、安装过程中的环保要求。应因地制宜选择合适的建造体系，发挥建筑工业化的优势，达到提升建筑品质和环保性能的目的，而不是盲目追求预制率水平。

编写人员：

撰稿：

　卢　求：北京五合国际工程设计顾问有限公司

统稿：

龙玉峰：华阳国际设计集团

文林峰：住房和城乡建设部住宅产业化促进中心

付灿华：深圳市建筑产业化协会

专题12
英国装配式建筑发展状况

主要观点摘要

（1）英国并无如我国"装配式建筑"这样的说法或名称。为区别于传统现场建筑方式，通常将现场施工的工程量价值低于完工建筑价值40%的建造方式，称为非现场建造方式（Offsite Construction）。

（2）在英国，工厂预制建筑部件、现场施工装配的建造方式已广泛应用于建筑行业。几乎所有新建的低层住宅都会使用预制屋架来搭建坡屋顶，还有工厂预制的木结构墙框架系统也广泛采用。

（3）规模化、工厂化生产建筑的原动力是两次世界大战带来的巨大的住房需求，以及随之而来的建筑工人的短缺。英国政府于1945年发布白皮书，重点发展工业化制造能力，以弥补传统建造方式的不足。此外，战争结束后，钢铁和铝生产过剩，其制造能力需要寻求多样化的发展空间。多方因素共同促进了英国建筑装配化的发展，建造了大量装配式混凝土、木结构、钢结构和混合结构的建筑。

（4）20世纪60~80年代，钢结构、木结构以及混凝土结构体系等建筑方式得到进一步的发展。其中，以预制装配式木结构为主，采用木结构墙体和楼板作为承重体系，内部围护采用木板，外侧围护采用砖或石头的建造方式得到广泛应用。木结构住宅在新建建筑市场中的占比一度达到30%左右。

（5）21世纪初，英国非现场建造方式的建筑、部件和结构每年的产值为20亿~30亿英镑（2009年），约占整个建筑行业市场份额的2%，占新建建筑市场的3.6%。

（6）英国当代非现场建造方式技术体系主要有：木结构体系、钢结构大体积模块化建造体系和高层模块化建筑体系。

（7）住房市场需求扩大而传统的建造方式供应能力不足，为非现场建造建筑的发展提供了良好契机。发展因素有：技术工人的短缺（61%），时间成本可控性（54%），高质量的追求（50%）以及缩短现场施工周期（43%）。时间、成本和质量目标是衡量是否选择新建造模式的主要考虑因素，而健康与安全、可持续发展目标对决策影响不大。

（8）采用非现场建造方式的障碍，按照影响大小的排序，主要因素有：较高的固定资产投入成本、实现规模经济的困难、产业链配合的复杂、设计与规划流程的变化、对非现场建造方式偏贵的成见、建筑行业的保守文化、行业习惯的壁垒、固化的行业结构、较弱的制造业能力等。

（9）英国政策经验借鉴

1）对于进行非现场建造设计与体系开发的投资者提供税收优惠；

2）政府主管部门与行业协会合作，完善房屋自建体系，促进非现场建造方式的尝试与实践；

3）监控用地规划与分配系统，在房屋土地的供给方式和产权方面支持非现场建造房屋的推广；

4）基于推进绿色节能住宅的政策和措施，以对建筑品质、性能的严格要求促进行业向新型建造模式转变；

5）根据装配式建筑行业的专业技能要求，建立专业水平和技能的认定体系；

6）除了关注设计、建造和开发外，注重扶持供应商和物流建设等全产业链的发展。

目前，在英国对于这种工厂化预制建筑部件，现场安装的建造方式，虽然各种不同的建筑预制部件和方式早已广泛应用于英国的建筑行业。例如，几乎所有新建的低层住房都会使用工厂化预制屋架来搭建坡屋顶，还有工厂化预制的木结构墙框架系统也广泛采用。但对于此类的建筑及其建设方式并没有统一的命名和范围界定。为区别于传统现场建筑方式中采用预制部件的普遍方式，业内惯例通常将现场施工的工程量价值低于完工建筑价值40%的建造式，称为非现场建造方式（Offsite Construction）。

业内关于非现场建造建筑的范围也没有明确的界定，小到工厂预制的墙体框架，大到工厂制造的房间模块或建筑整体，都可归于其中。由于缺乏明确故该行业的规模和价值的统计非常困难，对本报告的深入度具有一定影响。此外，市场导向作用对英国非现场建造方式的影响远大于政府的政策导向作用，故本文主要着眼于英国住房市场对于非现场建造建筑的影响以其发展的外部因素加以分析。

综上，本文着重从英国非现场建造行业的发展历程、非现场建造行业主要结构技术体系以及英国住房市场对于非现场建造建筑的影响三个方面，结合已有调查报告对于英国的工业化发展情况加以说明分析，提出对国内建筑工业化发展的可行建议。

1 发展历程

英国非现场建造建筑的历史可以追溯到20世纪初。规模化、工厂化生产建筑的原动力是两次世界大战带来的巨大的住宅需求，以及随着而来的建筑工人的欠缺。具体发展历程如下：

1.1 1914~1939年起步发展期

"一战"结束后，英国建筑行业极度缺乏技术工人和建筑材料，造成住宅的严重短缺，急迫需要新的建造方式来缓解这些问题。1918~1939年期间，英国总共建造了4500000套房屋，期间开发了20多种钢结构房屋系统，但由于人工和材料逐渐充足，绝大多数房屋仍然采用传统方式进行建造，仅有5%左右的房屋，采用现场搭建和预制混凝土构件、木构件以及铸铁构件相结合的方式完成建造。当时英国非现场建造的建筑规模小，程度低。

另外，由于石材的建造成本上升以及合格砖石工人的短缺，使得非现场建造方式在苏格兰地区的应用相对英国其他地区更为广泛。

1.2 "二战"后快速发展期

"二战"结束后，英国住宅再次陷入短缺，新建住宅问题和已有贫民窟问题共同成为政府的主要工作重点。英国政府于1945年发布白皮书，重点发展工业化制造能力，以弥补传统建造方式的不足，以推进自20世纪30年代开始的清除贫民窟计划。

此外，战争结束后，钢铁和铝的生产过剩，其制造能力需要寻求多样化的发展空间。多方因素共同促进了英国建筑预制化的发展，建造了大量装配式混凝土、木结构、钢结构和混合结构建筑。

1.3　20世纪50～80年代产生多种装配式结构，预制木结构广泛应用

本时期主要分为两个交叉阶段：20世纪50～70年代和20世纪60～80年代。

20世纪50～70年代，英国建筑行业朝着装配式建筑方向蓬勃发展。这其中，既有预制混凝土大板方式，也有通常采用轻钢结构或木结构的盒子模块结构，甚至产生了铝结构框架。

20世纪60～80年代，建筑设计流程的简化和效率的提高，钢结构、木结构以及混凝土结构体系等得到进一步发展。其中，以预制装配式木结构为主，采用木结构墙体和楼板作为承重体系，内部围护采用木板，外侧围护采用砖或石头的建造方式得到广泛应用。木结构住宅在新建建筑市场中的占比一度达到30%左右。但后期因某一质疑木结构建筑水密性能电视节目的广泛传播，木结构住宅占比急剧下滑。不过，由于苏格兰地区的传统建筑方式崇尚使用石头或木头，预制装配式木结构体系的应用受影响较小。

1.4　20世纪90年代技术日臻成熟，步入品质追求期

20世纪90年代，英国住宅的数量问题已基本解决，建筑行业发展陷入困境，住宅建造迈入提高品质阶段。这一阶段非现场建造建筑的发展主要受制于市场需求和政治导向。

政治导向方面主要有倡议"建筑反思（伊根报告the Egan Report）"的发表，以及随后的创新运动（Movement for Innovation（M4I））和住宅论坛，引起了社会对于住宅领域的广泛思考，尤其是保障性住房领域。公有开发公司极力支持以上倡议所指导的方向和行动，着手发展装配式建筑。与此同时，传统建造方式现场脏乱差及工作环境艰苦的影响，导致施工行业年轻从业人员锐减，现场施工人员短缺，人工成本上升，私人住宅建筑商亦寻求发展装配式建筑。

1.5　21世纪后期至今，非现场建造方式逐步成为行业主流建造方式

21世纪初期，英国非现场建造方式的建筑、部件和结构每年的产值为20亿～30亿英镑（2009年），约占整个建筑行业市场份额的2%，占新建建筑市场的3.6%，并以每年25%的比例持续增长，预制建筑行业发展前景良好。

2 主要技术体系

2.1 木结构体系

英国木结构体系的发展同样是在"一战"后建筑工人短缺、寻求新建造技术的背景下开始的。早期的外墙采用重型框架或实木墙板，并且外挂木板。随后发展形成了龙骨框架式木结构体系，并且在1927~1941年间大量采用，除个别产品外，基本上只用作单层住宅。

需要指出的是，这种龙骨框架式木结构体系是另外一种目前普遍使用的轻钢密肋柱墙框架体系的原型。除了结构材料本身有所变化之外，其他围护和填充材料基本上是通用的。

二战后由于木材的短缺，同时木材本身有方便加工的特点，木框架体系得到了进一步的优化和发展，构件截面得以缩小，并且成了英国非现场建造房屋体系中占份额最大的一种建造方式（图12-1~图12-5）。

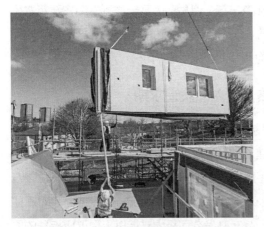

图12-1　封闭式木结构集成墙体

图12-2　木结构预制楼板屋架

图12-3　木结构施工现场

图12-4　采用预制木结构墙体

图12-5　大尺寸木结构墙体框架（高可达24m）

2.2　钢结构大体积模块化建造体系

所谓的大体积模块化建筑是工厂集成化率较高的一种非现场建造形式，以房间单元或房间组合作为整体的预制部品。以轻钢结构模块化体系为主的英国钢结构模块化建造形式是20世纪70年代后期才开始发展起来的[5]。业主选择采用这种非现场建造形式的主要原因包括：

（1）某些项目十分重视缩短建设周期和投资回收期，因此需要发挥模块化建造的速度优势；

（2）保障性住房项目本身建设规模较大，并且空间具有一定的重复性，因此采用模块化建造会有较好的规模化效应。

基于以上原因，模块化建造体系在市场应用方面也出现了特定的适用范围，主要包括：酒店和酒店扩建、单元式公寓、学生公寓、教学楼、快餐店、商业建筑的卫生间、医院和社区医疗点、高层建筑设备间、屋顶加层等。

随着模块化高层技术的发展，英国也是世界上在高层整体模块化建筑实践方面十分有代表性的国家，并完成了若干具有代表性的项目（图12-6、图12-7）。

图12-6　英国伦敦，Victoria Hall，19层，2011年完工

图12-7　英国伍尔弗汉普顿，Victoria Hall，25层，2009年完工

3 住房市场的影响

3.1 住宅需求增加

两个重要因素推动了英国住宅的需求增长：一是预计英国人口在未来十多年将有明显增长；二是由于生活方式的变化，导致家庭的小型化，独居、两人公寓等类型住宅需求增加。这两方面的变化意味着未来每个住宅平均居住人口数将降低，从而导致需要的住宅数量增加。

英国人口和住宅发展变化情况　　　　　　　　　　　　表12-1

年份	人口	住宅数量	每套住宅住户数
1961	43500000	14000000	3.11
1981	47000000	18000000	2.61
2001	49500000	21000000	2.36
2011	53000000	23000000	2.3
2031	62000000	27500000	2.25

数据来源：ONS，2011；DCLG 2012

3.2 传统建造方式供应能力不足

在英格兰地区，住宅建筑行业目前的交付能力是每年10万套新建住宅。如果进行资源投入并实施扩张计划，基于现场施工的传统建造方式能达到每年14万套的供应能力[1]。

但困难在于拥有传统建筑技术的工人数量越来越少，设备资产的投入并不能弥补现场施工技术人员的短缺。

综上，英国住房市场需求扩大，而传统的建造方式供应能力不足，为非现场建造建筑的发展提供了良好契机。此外，以下原因也进一步促使了非现场建造建筑的蓬勃发展：

（1）项目地缺乏合格的施工人员；

（2）对现场建造速度要求严苛，因为更快的现场完工时间，能够给客户或开发商带来更快的资金周转和更短的投资回收期；

（3）部分项目要求施工过程对周边建筑正常运营的影响尽可能小；

（4）对于包含密集设备的建筑，预制装配水平的提高有利于提高设备的可靠度和安装质量；

（5）对于有大规模重复房间的建筑，装配式建造能够发挥批量化建造的效率；

（6）规划条件对工程交付时间、现场施工噪声控制等要求严苛的；

（7）现场施工条件苛刻的情况，例如气象条件恶劣。

4 挑战分析

尽管相比传统现场建造方式，非现场建造方式拥有明显优势，但也存在一些障碍制约其发展，主要包括：

4.1 对变革的抵制

非现场建造方式的实施是全产业链全系统的变革，涉及不同的建造文化和专业体系，对人员项目管理、进度控制、专业知识和技能的要求都产生了变化。一些从业人员不愿放弃原有的一些惯例和习惯，并进行新的能力和技能培训。

4.2 资本投资的增加

非现场建造方式增加了固定资产投资和新技术认证成本。作为投资决策而言，需要理性分析采用新型建造方式所能带来的更大价值（质量保证、工期战略、环境影响和建筑性能等方面）。为此，非现场建造方式的实施就需要更强有力的商业领导力，并结合运营管理能力和专业技术管理，减少公众、用户、银行和保险公司的误解。

4.3 密切信息交流的需要

非现场建造概念就是将制造业模式引入到建筑行业，从而从本质上提升建筑质量、减少施工浪费。为了实现这个整合，必然需要实现设计、采购、生产、安装等全过程更密切地配合协作，其信息传递和项目交接方式相比传统建造模式需要更加系统化和贯通化。

4.4 传统建筑商业模式

非现场建造模式的现金流形式相比传统建造模式有诸多差异，需要更多的前期投入，需要不同的财务规划。另一方面，因为建造速度更快、工期更可控，收入更稳定，现金流转更快，从而有利于降低项目总投资额。而当下的主要挑战在于对这种财务模式以及现金流方式缺乏深入的了解。

5 参与方调查分析

根据行业抽样调查报告，通过对房屋建设方'的抽样调查，结果如下：

5.1 对现状的调查

目前非现场建造方式的普及水平比较低，并且应用在公寓楼房的比例要高于独栋住宅。根据市场价值调查，非现场建造方式占整个建筑行业（包括新建、改建、维修和土木工程）产值的2%左右。

5.2 预计趋势调查

在调查反馈中，在房屋建设方中，64%的人指出全行业需要大力发展非现场建造模式，21%的人不确定，仅有15%的人认为没有必要加大力度发展。在这其中，大型建设方更偏向于增大非现场建造方式的应用规模，同时，很多业内人士相信，未来重大的技术进步能影响整个建设行业。

5.3 采用非现场建造方式的动力

住房市场需求扩大而传统的建造方式供应能力不足，为非现场建造建筑的发展提供了良好契机。发展因素依次有：技术工人的短缺（61%），时间成本可控性（54%），高质量的追求（50%）以及缩短现场施工周期（43%）。时间、成本和质量目标是衡量是否选择新建造模式的主要考虑因素，而健康与安全、可持续发展目标对决策影响不大。

5.4 采用非现场建造方式的障碍

采用非现场建造方式的障碍，按照影响大小的排序，主要因素有：较高的固定资产投入成本、实现规模经济的困难、产业链配合的复杂、设计与规划流程的变化、对非现场建造方式偏贵的成见、建筑行业的保守文化、行业习惯的壁垒、固化的行业结构、较弱的制造业能力等。

6 政策经验借鉴

尽管国情不同，但建筑行业面临的问题和挑战，两国有很多共通之处。而从政府角度，除了履行相应政策制定职责，更应当支持和保护对非现场建造体系发展的投资与尝试。具体建议包括：

（1）对于进行非现场建造设计与体系开发的投资者提供税收优惠；

（2）政府主管部门与行业协会合作，完善房屋自建体系，促进非现场建造方式的尝试与实践；

（3）监控用地规划与分配系统，在房屋土地的供给方式和产权方面支持非现场建造房屋的推广；

（4）基于推进绿色节能住宅的政策和措施，以对建筑品质、性能的严格要求促进行业向新型建造模式转变；

（5）根据装配式建筑行业的专业技能要求，建立专业水平和技能的认定体系；

（6）除了关注设计、建造和开发外，注重扶持供应商和物流建设等全产业链的发展。

参考文献：

[1] Construction Industry Council（2013）Offsite Housing Review，www.cic.org.uk

[2] UKCES（2013）Technology and skills in the Construction Industry Evidence Report 74，ISBN 978-1-908418-54-8

[3] Building Offsite AnIntroduction，UKCES 2013

[4] Brief overview off-site Production HSE，UK2009

[5] Modular Construction US Light Steel Frame，SCI P272

[6] HM Government（2013）Construction 2025：Industrystrategy：government and industry partnership，URN BIS/13/955

编写人员：

撰稿：

虞向科：毅德建筑咨询（上海）有限公司

统稿：

龙玉峰：华阳国际设计集团

文林峰：住房和城乡建设部住宅产业化促进中心

付灿华：深圳市建筑产业化协会

西班牙装配式建筑发展状况

主要观点摘要

（1）欧盟在发展装配式建筑的过程中，始终将推进标准化作为重要的基础性工作，欧盟标准化组织通过了一系列协调标准、技术规程与导则等，极大地促进了欧洲各国建筑安全性达到一致性水准，同时促进了建筑构件、成套设备、材料的规模化生产及应用，为装配式建筑发展营造了良好的环境。

（2）在西班牙，装配式建筑技术的应用非常普遍。已完工的装配式建筑中，装配式混凝土结构建筑占主流，钢结构建筑约占5%，木结构建筑较少。

（3）由于装配式建筑具有抗震性能好、安全性能高、施工周期短、成本可控性强等优势，以政府投资为主的医院和学校几乎全部是装配式建筑；停车楼的预制装配技术已经非常成熟，成本优势明显，也在全国各地广泛采用。

（4）西班牙非常重视全产业链的建设，各个专业企业联系紧密，形成了某种意义上的联合体，保证了项目完成的质量和效率。有些企业还有意识地向上、下游延伸，成为全产业链企业，将不同企业之间的问题内化为企业内部问题。大部分完工多年的装配式建筑现在的品质依然完好。

（5）西班牙已建成的装配式混凝土建筑项目主要有：有全预制、主体结构预制、外墙板预制等类型。

（6）预制装配式的建造方式用途广且使用灵活，可以实现个性化设计与工业化建造的完美结合。有些复杂的外观设计是无法通过传统现浇方式完成的，充分体现了工业化的优势，在公共建筑中应用广泛。

（7）"建筑师总负责制"，由建筑设计师来统领项目实施，这对建筑师的经验和综合能力要求较高，要从建筑整体的适用性、经济性、美观性、绿色性出发，熟悉预制构件生产与安装的相关要求，将绿色建筑的要求与工业化建造手段结合起来，要有统筹全局、协调各参与方的能力，对建筑工程建设的全过程负责。

（8）重视方案策划，通常一个项目的策划与设计周期要占到项目整个周期的三分之一以上，要在开工前充分预测各种可能出现的状况，协调各专业之间的衔接与配合，保证项目开工后的建设速度和质量。

（9）典型示范项目圣琼安医院由于采用了装配式建造方式和其他绿色低碳技术，从设计到建造完成仅用了3年时间，比同等规模的医院节约建设成本约30%，运行过程中能耗很低：节省照明用电10%，制冷用电节省20%，节省用水20%，综合节能约35%，CO_2减排量约35%。

（10）提高建筑节能标准和建筑品质要求，助推装配式建筑发展。同时，要让全社会认识到其在提高质量、缩短工期、节能降耗、节约劳动力等方面的突出优势，促进行业发展。

西班牙的现代建筑不但充满了想象力和浪漫情怀，还将现代化技术手段与绿色可持续发展理念有机结合，在建筑中展现了科技之美。通过研究欧洲装配式建筑的发展背景和西班牙装配式建筑发展情况，分析大型企业发展案例，总结全产业链发展经验，借鉴对我国的启示。

1 欧洲装配式建筑发展历程

欧洲是第二次世界大战的主要战场之一，战争带来的严重破坏造成战后房屋大量短缺。欧洲各国对住宅的需求量都急剧增加，出现了"房荒"现象，成为当时严重的社会问题[①]。为了快速解决居住问题，欧洲各国开始采用工业化的生产方式建造住宅，装配式住宅大量涌现，并随之形成了一套完整的装配式住宅建筑体系。随着欧盟成为全球仅次于美国的能源消耗大户，欧盟对建筑节能的要求不断升级，这对整个建设行业提出了更高的要求，产业化的建造方式不再局限于住宅领域。

从1989年开始，欧盟陆续颁布了一系列有关建筑节能的建筑技术法规、法规配套文件以及技术标准来推动建筑节能工作[②]。其中，建筑技术法规中的"条例"、"指令"适用于全部欧盟成员国，并具有法律约束力，如建筑产品条例CPR[③]（305/2011/EU）和建筑能效指令EPBD（2010/31/EU）等。这些法规通过严格要求建筑各项性能和节能指标，引导欧盟各成员国高度重视绿色建筑与低能耗建筑的发展，并自觉将产业化建造方式与绿色可持续建筑相结合。

欧盟在发展装配式建筑的过程中，始终将推进标准化作为重要的基础性工作，由欧盟标准化组织通过了一系列协调标准、技术规程与导则等[④]，提供通用的设计标准和方法达到承载力、稳定性等方面的要求，使欧洲建筑安全性达到一致的水准，并促进建筑构件、成套设备、材料的规模化生产及应用，为装配式建筑发展营造了良好的环境。

2 装配式建筑和全产业链发展概况

在西班牙，装配式建筑技术的应用非常普遍。已完工的装配式建筑中，装配式混凝土

---

① 朱道才. 欧美建筑产业现代化及启示[J]. 特区经济–国际经济观察. 2006.4.

② 袁闪闪，徐伟，汤亚军. 欧盟建筑节能标准及发展趋势研究[J]. 暖通空调. 2015.10.

③ 建筑产品条例又称建筑产品法规，英文名称为CPR——Construction Product Regulation，简称欧盟CPR法规，从2011年开始取代了旧的CPD建筑产品指令（89/106/EEC–CPD）。

④ 张淼，程志军，任霏霏. 欧盟建筑技术法规简介[J]. 工程建设标准化. 2015.3.

结构建筑占主流，钢结构建筑约占5%，木结构建筑较少[①]。除了住宅项目以外，西班牙的医院、学校、停车楼等公共建筑大多采用装配式的建造方式，这不是政府的强制性要求，而是在工程质量、建设速度、节能标准、劳动力成本要求下的市场自发行为。由于装配式建筑具有抗震性能好、安全性能高、施工周期短、成本可控性强等优势，以政府投资为主的医院和学校几乎全部按产业化方式建造；停车楼的预制装配技术已经非常成熟，成本优势明显，也在全国各地广泛采用。

西班牙非常重视建筑产业现代化全产业链的建设。在装配式建筑发展初期，西班牙装配式建筑的设计、构件生产、施工安装是截然分开的，分别由不同的主体来执行，不同主体各行其是，沟通协调成本高且效果差。在发展过程中西班牙的企业逐渐意识到，装配式建造方式的初期会面临各种问题，需要各个主体共同解决。比如要生产出合适的预制构件，就必须让建筑设计、构件生产、施工安装三方通力合作。现如今，西班牙装配式建筑的各个专业企业联系非常紧密，建筑设计师了解预制构件工厂可以做什么，预制构件工厂了解施工安装的各种要求，不同主体为了完成一个项目会经常坐在一张桌子上探讨问题，逐渐形成了某种意义上的联合体。这样的联合体从拿到土地开始一直为项目服务到最后，各个专业之间紧密合作，保证了项目完成的质量和效率。除了以上这种服务模式外，产业链上的有些企业还有意识地向上、下游延伸，成为全产业链企业，将不同企业之间的问题内化为企业内部问题。经过多年发展，西班牙装配式建筑产业链条已经非常成熟，为装配式建筑工程项目建设提供了良好的保证。在西班牙的马德里、巴塞罗那等城市可以看到，完工多年的装配式建筑现在的品质依然非常好。

3 企业情况

3.1 莫林斯（Molins）集团和普瑞康（Precon）建筑材料公司

莫林斯集团是西班牙的水泥制品企业，成立于1928年，是一家国际集团公司，目前在全球拥有12家水泥工厂，包括墨西哥3家、乌拉圭2家、阿根廷2家、西班牙2家、突尼斯2家和孟加拉共和国1家（图13-1）。

随着西班牙装配式建筑的发展，在20世纪80年代末的一次战略调整中，莫林斯集团延伸其产业链，从单纯的水泥生产向混凝土预制构件生产拓展，兼并了6家西班牙预制构件公司，成了西班牙预制构件行业中规模较大、业务较综合的企业。其中，普瑞康

---

① 数据来源于OSA可持续性建筑和工程公司内部研究资料。

（Precon）建筑材料公司是一家专门生产混凝土预制构件的子公司。2014年，普瑞康建筑材料公司在我国临沂投资建设了年产量30万m²的预制构件厂，并派遣西班牙的技术人员和工人到中国工作并指导项目建设。

图13-1　位于巴塞罗那的莫林斯水泥公司总部

图13-2　位于巴塞罗那市郊的主体结构预制的停车楼项目

普瑞康建筑材料公司可以在装配式建筑设计阶段提供结构优化方案，并在构件生产、运输及安装环节提供解决方案，在马德里、巴塞罗那等地已成功建设了多个装配式混凝土建筑项目，有全预制、主体结构预制、外墙板预制等类型。图13-2为位于巴塞罗那市郊的主体结构预制的停车楼项目，由于结构设计合理、构件精度高、混凝土表面平整，整个停车楼看起来十分精巧，充分体现了工业化之美。

在西班牙的装配式建筑企业看来，预制装配式的建造方式用途广且使用灵活，并不意味着呆板和单一。巴塞罗那费拉万丽酒店便是个性化设计与工业化建造完美结合的典型案例。该酒店外墙全部预制，在普瑞康工厂内预制生产了美丽的镂空外墙，在现场吊装后镶嵌上玻璃，便构成了极富特色的外立面。这样的设计是无法通过传统现浇方式完成的，充分体现了工业化的优势，为我国公共建筑领域使用混凝土预制构件提供了很好的借鉴（图13-3、图13-4）。

图13-3　正在吊装的预制外墙板

图13-4　应用预制外墙板的费拉万丽酒店建成图

3.2 OSA可持续性建筑和工程公司

西班牙OSA可持续性建筑和工程公司是一家致力于生态与可持续发展建设设计研究和工程建造的公司，其总部设立于西班牙的两个主要城市——马德里和巴塞罗那，是由两个建筑事务所和一个工程公司组成的股份有限公司。OSA公司十分注重建筑产业现代化全产业链发展，不但自身可以提供建筑设计服务，其参股的PUJOL预购构件厂还有自己的泥沙厂和水泥生产厂，是欧洲最现代化的预制构件工厂之一（图13-5）。

图13-5 PUJOL预制构件工厂的生产线和产品

OSA公司的可持续发展理念是在高度认知社会意识形态的同时，尊重和保护环境，实现城市及建筑的最低能源消耗和最大社会环境效益。OSA公司认为，建筑工程的发展应将绿色建筑设计与工业化手段、可持续发展理念相结合，建筑师需要有统筹全局、协调各参与方的能力，对建筑工程建设的全过程负责。西班牙十分重视建筑产业化人才的培养，大学里设立了专门的绿色可持续建筑系，同时鼓励高校教师与社会紧密合作，将理论研究与生产实践相结合。正是由于建筑设计师对构件生产、现场施工等各专业环节的要求都非常熟悉，才能够与构件厂和施工单位进行良好的沟通。OSA公司从事装配式建筑建设的经验表明，往往一个项目的策划与设计周期要占到项目整个周期的三分之一以上，这段时间里项目的所有参与单位会经常坐在一张桌子上讨论问题，充分预测各种可能出现的状况，协调各专业之间的衔接与配合，以此来保证项目开工后的建设速度。

圣琼安医院项目和预制装配式小学项目就是以这样的方式设计和建造的两个项目（图13-6）。

位于西班牙雷乌斯的圣琼安医院项目于2007年启动，2010年建成，建筑面积98500m²，是将绿色建筑理念与建筑产业现代化手段很好地结合的一个项目。其绿色低碳设计手段主要有以下五方面：

图13-6 建造过程中的雷乌斯圣琼安医院

（1）依靠建筑设计的创新，节能就能达到30%以上；

（2）采用高效的保温隔热材料，并充分考虑医院的隔声需要；

（3）外立面设置太阳能热利用装置，通过研究当地四季太阳高度角的变化，进行太阳光辐射的调节控制，充分利用自然光和热量；

（4）对医院内各个功能空间的温度要求进行有针对性的研究，如病房、医生办公室、公共大厅等，采用高效的新风系统和热回收系统，分区调节温度；

（5）采用带有储水箱的绿色屋顶，收集雨水、绿化屋顶的同时具有更好的保温隔热性能及热惯性。

由于采用了产业化建造方式和其他绿色低碳技术，圣琼安医院从设计到建造完成仅用了3年时间，比西班牙同等规模的医院节约建设成本约30%，并且运行过程中能耗非常低：用电方面节省10%，制冷方面节省20%，用水方面节省20%，运行过程中节能约35%，CO_2减排量约35%。

图13-7 建成后的雷乌斯圣琼安医院

小学项目一般要求建造质量高、速度快，因此西班牙几乎所有的小学都是装配式建筑。在OSA公司参与建设的一个预制装配式小学项目中，策划与设计总共用时5个月，之后工厂高效率地生产预制构件，待学校放假后，仅用5个月就完成了主体结构与内装施工的全部工程。带有字母印记的混凝土墙板是在工厂内预制好的，简单的素混凝土刷上白色和绿色的漆后变得十分生动活泼，裸露在走廊中的管线挂上孩子们的画作后变为了教室外的一道风景，装配式建筑在大大缩短施工周期的同时保证了建筑品质的优良（图13-8）。

图13-8　预制装配式小学项目

4 经验借鉴与启示

西班牙等欧洲国家的建筑产业现代化工作已经开展了几十年，无论从技术层面还是实施层面都积累了丰富的经验，为建筑节能事业作出了突出贡献。从西班牙发展建筑产业现代化的经验来看，对我国有如下启示：

4.1 要大力推进标准化工作

没有标准化，通用化、系列化和规模化就无从谈起，产业化也难以实现。欧盟拥有28个成员国，通过强大的标准化体系，使得各国将欧盟协调标准转换成各自的国家标准，标准化成了科技成果转化为生产力的纽带。建立并完善标准化体系，将为我国装配式建造发展奠定重要基础。

4.2 树立"建筑师总负责"的理念

由建筑设计师来统领建筑产业现代化项目的实施，这对建筑师的经验和综合能力要求较高，要从建筑整体的适用性、经济性、美观性、绿色性出发，熟悉预制构件生产与安装的相关要求，将绿色建筑的要求与建筑产业现代化的手段结合起来，积极与各相关单位沟通协调，并指导项目建设。这需要我国加大专业人才培养力度，在传统建筑设计课程中设立建筑产业现代化相关课程，适时开设专门的建筑产业化专业，为建筑产业现代化发展提供人才支撑。

4.3 要鼓励装配式建造方式与个性化建筑设计相结合

在建筑师的精心组织下，预制构件厂能够很好地配合建筑造型需要，生产出既美观又经济适用，且符合标准化、模数化的预制构件。因此，装配式建筑同样在公共建筑领域大有可为。可以借鉴欧洲在学校、医院、停车楼等公共建筑中的实践经验，加强交流与学习，逐步扩大我国建筑产业现代化技术应用范围。

4.4 要加快全产业链建设

建筑产业现代化的发展需要全产业链上下游的共同协作，建筑开发、设计、部品生产、施工、监理、运营管理等企业要加强产业技术交流，积累基础技术，共享基本经验，才能破除技术壁垒，促进形成"产、学、研、用"一体化，为我国建筑产业现代化发展提供全套解决方案。

4.5 要利用"双向推动"手段

除了经济激励政策和技术扶持政策以外，提高建筑节能标准和建筑品质要求也是助推建筑产业现代化发展的重要手段。长远来看，必须要让全社会认识到产业化带来的质量提高、工期缩短、节能降耗、劳动力节约等效益，让全行业自发主动采用装配式建造方式投资、设计、生产和建造。

编写人员：

撰稿：

王洁凝：住房和城乡建设部住宅产业化促进中心

统稿：

文林峰：住房和城乡建设部住宅产业化促进中心

新加坡装配式建筑发展状况

主要观点摘要

（1）新加坡是世界上公认的住宅问题解决较好的国家，住宅政策及装配式住宅发展理念促进其工业化建造方式得到广泛推广，住宅多采用装配式技术建造，截至目前（2015年），建屋局总共建设了约一百万户的组屋单位，有87%的新加坡人住进了装配式政府组屋。

（2）20世纪80年代初，新加坡建屋发展局（HDB）开始逐渐将装配式建筑理念引入住宅工程，并称之为建筑工业化。90年代初，装配式住宅已颇具规模，全国12家预制企业，年生产总额1.5亿新币，占建筑业总额的5%。

（3）装配式建筑发展政策主要从鼓励生产应用以及提升装配式建筑住宅市场需求两个方面入手。

（4）组屋通常为塔式或板式的多层及高层建筑，早期建设的组屋多为6~10层楼高，新建组屋多为13~17层高。新建组屋的装配率达到70%以上，部分组屋装配率达到90%以上，常见的组屋预制构件有预制混凝土梁柱、剪力墙、预应力叠合楼板、建筑外墙、楼梯、电梯墙、防空壕、空调板、垃圾槽、管道井、水箱等。

（5）相关规范标准：在HDB 2014版的装配式设计指南中，对于户型设计、模数设计、尺寸设计、标准接头设计等都做出了规定，如标准户型设计指南以及层高设计规定（HDB规定组屋层高需为首层3.6m、标准层2.8m。)

（6）对于预制构件的节点设计也做出了相应规定，比如竖向构件接口处设计接缝宽度为16mm、水平构件接缝为20mm或15mm。

（7）发展建筑工业化的基础是对住宅户型进行模数化设计，这有利于装配式预制构件的拆分、构件尺寸的选取和节点的设计。同时，还因地制宜，规定建筑层高、墙厚、楼板厚度的模数。

（8）基于装配式建筑带来的标准化、高效率等优势，装配式施工的交工时间由以前同类工程平均施工时长的18个月缩短为8~14个月，大大节约了建筑成本。标准层施工周期通常为10个工作日，与传统现浇模式相比，施工速度提升两倍之多。

（9）采用易建性评分体系。从设计着手，以减少建筑工地现场工人数量、提高施工效率为目的，以改进施工方式方法为引导，将诸如非异型设计、清水隔间墙、预制结构设计、重复性高的轴线间距和楼层层高等作为设计师的得分点，加以鼓励采用。未达到易建性设计评分最低分要求的设计将不被BCA审核通过。

（10）随着劳动力日益紧缺，建设局（BCA）鼓励施工企业进行改革创新，从施工方案到施工设备机械再到施工管理方面，使得企业在施工过程中，最大化地提高施工现场的生产效率，利用工业化方降低对于人工的依赖。

（11）对于提高生产力所使用的工具采取奖励计划（Mech-C计划），可最高奖励企业20万新元。

（12）对一切先进的施工模式、施工材料等进行奖励（PIP计划）。诸如先进的系统模板的使用、铝模板的使用、BIM系统的使用等，可获得每项高达10万元新币的奖励。

（13）从经济性出发，组屋外墙很少采用高档材料，而多采用涂料粉刷，可以节约成本，易于翻新。

（14）据统计，与现浇技术相比，现场建筑垃圾减少83%，材料损耗减少60%，建筑节能5%以上。住宅的施工质量可控性更高，误差精度精确到5mm以内。

（15）对组屋施工企业进行严格的监管，每个工程预制构件的第一批生产和吊装须有建屋发展局官员见证和指导，如存在问题，可做到早期发现、早期改良。

（16）装配式建筑的发展方向：大力推广使用PPVC免抹灰预制集成建筑技术，继续使用并推广PBU预制卫生间技术以及发展并鼓励BIM系统的使用。

新加坡是世界上公认的住宅问题解决较好的国家，其住宅多采用建筑工业化技术加以建造，其中，住宅政策及装配式住宅发展理念是促使其工业化建造方式得到广泛推广，工业化建造技术得以提升的主要原因，最宜借鉴吸纳。

故本文主要从其装配式住宅发展历程入手，侧重于对其政策规范以及政府的角色定位等方面对新加坡的装配式建筑发展经验加以说明分析，得出适应于我国国情的经验借鉴。

1 发展历程

70年代的新加坡，装配式工程技法仅仅使用在预制管涵、预制桥梁构件上，时间推后到80年代早期，新加坡建屋发展局（HDB）开始逐渐将装配式建筑理念引入住宅工程，并称之为建筑工业化。

在1981～1983年的新加坡建筑工业化历程中，3家外国承建商标得了HDB的5个重点工程。他们开始向新加坡引进预制技术，在这些工程中，采用预制工法的构件主要有框架梁、墙体、楼板、垃圾槽以及楼梯。

基于装配式建筑带来的标准化、高效率等优势，这几项工程的交工时间由以前同类工程平均施工时长的18个月缩短为8～14个月。比起传统的现浇方案，装配式施工的引进，大大节约了建筑成本。

随着这5个工程项目的成功开展，新加坡一些本地公司也开始逐渐尝试起了这种新兴建筑理念。一座座预制工厂顺应潮流而建。起初，这些工厂主要承接一些大体量的简单预制构件项目，但逐渐地在HDB的引导下，他们开始学习和生产一些较为精细的构件，诸如垃圾槽、楼梯、女儿墙等。

90年代初，新加坡的装配式住宅已颇具规模，全国12家预制企业，年生产总额1.5亿新币，占建筑业总额的5%。

现在，87%的新加坡人住进了装配式政府组屋，这表明300多万人口的新加坡基本实现了建国总理李光耀的"居者有其屋"的住房计划。

2 政策措施及其发展规划

新加坡的装配式建筑发展政策主要从鼓励生产应用以及提升装配式建筑住宅市场需求两个方面入手。

2.1　建设局（BCA）推行建筑工业化，提高建筑业生产力

2.1.1　易建性设计评分（Buildable Design Score）

易建性是由英文Buildability翻译过来的，由英文的Build 和ability组合而成，意思是"可建造性"，亦即在保证建筑物质量的前提下，使施工更快速、更有效和更经济。

由于新加坡的本国工人短缺，外劳供应量不足，半熟练和低成本的外劳导致建筑业生产率过低，工程质量也难以保证。为了保持建筑业的竞争力和长期增长，政府决定进行一些根本性的改革，以提高建筑业的效率。

从2000年开始，新加坡政府决定以法规的方法对所有新的建筑项目实行"建筑物易建性评分"规范，并于2001年1月1日起正式执行。该规范制定了易建设计评价体系，包括建筑设计易建性评分值的计算公式及计算方法。该体系对易建性定义为"建筑物容易建造的程度"，其目的是为了使建筑物相对容易施工，并且能减少工人的数目，提高生产效率。该体系意在从工程建设的源头——设计阶段为切入点，以减少建筑工地现场工人数量，提高施工效率为目的，以改进施工方式方法为引导方向而制定出的一套评分体系。

并规定建筑面积在5000m²的项目必须满足最低的计分（score）要求，图纸方具备获得批准的条件，这成为政府审批建筑项目的一项要求，以此推动预制技术的使用和建筑工业化的发展。

例如，BCA在2001年的第一版评分标准中，将诸如非异性设计、清水隔间墙、预制结构设计、重复性高的轴线间距和楼层层高等作为设计师的得分点，加以鼓励采用。

此规范以后几乎每2～3年修订一次，现在执行的是2014年版。

新加坡易建设计评价体系组成　　　　　　　　　　　表14-1

第一部分	结构体系	最高50分	根据所用结构体系评分，各种不同结构体系可根据附表查出"易建性计分值"
第二部分	墙体体系	最高45分	根据所用墙体体系评分，各种不同墙体体系可根据附表查出"易建性计分值"
第三部分	其他建筑设计特点	最高10分	根据标准化、结构布置和预制构件的使用评分，也有附表可查

易建性总分值= 结构体系易建性分值（包括屋顶系统）+ 墙体体系易建性分值 + 其余建筑设计特点的易建性分值。

资料来源：《深圳市住宅建筑易建性研究报告》。

设计师通过选择不同的结构形式，在比较中选择可行性最高的设计。几个核心的得分

因素分别为：

标准化、模数化：包含轴线的重复性，结构中采用的尺寸的合理性，构件接头的统一性等。

简单化：简单化的结构系统或预制构件安装系统，有助于提高建筑物的易建性得分。

集成化：设计时考虑最大限度地合并预制构件成为单一组建，如预制卫生间（PBU）。

新加坡采用了易建性评分体系，并不只是在为建筑设计和结构设计评分，建造承包商的管理模式和水平、施工质量等因素，也被列入了评分的考量因素。

新加坡易建性评分体系的分值系数主要来源于节约劳动力的指数，这个省工指数是通过长期的资料收集和经验积累计算所得的数值。

对于在新加坡参与投标的外国建筑企业，建设局（BCA）会结合相应国家的易建性评分体系来综合考量，也会参考各国的评分体系，对本国的标准进行完善。

结构系统的值   表14-2

结构系统	描述	省工指数
预制混凝土结构体系	全预制	1.00
	带有平板和圈梁的预制墙/柱（梁高）	0.90
	带有平板和圈梁的预制墙/柱（梁高）	0.80
	带有无梁楼盖和圈梁的预制墙/柱（梁高）	0.85
	带有无梁楼盖和圈梁的预制墙/柱（梁高）	0.75
	预制梁+预制楼板	0.90
	预制梁+预制墙/柱	0.90
	预制墙/柱+预制楼板	0.90
	仅有预制楼板	0.70
	仅有预制墙/柱	0.70
钢结构体系（仅限于使用钢盖板或预制混凝土楼板的结构）	钢梁+钢柱（梁高）	1.00
	钢梁+钢柱（梁高）	0.95
现浇混凝土结构体系	平板+圈梁（梁高）	0.85
	平板+圈梁（梁高）	0.75
	无梁楼盖+圈梁（梁高）	0.80
	无梁楼盖+圈梁（梁高）	0.70
	单向梁	0.70
	双向梁	0.45

续表

结构系统	描述	省工指数
屋盖体系（非混凝土制）	钢桁架上的整体式金属屋盖	1.00
	钢桁架/木桁架上的金属屋盖	0.95
	钢梁/预制混凝土梁/木梁上的瓦屋盖	0.75
	现浇梁上的金属屋盖	0.60
	现浇梁上的瓦屋盖	0.55

2013年，BCA对评分标准重新进行修订，增加了对于不同用途的建筑设计的最低得分，未达到易建性设计评分最低分要求的设计将不被BCA审核通过。

新建工程易建性评分最低要求

表14-3

建筑种类	易建性评分最低要求		
	2000m²≤建筑面积 ≤5000m²	5000m²≤建筑面积 ≤25000m²	建筑面积≥25000m²
有地权住宅	73	78	81
普通住宅	80	85	88
商业建筑	82	87	90
工业建筑	82	87	90
学校	77	82	85
公共机构及其他类型建筑	73	79	82

注：对于在经政府土地销售项目（Government Land Sale Programme，GLS Programme）售出的土地上建造的建筑，该最低分数基于土地被售出的日期给出；对于其他建筑，该最低分数基于建造计划被提交给新加坡城市再开发总署（Urban Redevelopment Authority，URA）的日期给出。

新加坡的易建规范中主要规定了不同建筑物的易建性的最低计分要求，以及送审程序和易建性计分方法。通过易建性计分方法可以客观计算出建筑设计的易建性分值，建筑设计的易建性分值由结构体系、墙体体系和其他易建性特征三部分的分值汇总求和得到的。除此之外，如果使用预制浴室、预制厕所，可以得到加分。分值越高，其易建性越强，建筑质量和劳动生产率也越高。

特别值得注意的是，易建性评分的目的是为了促进易建设计的广泛应用，节省劳动力

易建性得分计算公式   表14-4

建筑易建性评分（B-Score）	=	结构体系（含屋盖体系）的易建性评分+内外墙体系的易建性评分+其他部分的易建性评分
B-Score	=	$\{45[\Sigma(A_s \times S_s)]+$结构奖励分数$\}^{\#}+\{40[\Sigma(L_w \times S_w)]+C+$建筑奖励分数$\}^{\#}+N+$奖励分数
A_s	=	A_{sa}/A_{st}
L_w	=	L_{wa}/L_{wt}
A_s	=	某种结构体系占有的建筑面积比例
A_{st}	=	建筑总面积（包括屋顶投影面积与地下室面积）
A_{sa}	=	某种结构体系具有的建筑面积
L_w	=	某种内外墙体系占有的墙长度比例
L_{wt}	=	内外墙总长度（包括地下室的挡土墙）
L_{wa}	=	某种内外墙体系具有的墙长度
S_s	=	某种结构体系的省工指数（参见表格1）
结构奖励分数	=	采用建议的预制节点、预制节点机械连接、高强混凝土、自密实混凝土与隔水墙对应的奖励分数
S_w	=	某种内外墙体系的省工指数
C	=	简洁设计对应的奖励分数
建筑奖励分数	=	省工建筑体系对应的奖励分数
N	=	其他部分的易建性评分
奖励分数	=	采用单组份构件、工业标准化建筑构件/设计尺寸、干施工作业、省工机电设备体系、现代施工体系对应的奖励分数

注：带有上标#的两项不得超过45分

和提高施工质量。并非牺牲设计的多样化和创造性，以牺牲好的建筑设计来换取易建性。实际上有许多例子证明，独特而有特色的设计一样可以得到较高的易建性分值。因此，易建性评分体系的目的也并非单纯地推行预制化，固然预制化的易建分值较高，但现浇结构可能也会得到较好的计分。

二十多年来，易建性制度对新加坡建筑业劳动生产率的提高起到了明显的作用，促进了新加坡住宅工业化的发展，新加坡也因此成为世界上住房问题解决得最成功的国家之一，全国高达87%的居民居住在公屋里，95%以上的新加坡人拥有自己的住房。

2.1.2 对于提高生产力所使用的工具或者施工方法采取奖励计划（Mech-C and PIP）

易建性评分属于设计阶段的强制性规范，而Mech-C和PIP计划的引入，是建设局（BCA）为了鼓励施工企业采用先进技术、先进施工设备和施工方案采取的奖励政策。

在外劳日益紧缺的今天，建设局（BCA）鼓励施工企业进行改革创新，从施工方案到施工设备机械再到施工管理方面，使得企业在施工过程中，最大化地提高施工现场的生产效率，以达到工业化模式，从而降低对于人工的依赖。

其中，Mech-C计划倾向于对设备采购方面的奖励和补助，比如企业购买并使用了剪刀式升降机或者悬臂式升降机，代替了传统搭设脚手架的方式进行高空作业，节约了大量的工时；再比如，采用全自动的洗车设备，代替传统的洗车工人对工地进出车辆进行清洗等。该计划可最高奖励企业20万新元。

PIP计划是建设局（BCA）另一项奖励政策，对一切先进的施工模式、施工材料等进行奖励。诸如先进的系统模板的使用，铝模板的使用，BIM系统的使用等均能申请并获得每项高达10万元新币的奖励。

2.2　现阶段建屋局（HDB）在新加坡组屋项目中推行建筑工业化

新加坡的组屋制度，始于1960年，当时，新加坡刚刚从英殖民统治下脱离，成立自治机构，整个社会发展比较落后，政府财力有限，民众住房条件比较差。李光耀当时提出的口号是，要实现新加坡人"居者有其屋"。自此，新加坡政府将解决住房问题作为一项基本国策，并与1960年成立了建屋发展局，在最初的三年里，建屋局总共规划并建成了21000个组屋单位。

20世纪70年代，新加坡政府规定只有月收入在1500新元以下者才可申请；80年代，提高到2500新元，随后又放宽到3500新元。这基本上保证了80%以上中等收入的家庭能够得到廉价的组屋。这一政策实施以来，新加坡政策在境内各地纷纷兴建组屋，民众居住条件不断改善，本国人口组屋入住率，到90年代达到顶峰。

截至目前（2015年），建屋局总共建设了约一百万户的组屋单位，80%的新加坡公民住在组屋中，其中，93%的居民拥有其房屋的产权，7%的低收入家庭是向政府廉价租赁；另外15%的高收入家庭住的是市场上购买的高档商品房。

组屋通常为塔式或板式的多层及高层建筑，早期建设的组屋多为6~10层楼高，新建组屋多为13~17层高。新建组屋的装配率达到70%以上，部分组屋装配率达到90%以上（如达士岭组屋，装配率达到94%），常见的组屋预制构件有预制混凝土梁柱、剪力墙、预应力叠合楼板、建筑外墙、楼梯、电梯墙、防空壕、空调板、垃圾槽、管道井、水箱等（见下图）。

从经济节能角度出发，组屋外墙很少采用高档材料，而多采用涂料粉刷，一来节约了成本，二来易于翻新。建屋发展局会定期对每个组屋建筑进行翻新，如重新粉刷外立面和走廊、楼梯间等公共区间，或是对旧式无电梯的组屋加装电梯等。

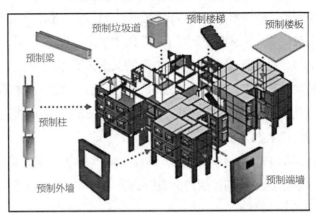

建屋发展局（HDB）项目使用的标准预制构件示意图

图14-1

由于组屋设计标准化程度极高，大大减轻了设计和建造时间。与此同时，由于重复性高，预制构件厂在生产过程中也降低了模板生产的成本。

据统计，通过装配式建造的组屋，与现浇技术相比，现场建筑垃圾减少83%，材料损耗减少60%，建筑节能5%以上。并且，住宅的施工质量可控性更高，误差精度精确到5mm以内。如今，新建组屋结构标准层施工的周期通常为10个工作日左右，与传统现浇模式相比，施工速度提升两倍之多。由于装配式建筑在新加坡的普及度之高，本地施工企业均配备有专业的吊装团队，能够进行熟练、快捷、精准地施工作业，不仅大大节约了工期和成本，还提高了施工安全性和可控性。

图14-2　达士岭组屋项目

图14-3　建设中达士岭组屋项目

图14-4　榜鹅水道组屋项目

3　相关规范标准

由于新加坡的装配式施工技术主要应用于组屋建设，故此类标准规范主要针对组屋等类型的建筑。

3.1　对组屋建筑及结构设计的规范制定（包括预制构件模数，建筑层高，接头设计）

在HDB 2014版的装配式设计指南（HDB precast pictorial）中，对于构件的户型设计、模数设计、尺寸设计、标准接头设计等都做出了规定。例如，标准户型设计指南。

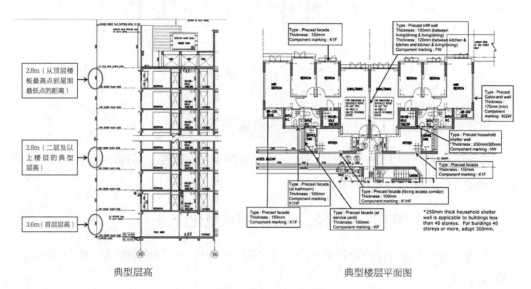

典型层高　　　　　　　　　　　　　　典型楼层平面图

图14-5　典型层高及楼层

以及层高设计规定：HDB规定组屋层高需为首层3.6m、标准层2.8m。

此外，该指南对于预制构件的节点设计也做出了相应规定，比如竖向构件接口处设计接缝宽度为16mm、水平构件接缝为20mm或15mm（图14-6）。

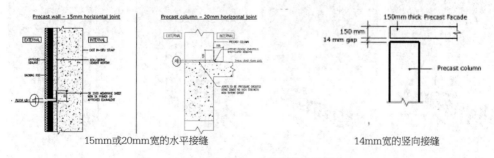

15mm或20mm宽的水平接缝　　　　　　　14mm宽的竖向接缝

图14-6　竖向、水平构件接缝设计

对于建筑细部的尺寸设计也一一进行了说明，比如滴水线的尺寸以及位置（图14-7）：

滴水线的细节应遵循相关详图

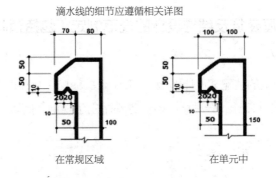

在常规区域　　　　　　在单元中

图14-7　滴水线标准详图

3.2　对组屋施工企业进行严格的质量监管

每个工程预制构件的第一批生产和吊装须有建屋发展局官员见证和指导，如存在问题，可做到早期发现，早期改良。

3.3　建立对组屋工程所用的建筑材料规范化管理

批准并要求选用合格的建材生产商，对工程中所有材料进行定期检查，规范材料检查间隔和要求。

4　发展方向

图14-8　PPVC免抹灰预制单元的现场安装

| OUE皇冠假日酒店扩建 | 北山旅店 | Canberra道上的CDL组屋 |

图14-9 典型项目

4.1 大力推广使用PPVC免抹灰预制集成建筑技术

4.2 根据市场要求，继续使用并推广PBU预制卫生间技术

| 工厂中的PBU预制卫生间 | PBU预制卫生间吊装 | 安装完成的PBU预制卫生间 |

图14-10 PBU预制卫生间

4.3 发展并鼓励BIM系统的使用

在各大院校开展了BIM系统的专业课程，培养在校学生和在职人员的信息化、系统化管理的专业技能。

在新加坡住宅政策的推动下，以及建设局（BCA）和建屋发展局（HDB）的共同努力下，新加坡的住宅产业正在平稳有序地发展着，其良好的居住条件，给一代又一代国民创造了和谐美好的家园。

5 经验借鉴与启示

5.1 以人为本的设计理念

例如，新加坡的组屋多以楼栋为单位，3~10栋楼组成小区，而小区全部为开放式设计，并无围墙和保安，出入口处设置电子收费闸门供车辆进出，行人则可在组屋底层和小区道路间穿行。由于组屋的底层全部为架空层，一方面可以为居民提供不受太阳直射的活动空间，另一方面，解决了通风、避雨、防潮等问题，不仅方便了居民在楼群和小区之间步行，也为老人和小孩提供了足够的活动空间。

5.2　模数化设计作为装配式设计基础

建筑产业化是建立在标准化之上的，这就需要对住宅户型进行模数化设计，这样有利于装配式预制构件的拆分、构件尺寸的选取和节点的设计。因地制宜，规定建筑层高、墙厚、楼板厚度的模数，有利于预制构件的设计生产，节约材料和生产耗时。

5.3　以节约生产力，节约材料工期为创新及发展方向

在中国劳动力平均年龄老化，劳动力价格日趋高涨的今天，节约生产力必须引以重视。而节约材料和工期在绿色环保和可持续性发展的理念中扮演着举足轻重的作用。相关部门应当对有创新贡献的企业进行鼓励，提高企业创新积极性，而企业也应当肩负提高工人技能，提升生产效率的重任。

5.4　重视人才培养

我国需加快对于住宅产业化的人才培养，在各大高校开设相关课程，对在职人员进行专业知识的再教育工作，有利于推广和普及产业化知识和技能，从而加快产业化的发展。

5.5　完善住宅配套设施

我国在城市住宅开发过程中，应当节约和利用每一寸空间，在满足功能的前提下，力争实现住宅及配套设施完善化、集中化、立体化，是土地资源得到有效利用。

编写人员：

撰稿：

高　阳：G&L pacific builder Pte Led

统稿：

龙玉峰：华阳国际设计集团
文林峰：住房和城乡建设部住宅产业化促进中心
付灿华：深圳市建筑产业化协会

我国香港地区装配式建筑发展状况

主要观点摘要

（1）在政府投资的公共住房中率先进行装配式建筑实践。香港在早期公屋建设中采用现场现浇方式，由于材料浪费严重、建筑垃圾多且无法控制质量，迫使香港政府研究开发预制装配式建造技术。20世纪80年代，在公共房屋（包括公屋和居屋）项目中率先使用预制构件装配式施工，从而形成大量持续的有效需求，逐步培养了预制部品构件产业链，促进预制部品构件开发、生产和供应的发展，在实践过程中，不断完善符合工业化施工要求的建筑设计、施工和验收规范。

（2）标准化设计促进预制构件规模化生产。香港公屋的标准化设计从80年代的普通标准户型，到如今的组件式标准单位设计，利用标准化尺寸和空间配置，采用标准化配件使得单元组合更为灵活。经历了30多年的研究和实践，标准化设计促进了预制构件的规模化生产。

（3）优惠政策引导开发商实施住宅产业化。香港的经验证明，要推动整个装配式建筑的发展，除了在政府项目中强制性采用工业化施工技术，更重要的是调动整个建筑开发商的积极性。基于此，香港政府出台的相关的激励政策，包括建筑面积豁免、容积率奖励等都发挥了重要作用。

（4）香港工法比较成熟和完善。香港工法提倡预制与现浇相结合，采用装配整体式结构，在进行建筑主体施工时，把预制墙板先安装就位，用现浇的混凝土将预制墙板连接为整体的结构。这种施工工艺对预制构件的尺寸精度要求不高，降低了构件生产的难度，同时，每一次浇筑混凝土都是"消除误差"的机会，提高了成品房屋的质量和防水、隔声的性能，基本解决了外墙渗水问题。

当前，在公屋建造中强制使用预制构件，楼梯、内隔墙板、整体厨房和卫生间也已改为预制构件，并且要求目前最预制比例达到了40%。

（5）"香港工法"的缺点。如建筑设计未考虑地震要求、设计偏保守、含钢量偏高、预制外墙基本上按非承重结构设计、偏厚偏重又不参与受力等。因此，不应盲目引进香港的技术体系，要结合我国内地国情和规范要求加以改良。

香港总面积约1100km²，人口约710万。香港的房屋分为两大类，一类是商品房，另一类是政府兴建或资助的公共住房，公共住房又分为居屋（用于出售）和公屋（用于出租，类似内地公共租赁房）两种。目前，香港拥有居屋约42万套（居住125万人），公屋约72万套（居住213万人）。居住在公共房屋的人口约占全港总人口的50%，较好地解决了市民的居住问题。香港对公共房屋的规划设计、建设工程的机械化施工和工业化技术、工程质量提升、工程管理优化等进行了长期的研究和开发，确保了房屋建造技术持续不断进步，稳居世界前列，而且坚持了数十年。故本报告主要着眼于香港在施工方面的经验分析，提取值得我们认真学习借鉴的部分。

1 发展状况

1.1 第一阶段：发展起源

香港的房屋制度起源于1953年初的"石硖尾大火"，香港政府为了妥善安置灾民，推出公共房屋计划，设立"徙置事务处"，负责徙置屋的建设，为灾民提供临时性房屋或公屋屋村（即廉租房）。1958年成立了香港屋宇建设委员会，负责兴建公屋，1963年推出了"廉租房计划"。

这一阶段，香港的公屋主要是以"徙置区为主，廉租房为辅"的方式，公屋的类型主要以外走廊式的H形、L形低层建筑为主（图15-1）。

图15-1　香港公屋

1.2 第二阶段：初步规划

随着香港经济的飞速发展，政府财力不断增强，居民收入显著提升，早期徙置大厦和廉租屋拥挤的居住空间和简陋的设施已无法满足居民的需求。1972年，香港政府推出"十年建屋计划"，该计划的目标是要在1973～1982年的10年间，逐步为180万香港居民提供配套设备齐全、具备优良居住环境的住所。1973年，香港政府成立了"房屋委员会"，接收所有政府的廉租房和徙置大厦，通过十年的努力，总共兴建了22万套公共住宅，并以较低的价格出售或出租，约有上百万人从中受益。

在公屋类型方面，从70年代起，公屋的设计有了很大的改善，住宅形态也逐渐从板式转变为塔式，主要的形式有：双塔式、新H形、新长型、Y形、十字形等（图15-2）。

图15-2 双塔式、新H形、新长型、Y形、十字形

1.3 第三阶段：长远战略

20世纪80年代，香港居民收入的增长带动购房需求的持续高涨。虽然大多数居民已经解决居住问题，但仍有约18万人在公屋轮候册上等候公屋分配指标，同时申请购买居屋的人数也远远超出政府出售居屋的数量。基于上述原因，香港政府于1978年推出了"居者有其屋计划"，对一些无力购买私人商品房，又不符合政府公屋扶持对象的中等收入居民提供资助购房置业。同时设立专项基金，鼓励私人开发商参与政府的居屋计划。

1987年，香港社会人口老年化问题日益凸显，政府及时推出了"长者住屋计划"，为年满60岁的老年人提供有舍监服务的房屋。1988年，香港政府推出"长远房屋策略"和自置居所贷款计划，计划至2001年兴建96万个新户型单位。而后陆续推出了不同计划，完善整个房屋发展战略：1995年"夹心阶层住屋计划"、1997年"八万五建屋计划"、1998年"租者置其屋计划"和"长远房屋策略白皮书"。

在公屋类型方面，在这一阶段香港公屋的品质不断提高，人均居住面积逐步达到7.5m²，为了加快公屋建造速度，减少建造成本及有效控制公屋建设品质，香港房屋署逐步开始户型标准化设计，以几种住宅标准层平面作为公屋原型，推出和谐式、康和式公屋，房屋布局基本是电梯间设在中间，每户均有固定标准厨房和洗手间（图15-3）。

图15-3　和谐型、康和型

1.4　第四阶段：持续稳定

1998年亚洲金融危机期间，香港政府仍坚持大量增建房屋，结果造成供过于求，楼价暴跌。为了稳定楼市，香港政府于2003年9月宣布了四项措施，包括无限期停建及停售居屋，终止私人开发商参建居屋，停止推行混合发展计划，以及停止租者置其屋计划等，可售类的公屋政策全面暂停。目前，香港政府在公屋租赁市场上仍处于主导地位，从房屋增量分析，香港政府建设的出租公屋为年竣工住宅的35%~50%；从房屋存量分析，香港政府提供的公屋和补贴出售居屋所占份额已低于私人商品房；香港已形成了公私并存、互补发展、租售同行的双轨式市场格局。

在公屋类型方面，由于20世纪90年代期间，香港房屋署以标准化设计在各区大规模兴建一式一样的公屋，被批评单调乏味，而且近年来公屋量锐减，公屋的地块亦趋小型和不规则。为此香港房屋署从2000年开始推行因地制宜的设计方法，建立了新的组件式标准单位设计图集，利用标准化尺寸和空间配置，采用标准化配件使得单元组合更为灵活（图15-4）。

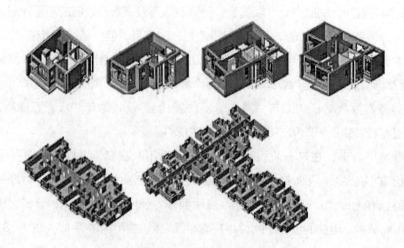

图15-4　组件式标准单位设计

20世纪我国香港公屋发展历程 　　　　　　　　　　　表15-1

时期（20世纪）	标准大厦类型	大厦外貌	层数	特点	居住密度（m²/人）	预制技术使用情况
50年代	第一型（H形）		6~7	以周边的通廊围绕住房单元，公共卫生间和厨房位于连接处的结构	2.23	未使用
	第二型（日形）			从"第一型"发展而来，增加了垂直面，公共卫生间和厨房位于连接处的结构，有少量商业满足住户需求		
60年代	第三型（L形）		7~10	开始使用中央走廊来连接每层的单元，同时每个住宅单元也有了自用的厨房和洗手间	3.5	试验性采用预制方法
	第四型（E形）		13~20	由该型徙置大厦开始，单位内设有独立卫生间和露台以及电梯		
	第五型（长形）		8~16	与前一型类似，但是走廊更加宽阔，单位面积选择更多		
70年代	第六型（T形）		8~16	比前两型更长，最大单位面积也有大幅增加	4.25	试验性采用预制方法
	双塔形		20~27	升降机通达每层；建有基本小区设施，如运输交会处、游乐场、学校、街市、停车场等		
80年代	Y形		34		5.5	增加了预制楼梯、预制厨房工作台
90年代	和谐式		≥40	采用了标准构件与尺寸相互配合的方法，标准的部分包括了结构部分、单位的跨距、每层的高度、主要部分的尺寸以及不同标准构件的细节；有几个不同的变款设计；建屋量于90年代末期达到高峰，每年落成89000多个单位	7.0	增加了预制外墙
	康和式			前一型基础上发展而来，面积更大，功能和布局更加合理，有几个不同的变款设计		

注：资料来源于香港地方：http://www.hk-place.com/以及香港特别行政区房屋署副署长冯宜萱《从规模化生产到个性化制造》。

2 施工情况

香港早期的建造工艺都是传统的工法，外墙和楼板全是现场支模现浇混凝土，内墙用砖砌筑。由于建筑管理是粗放式的，建筑材料浪费严重，产生大量建筑垃圾，施工质量无法有效控制，导致后期维修费用不断上升；而且随着本地工人工资上涨，建筑工程费用逐年增长。在推进公屋、居屋和私人商品房的预制装配工业化施工，香港房委会采取了不同的措施。

2.1　公共房屋

从20世纪80年代后期开始，由于户型标准化设计，为了加快建设速度、保证施工质量、实现建筑环保，香港房委会提出预制构件的概念，开始在公屋建设中使用预制混凝土构件。当时的技术主要是从法国、日本等国家引入，采取"后装"工法，主体现场浇注完成后，外墙的预制构件都是在工地制作后逐层吊装。由于整个预制构件行业制作水平及工人素质的差距，导致预制构件加工尺寸等难以精确控制，致使质量难以保证，而且后装的构件与主体外墙之间的拼接位置极易出现渗水问题。

香港房委会经研究和摸索，结合香港的实际提出"先装"工法，所有预制构件都预留钢筋，主体结构一般采用现浇混凝土结构，施工顺序为先安装预制外墙、后进行内部主体现浇的方式，预制的外墙既可作为非承重墙，也可作为承重的结构墙，由于先将墙体准确地固定在设计的位置，主体结构的混凝土在现场浇筑，待现浇部分完全固结后形成整体的结构，因此对预制构件的尺寸精度要求不高，降低了构件生产的难度，同时每一次浇筑混凝土都是"消除误差"的机会，提高了成品房屋的质量，而且整体式的结构提高了房屋防水、隔声的性能，基本解决了外墙渗水问题。后来香港逐渐把构件预制的工作转移到预制构件厂，外墙预制构件取得了成功后，香港房委会进一步推动预制装配式的工业化施工方法，把楼梯、内隔墙板也进行预制。到现在整体厨房和卫生间也已改为预制构件，并且要求在公屋建造中强制使用预制构件，目前最高预制比例达到了40%（如启德1A项目）。

2.2　私人商品房

公共房屋屋的设计标准化，使得预制构件的规模化生产成为可能，带来了不错的效率和效益。1998年以后，私人商品房开发项目也开始应用预制外墙技术，但是由于预制外墙的成本较高，在2002年之前，香港仅有4个私人商品房开发项目采用了预制建造技术。其大量使用是从2002年开始的，这主要归功于政府的两项政策。为鼓励发展商提供环保设施，采用环保建筑方法和技术创新，2001年和2002年香港房宇署、地政总署和规划署等部门联合发布《联合作业备考第1号》及《联合作业备考第2号》，规定露台、空中花园、非结构外墙等采用预制构件的项目将获得面积豁免，外墙面积不计入建筑面积，可获豁免的累积总建筑面积不得超过项目规划总建筑面积的8%，其实是变相提高容积率，多出的可售面积可以部分抵消房地产开发商的成本增加。目前，私人商品房大部分采用的是外墙预制件。

3 经验借鉴与启示

香港公屋建设经过多年发展，通过长远的建设目标、专业的管理机构、持续的资金保障和先进的建设方式，香港广大居民，尤其是占社会较大比例的中低收入人群从中受益匪浅。借鉴香港公屋的发展模式，对于我们进一步推进住宅产业化工作，主要是以下几点经验借鉴：

3.1 公共房屋建设的有效需求形成产业链

香港在早期公屋建设中采用现场现浇，由于材料浪费严重、建筑垃圾多且无法控制质量。香港在政府投资的公共房屋（包括公屋和居屋）项目中率先使用预制构件装配式施工，从而形成大量持续的有效需求，逐步培养了预制部品构件产业链，促进预制部品构件开发、生产和供应，进一步完善符合工业化施工的建筑设计、施工、验收规范。

住宅产业化与保障性住房命运紧密相连，通过在保障性住房建设中大力发展住宅产业化，提供市场需求，逐步形成完整产业链，真正实现保障性住房建设的质量可控、工期可控和成本可控。

3.2 标准化设计实现预制构件规模化生产

香港公屋的标准化设计从80年代的普通标准户型，到如今的组件式单元设计，经历了30多年的研究和实践，标准化设计促进了预制构件的规模化生产。

当前我国保障性住房的标准化体系建设工作刻不容缓，只有依靠技术的转型创新，改变传统设计、建造方式，通过有组织实施标准化设计，分步骤落实工业化建造，逐步建立适合我国国情的保障性住房工业化技术集成体系。

3.3 由易到难、进阶发展的技术路线

香港建筑工业化的尝试是由最简单的灶台等部件逐渐发展到立体预制，走过了一条技术由易到难、进阶发展的路线。20世纪60年代，最先放到工地外预制的是洗手盆和厨房

的灶台。这两个小部件改为装配式后，不但质量得以保证，而且施工速度加快了，现场产生的建筑垃圾也减少了，预制化尝试得到了初步的成功；20世纪90年代，房委会决定进一步将预制工业化施工方法推广到楼梯段和内外墙板，极大提高了建设质量，减少了安全隐患，对采用预制外墙的激励措施也逐步出台；21世纪初，香港建筑工业化迎来结构构件和三维立体化预制的重大突破：首先是预制结构剪力墙，反映预制技术从次要结构进展至主要结构；其次是大型立体预制组件，反映预制技术从传统平面进展至立体预制。这些技术在若干重要项目中实践应用，并获得成功，房委会公屋发展项目所汲取宝贵的预制知识和经验，已成为业内可持续建造的首要推动力。

3.4 优惠政策引导开发商实施住宅产业化

香港的经验证明，要推动整个住宅工业化施工的发展，除了在政府项目中强制性采用工业化施工技术，更重要的是调动整个建筑开发商的积极性，这需要政府出台相关的激励政策，包括建筑面积豁免、容积率奖励等，全国各地已相继出台了建筑面积奖励政策，对推动开发商实施住宅产业化有重要作用。

3.5 香港工法适合国内住宅产业化发展

香港工法提倡预制与现浇相结合，采用装配整体式结构，在进行建筑主体施工时，把预制墙板先安装就位，用现浇的混凝土将预制墙板连接为整体的结构，香港工法适合我国住宅产业化推广使用。但我们同时也发现"香港工法"的一些缺点，如建筑设计未考虑地震、设计偏保守、含钢量偏高、预制外墙基本上按非承重结构设计，偏厚偏重又不参与受力等，应结合我国国情加以改良，逐步建立适合我国国情的住宅产业化结构体系。

4 部分项目情况

4.1 启德1A项目

启德1A项目位于东南九龙沿岸的启德发展区，原先是前启德国际机场所在地，项目占地面积3.47万m^2，总建筑面积约23万m^2，总投资约17.47亿元，建筑工期为28个月，于2010年7月28日正式动工，已于2013年完工（图15-5）。

该项目共有4种标准户型，组合成两种单体平面图，其中1~2人单位实用面积14.05m^2；2~3人单位实用面积21.493m^2；3~4人单位实用面积30.118m^2；5~6人单位实用面积36.948m^2。

图15-5　启德1A项目

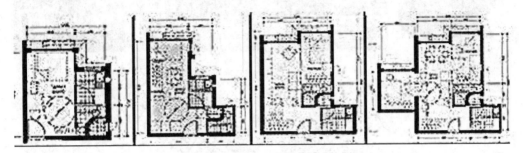

图15-6　标准户型

图15-7　项目在设计和施工管理中运用了BIM进行虚拟设计和模拟施工分析

项目中大量采用预制构件，包括预制整体式厨房和卫生间，预制外墙、预制楼梯、预制内隔墙等。同时采用了"四节一环保"技术措施，包括海泥资源化利用技术、太阳光电应用技术等（图15-7）。

4.2　东头平房东区公屋发展项目

东头平房东区公屋发展项目位于黄大仙区的东头（H08）和东美（H09）选区，原先是培民村，原居民于2001年拆迁。项目占地面积1.2万㎡，住宅建筑面积约4.08万㎡，建筑工期为29个月，于2011年10月正式动工，已于2014年完工。

图15-8　由于项目沿山而建，地形复杂，项目从规划、基础、主体都采用BIM进行设计和模拟

该项目有四种户型，其中三种与启德1A项目的项目相同，只有第四种户型局部调整。项目中采用了预制构件，包括预制外墙、预制楼梯、预制外墙等。

4.3　歌赋岭项目

歌赋岭项目位于香港新界粉锦公路338号，项目占地面积约10万 m^2，共253座独立及半独立花园洋房，面积约200~400m^2。

该项目外墙大部分采用了预制构件，构件共96款，2960件，每件构件高达4m，最宽达7m，重量由0.3t到10t不等。

图15-9　歌赋岭项目

4.4　天赋海湾项目

天赋海湾项目位于香港新界大埔科进路5号，总建筑面积约9.3万 m^2 ，整个项目共有548户，分别为537户三房及四房的公寓，11栋面积为386～396 m^2 的独栋别墅。此外还有一个六星级度假式酒店会所，占地面积近7000 m^2 （图15-10）。

该项目采用了新型GRC复合预制外墙，是由深圳海龙建筑制品有限公司生产的，此种墙体是以低碱度水泥砂浆为基材，耐碱玻璃纤维做增强材料，制成板材面层，预制过程中，与其他轻质保温绝热材料复合而成的新型复合墙体材料。

图15-10　天赋海湾项目

编写人员：

撰稿：

岑　岩：深圳市住房和建设局

邓文敏：深圳市住房和建设局

统稿：

龙玉峰：华阳国际设计集团

文林峰：住房和城乡建设部住宅产业化促进中心

付灿华：深圳市建筑产业化协会

专题16
我国台湾地区装配式建筑发展状况

主要观点摘要

（1）台湾地区的工业化发展，主要是以企业自主研发为核心，以行业发展为动力，政府并没有明确的鼓励政策。

（2）预制装配技术开始于20世纪70年代，主要是引进日本技术，大量应用于公寓楼等住宅建筑。

（3）第一幢预制装配式公寓于1973年建成。在发展初期，台湾地区有三家较具规模的构件生产单位，生产构件大多以PC外挂墙板、阳台板、叠合楼板与楼梯等为主。由于受制于相关技术不成熟，造成品质不良，市场不接受，市场急速萎缩。经历了近二十年的沉寂。

（4）进入20世纪90年代，台湾地区经济高速发展，建筑技术也得到相应提高，不少厂商又开始建设预制装配式建筑。但依然存在一些问题，主要有：国外技术与台湾地区技术难以融合；民众对预制装配技术不了解，接受度不高；相关配套不到位，成本较高；施工企业缺乏相关经验，品质不高。

（5）经过几年的磨合，通过提升企业技术实力、开展相关研究、更多地与民众的交流、沟通，台湾地区逐渐克服了以上问题，从公共建筑（如商场、科技厂房、办公楼等）到住宅建筑，预制装配式建筑在建筑市场逐渐占有一席之地。

（6）针对市场需求开发相关产品，如：用于高科技厂房的新型预制格子板技术采用预制创新工法设计、生产及施工，并利用机械吊装，现场不需大量人力，至少较传统工地减少50%人力；同时满足质量、工期及安全、文明施工等管理上的需求。

（7）在预制构件制作、安装过程留存大量的影像资料，可随时查询，并展示给受众，增进受众对预制装配式建筑的了解、增加受众信心及接受度。

（8）政府对预制装配式建筑无特殊的扶持，预制装配式建筑在台湾地区均为商业化发展，企业根据市场需求及自身特点推进相关工作。由于市场较小，台湾地区虽然也有一些预制构件工厂，但大部分规模很小，仅作为建筑总包公司的一个配套部门存在。

（9）台湾地区没有专门的预制构件协会，政府也没有专门的统计相关数据，因此，台湾地区没有关于预制装配建筑所占比重的统计。由于都是市场化运作，一个项目采用什么技术，用多少构件，是钢构件或混凝土构件，均根据业主需求、工期、价格等综合考虑而定，不追求预制构件所占比重，因此也就没有预制率、装配率等方面的定义及相关统计数据。

（10）台湾地区的预制装配式建筑是根据市场需求采用多种组合方式，高层建筑多采用钢结构与PC外墙板的组合，其外墙板均为带饰面材料，在工厂生产时与混凝土构件相结合。一体出厂，装饰一体化的外墙板在混凝土预制构件中占较大比重。

（11）台湾地区预制混凝土装配式建筑发展方向：构件生产生产企业自行施工。专业的施工人员能更好地完成相关工作，提高相关品质；使用高性能混凝土及高强钢筋，如采用C80混凝土及SD490钢筋，并采用预制减隔震技术；钢筋加工自动化，使工业化程度更高，在质量与管理上也都更容易控制；预制施工吊装及安全防护，免外架施工，可节省外架施工的费用，也杜绝了外架搭设和拆卸带来的安全隐患；BIM技术的推广及普及；游牧式生产；减震、隔震技术更多地应用于住宅。

台湾地区的工业化发展，主要是以企业自主研发为核心，以行业发展为动力的预制工业化技术发展，故本报告侧重通过企业实例、行业发展以及相关技术发展方向等方面对台湾地区的工业化技术发展加以说明分析，得出针对于国内行业发展与企业自身建设相关的经验借鉴。

1 发展历程

台湾地区早期预制技术的应用，主要应用桥梁、围墙等，并未用于房屋建筑方面。房屋建筑预制装配技术开始于70年代，引进日本技术，主要是配合政府的工作，大量应用于公寓楼等住宅建筑。第一幢预制装配公寓（台北市民生东路社区）于1973年建成。在发展初期，台湾地区有三家较具规模的构件生产单位，其中亿成工程公司为专营预制装配式房屋的民营企业，另外荣民工程处与中华工程公司二家公营建筑企业的旗下也设有构件厂，生产构件大多以PC外挂墙板、阳台板、叠合楼板与楼梯等为主。由于受制相关技术不成熟，造成品质不良，市场不接受，市场急速萎缩。经历了近20年的沉寂，期间虽有零星工厂投入，但市场接受度不高，并无大的发展。

进入90年代，台湾地区经济高速发展，各项技术均有发展，建筑技术也得到相应提高，不少厂商又开始制定预制装配建筑的相关计划。如润泰集团组建润弘精密工程事业股份有限公司、远东集团旗下亚洲水泥等组建亚利预铸工业股份有限公司等，引进欧洲、日本的相关技术，开展预制装配工作。但初期也存在一些问题：

（1）相关技术与台湾地区技术的融合，需要根据台湾地区的需求进行转变；

（2）民众对预制装配技术不了解，接受度不高；

（3）相关配套不到位，成本较高；

（4）施工企业缺乏相关经验，品质不高。

大部分厂商退出了预制行业。经过几年磨合，通过不断提升企业技术实力、开展相关研究、更多地与民众的交流、沟通，逐渐克服以上问题，从公共建筑（如商场、科技厂房、办公楼等）到住宅建筑，预制装配建筑在建筑市场逐渐占有一席之地。以润弘精密工程事业股份有限公司为例：

（1）企业投入大量人力及财力，自主研发了多项新型技术，如：自动化柱箍筋："一笔式箍筋"与"组合式多螺箍"；自动化梁箍筋："点焊钢丝网箍筋"与"连续方螺箍"；装配式隔震层等；

（2）针对市场需求开发相关产品，如：用于高科技厂房的新型预制格子板技术（一般高科技晶圆厂及面板厂洁净室空间为达到回风及抗微震需求，结构上常采用格子版工艺建造，由于这类工程一般规模甚大，工期紧迫，需使用大量人力；且传统格子版建筑做法采用木模板及脚手架支撑，工地材料组件多，致使环境杂乱，工程质量、工期及安卫管理经常达不到业主要求.采用预制创新工法设计、生产及施工，并利用机械吊装，现场不需大量人力，至少较传统工地减少50％人力；采用预制创新工法可同时满足质量、工期及安全、文明施工等管理上的需求）；

（3）在预制构件制作、安装过程留存大量的影像资料，并展示给受众，增进受众对预制装配的了解、增加受众信心及接受度；

随着台湾地区经济的发展，房地产行业的需求旺盛，建筑业也随之步入快车道。预制建筑在速度、造价等方面优势也凸显出来，如图16-1~图16-3所示。

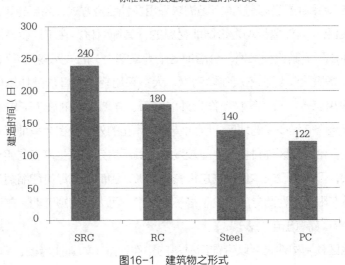

图16-1　建筑物之形式

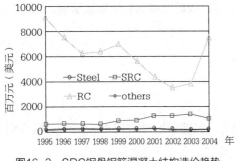

图16-2　SRC钢骨钢筋混凝土结构造价趋势

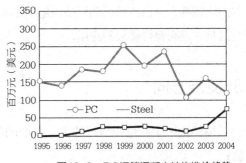

图16-3　RC钢筋混凝土结构造价趋势

2 行业现状

政府对预制装配建筑无特殊的扶持，预制装配建筑在台湾地区均为商业化发展，企业根据市场需求及自身特点推进相关工作。由于市场较小，台湾地区虽然也有一些预制构件工厂，但大部分规模很小，仅作为建筑总包公司的一个配套部门存在，润泰集团组建润弘精密工程事业股份有限公司及远东集团旗下亚洲水泥等组建亚利预铸工业股份有限公司是较大的构件生产企业。亚利预铸工业股份有限公司主要生产预制外挂墙板；润弘精密工程事业股份有限公司为台湾地区最大构件生产企业，可生产全体系预制构件。

台湾地区没有专门的预制构件协会，政府也没有专门的统计相关数据，因此没有关于预制装配建筑所占比重的统计。由于都是市场化运作，一个项目采用多少预制构件，是钢构件或混凝土构件，均根据业主需求、工期、价格等综合考虑而定，不追求预制构件所占比重，因此也就没有预制率、装配率等方面的定义及相关统计数据。

台湾地区的预制装配建筑是根据市场需求采用多种组合方式，高层建筑多采用钢结构与PC外墙板的组合，其外墙板均为带饰面材料的，其饰面材料在工厂生产时与混凝土构件相结合，一体出厂。其典型案例，台湾地区十大豪宅之一的"宏盛帝宝"；在东部，由于土地较充足，多数为二层、三层独幢别墅，大多采用轻钢龙骨加外挂墙体；在台湾地区，外墙大多采用瓷砖、石材等材料作为外墙饰面，外墙饰面的施工又较容易受制于天气，台湾地区又是个气候多变的地区，因此装饰一体化的外墙板在台湾地区混凝土预制构件中占较大比重。台湾地区高科技芯片业较发达，其厂房为满足生产工艺要求，构造较复杂，而且投资大，厂房建设成本仅占其总投资的10%，因而要求尽可能缩短工期。润弘精密工程事业股份有限公司为此专门研发了格子板技术，可大大缩短工期。在鸿海（富士康母公司）、奇美等厂商有出色的表现。

由于台湾地区预制构件主要以带饰面材料的构件为主（如外挂墙板、阳台等），其生产工艺都采用固定模台生产，用于生产叠合楼板，需占用较多生产台模面积，相对厂房摊提成本占比较高，且台湾地区高层多采用钢结构为主，楼板采用钢筋桁架楼承板，因而在台湾地区基本没有叠合楼板的应用。

3　发展方向

（1）构件生产生产企业自行施工。专业的施工人员能更好地完成相关工作，提高相关品质；

（2）使用高性能混凝土及高强钢筋。如润弘精密工程事业股份有限公司承建的"蓝海红树林超高层住宅"项目，地上38层。采用C80混凝土及SD490钢筋，并采用预制减隔震技术；

（3）钢筋加工自动化；钢筋加工作业的自动化创新工艺，将使得预制混凝土的工业化程度更加提高，在质量上与管理上也都更容易控制；

（4）预制施工吊装及安全防护，免外架施工，可节省外架施工的费用，也杜绝了外架搭设和拆卸带来的安全隐患；

（5）BIM技术的推广及普及；

（6）全过程影像资料留存，利用先进的电子科技手段，将设计图纸、制作过程、施工过程及相关检测数据都进行影像录入，可随时查询；

（7）游牧式生产；

（8）减震、隔震技术更多的应用于住宅。

4 经验借鉴与启示

透过以上分析，我们可以得出如下经验：

（1）合理借鉴引入欧美、日本等装配式领先技术，结合国内装配式建筑发展需求及条件，加以改进完善，以适应中国国情；

（2）利用政策手段和市场需求，刺激引导技术性企业开展自主研发创新；

（3）建立健全行业相关运营及技术交流协会，加强技术沟通，提升整体水平。

参考资料：

《台湾地区预铸技术发展与应用》　尹衍樑　赖士勋

《预制房屋工法》　　　　　　　　罗醒亚　编著

《预铸工法研讨会论文集》　　　　杨锦怀　主编

编写人员：

撰稿：

吕胜利：福建建超建设集团有限公司

统稿：

龙玉峰：华阳国际设计集团

文林峰：住房和城乡建设部住宅产业化促进中心

付灿华：深圳市建筑产业化协会

专题17
日本木结构建筑技术

1 发展概况

依照日本木材出口协会提供的资料，日本全部住宅约50%为木结构建筑，梁柱木结构建筑占全部住宅总量的37%。其中，独立住宅约85%为木结构建筑，梁柱木结构住宅占独立住宅总量的72%。

日本于2010年10月1日施行了《关于促进公共建筑物中木材利用的法律》，树立了"除用于灾害应急对策活动的设施等外，凡由国家出资建设的、依据法令制定的标准没有要求是耐火建筑物或主要构造部分为耐火构造的低层公共建筑物原则上全部应采用木结构。"与之配套的则是一系列措施：木材利用奖励积分制度、使用木质装修或木结构的新建公共建筑物的贴息贷款、木材利用普及政策、木材使用国民运动、木材利用教育等。

日本积极推进向中国、韩国等海外市场的木材、木结构构件、内外装修用制品、木结构建筑及其技术的出口。并且在中国、韩国参加木结构相关规范的修编、建设高抗震性能好并经济适用的木结构样板房、举办木结构技术进修活动等。此外还构建了符合东亚市场需求的梁柱结构技术体系。

2 工业化制法

在日本，木结构建筑主要有木造轴组工法、2×4工法、预制构造工法三种施工工法。

2.1 木造轴组工法

这是日本传统的办法，即多被工务店类的中小型建设企业所采用，是历史最悠久、应用最广泛的住宅施工方式。一般情况下，工务店的木制住宅现场由工务店的负责人统一指挥。住宅的木制主体结构多由本工务店的技术工人承担施工，屋顶、装饰等工程则由外部的工人承担。采用该工法的住宅数量难以统计，原因是按照日本的法律规定，较小的建设工程（工程造价低于1500万日元）无须取得建设业许可证和办理相关手续。

2.2　2×4工法

这种工法是日本传统工法和美国标准化工法的结合，以2in×4in的木材为骨材，结合墙面、地面、天井面等面形部件作为房屋的主体框架进行房屋建造。该工法较传统的轴线工法有更高的施工效率，且不需要技术较高的熟练工，适合中小企业进行房屋建造。

该工法不同于美国盛行的标准化、规格化工法，房屋构造形式多样，有较高的抗震与耐火性能，还有西洋式的外观设计。1988年日本采用该工法的新建住宅为4.2万户，占全部新建住宅的2.5%，此后持续增长，2003年达到8.3万户，占全部住宅的7.2%。

2.3　预制构造（Pre-fabricated）工法

预制构造（Pre-fabricated）工法是大型住宅建设企业的主要施工方法。该工法是将住宅的主要部位构件，如墙壁、柱、楼板、天井、楼梯等，在工厂成批生产，现场组装。从目前的日本住宅市场来看，Pre-fabricated住宅并没有真正发挥其标准化生产而降低造价的优势，其主要原因是大部分消费者仍倾向于日本传统的木制结构住宅。其次，标准部件以外的非标准设计、加工所需要的费用使该工法建造的住宅总体造价上升，价格优势无法发挥。2003年使用该工法的新建住宅户数为15.8万户，占当时新建住宅的13.5%。历史最高水平是1992年，采用该工法建造的住宅为25.3万户，占当时新建住宅的17.8%。

参考文献：

百度文库，《日本的预制住宅产业》，2007. http://wenku.baidu.com/link? url=J9LFhuOOWaa_MhFFtFJEj8tcYEw4z6MD53jlpsuXQjmie8ZQydTXF64t5YyVON-UrD4uRpj3DeN-1bP9x8gYyGewdjGZ5NSpR2G-6JzqDxa

编写人员：

统稿：

王洁凝：住房和城乡建设部住宅产业化促进中心

专题18
芬兰木结构建筑技术

1 发展概况

在芬兰，森林资源十分丰富，覆盖率约72％，森林的年生长量大约为8700万m^3，年出口量约800万m^3，是世界上主要的木材出口国之一。因此，芬兰素有"绿色金库"之美誉。

芬兰木结构建筑历史悠久，无论是城市还是乡村，几乎全部的传统建筑都是采用木结构建造。即使是以混凝土结构、钢结构为主流的今天，木结构建筑形式仍然得到了充分的重视和普遍的推广。现在芬兰郊外98%的房屋和90％的单户住宅都是采用木结构。同时，芬兰木结构建筑也得到了很好的保护，几乎所有城市的基本面貌还都是一些低层的木质建筑，许多城市的中心地区有一些主要由木建筑构成的区域保存十分完好，如芬兰南部城市波洛伏和拉乌玛以及著名的夏季旅游城市塔米萨里和南塔里等。

芬兰木加工技术十分成熟和先进，木结构建造经验非常丰富，因此，木材的性能得到了充分的发挥，木结构建筑样式日益增多。木结构建筑工业化程度不断提高，很大程度上缩短了施工工期、降低了建造成本、增强了结构性能。现在，"现代化的木头城市"计划正在芬兰实施，已经在30个地区开展建造不同形式的木结构房屋。这不仅进一步推动了木结构建筑在芬兰的发展，也会促使木结构建筑在其他国家的复兴和发展。

2 主要结构形式

在芬兰，木结构建筑有着多种多样的建筑结构形式，主要建筑形式有轻型框架结构和原木结构。

2.1 轻型框架结构

轻型框架结构是现代多层木结构建筑的主要建筑形式，结构由墙体框架、楼板框架和屋顶框架三种基本框架组成。20世纪初期，轻型框架结构从美国传入芬兰。轻型框架结构可以分为"气球框架"和"平台框架"两种结构形式。

"气球框架结构"是轻型框架结构的初始形态，结构中各层的外墙体框架和部分内墙框架是连续的。在楼板标高处，设有水平的木条作为楼板框架与墙体框架的连接构件。由于墙体框架必须是连续的，这种框架结构建造只能完全在现场进行。

"平台框架结构"是由"气球框架结构"发展而来的，结构中的楼板框架是整体坐落在墙体框架上的，组装完成的楼板框架可以作为上层施工的平台，这使得"平台框架结构"的建造变得十分简单。"平台框架结构"的墙体框架和楼板框架是相对独立的，可以单独进行组装，然后再将组装好的墙体和楼板进行拼装。轻型框架使用的材料是标准规格的锯木和板材。各构件的连接主要是通过各种金属件，如钉子、螺栓、齿板等进行连接。这些连接件自身的强度、韧性很高，很好地保证了构件的连接强度和整个框架结构强度。

芬兰的轻型框架结构主要采用"平台框架结构"，木框架多建在混凝土基础上，也有少数建在经过防腐处理的持久性木基础上。

2.2 原木结构

传统上的原木房屋是指用原木建造的乡村住宅，原木牢固的结构和良好的热惰性使房屋具有极佳的保温性能。在芬兰的现代建筑中，原木结构仍然作为一种特色建筑而普遍存在。

原木结构是将许多整根的木材去皮，修整为截面规格基本一致的构件搭接在一起而成的。现代原木结构的构件截面形状多种多样，除了木材原始形状圆形外还有矩形、梯形等。构件竖向搭接一般有两种方法，一是将构件上、下接触面切割出一定深度和形状的凹槽，使一个构件的上部和另一构件的下部构件很好的接合，形成一个整体；二是上下构件之间使用其他人造填充物进行连接。在芬兰原木结构中前者做法较为常用。结构中纵横墙体的交接处，一般是将构件下部切割出凹槽，相互搭接在一起。在现代原木结构中，一般在墙体中沿竖向加螺栓，以增强墙体的整体性和密闭性。

原木结构中构件的端部一般都会伸出结构外，根据建筑设计的需要，端部会被加工成平面、圆面和其他特殊样式。由于原木端部的切割面较为薄弱，易受虫蛀、受潮，需要采取一定的预防措施。

芬兰现代原木结构建筑中，除传统的实木结构外，还有双层原木结构和"假"原木结构。双层原木结构是在一般原木结构的基础上在结构外层加设一层木板，原木和木板之间留有一定的空隙，在空隙中添加一些人工材料；"假"原木结构是使用一定规格的木板拼接成槽形，槽内添加一些人工材料，其外观与实木原木结构相同。芬兰现代原木结构房屋在保持以往原木结构房屋特点的同时，又有着更强的艺术表达力，而且内部装饰也同样多姿多彩。

几种结构相比，轻型框架结构较原木结构更加节省材料，建造同样的房屋"气球框架结构"比原木结构节省木材46%，"平台框架结构"比原木结构节省木材85%。

3 标准化与工业化生产体系

在建筑建造方式上芬兰与其他的发达国家一样，早已实现了工业化。芬兰木结构的建造拥有完善的工业化生产体系，建造过程中的许多环节都可以在工厂内完成，大大缩短了现场施工的时间，提高了建筑效率，也节省了人力资源。芬兰的木结构建筑工业化主要体现在材料预切割、木材加工和各种建筑部件制造过程中。

芬兰建筑体系实行标准化，各种建筑部件完全遵照严格的模数制度进行标准化设计，生产商将其在工厂内加工成成品再运送到工地进行组装。这些建筑部件因为是标准尺寸，所以都是通用的。轻型框架结构中使用的预制部件基本都是在工厂内完成的。原木结构中工业化部件也基本上取代了手工制作的构件，构件外观和接头凹槽的尺寸都完全符合标准，构件被运送到现场只需要进行吊装和紧固。在芬兰，有少量的木结构住宅是工厂制造住宅，这种房屋几乎全部是在工厂里加工制造，然后将这些建筑分为多个模块运送到工地，安置在基础上，并拼装在一起。

工厂中预加工的构件的精度要远远高于在现场的加工精度，表面更加平整。使得构件之间的结合更加紧密，整体承载力得到提高。使用预切割构件和整体墙板减少了现场工作量，缩短了工期，同时也减少施工过程中带来的建筑垃圾，充分体现了工业化的优势。

参考文献：

[1] 刘爱霞，周静海. 持续发展的芬兰木结构建筑[J]. 沈阳建筑大学学报：社会科学版，2006.8（4）：322-325.

编写人员：

统稿：
　王洁凝：住房和城乡建设部住宅产业化促进中心

附件：部分国家和地区发展装配式建筑的制度、机制和运行模式汇总

一、制度与规定

日本在技术方面制定了推动住宅产业标准化五年计划；优良住宅部品（BL）认定制度；工业化住宅性能认定规程；

在财政金融方面建立了住宅体系生产技术开发补助金制度；住宅生产工业化促进补贴制度。

二、标准与规范

1. 日本

JASS10-预制钢筋混凝土结构规范；JASS14-预制钢筋混凝土外墙挂板；JASS21-蒸压加气混凝土板材（ALC）规范；《工业化住宅性能认定规程》等。

2. 新加坡

建设局（BCA）：《CODE OF PRACTICE ON BUILDABILITY》易建性评分标准；建屋发展局（HDB）：《HDB precast pictorial》装配式建筑设计指南

3. 英国

虽然没有专门针对装配式建筑的规范与标准，但配合新技术应用和可持续发展建设，制定了一些相关标准：

（1）在规范和标准层面，根据具体建筑类型或市场，符合统一的行业标准；

（2）在具体技术体系层面，各企业或行业协会都可以制定，只要通过相应行业专业机构的认证，则该体系可以在行业内应用；

（3）建筑规范和标准的改变和提高，往往会对具体体系的内容带来影响。

4. 中国台湾地区

《预铸混凝土设计施工规范草案》台湾地区营建研究院编制；

《钢构造建筑物钢结构设计技术规范》内政部营建署发布。

三、推进措施与运行机制（具体做法）

1. 日本

（1）在大规模的政府公团和公营住宅中推动工业化住宅技术，以品质和质量作为衡量标准，不过分强调经济性；

（2）推动住宅产业标准化，制定了一系列方针政策和统一的模数标准，逐步实现标准化和部件化，使现场施工操作简单，减少现场工作量和人员，缩短工期，提高质量和效率；

（3）金融措施：对于在建设中体现了产业化、产业化的新技术、新产品，政府金融机构给予低息长期贷款；提供住宅体系生产技术开发补助金和补贴制度；

（4）建立优良住宅部品（BL）认定制度；建立住宅性能认定制度；实行住宅技术方案竞赛制度。

2. 新加坡

（1）建设局（BCA）：所有送审的建筑设计会进行易建性评分，得分低于最低要求的设计不予审批；

（2）建屋发展局（HDB）：所有组屋（HDB）建筑需参考设计指南进行设计和施工。

3. 英国

通过提高建筑标准和建造过程的效率，从而发挥装配式建筑的优势，推动行业发展；

壮大专业行业协会的影响力，政府提供支持和认可；

扩展装配式建造方式的专业人员资格认定。

四、主要支持政策

1. 新加坡

（1）PIP（提高生产力奖励计划）；

（2）Mech-C（采用高效工具设备补助计划）。

2. 英国

通常政策层面从社会经济角度提出目标和要求，例如住房改造规划，节能减排目标规划，并不对具体行业作法提出政策规定，但政策内容会直接或间接导致行业行为调整。

五、主要技术体系

1. 日本

（1）内装工业化技术体系

日本的内装工业化发展非常成熟，实施规模、技术体系、部品部件成熟度和丰富程度在国际上处于领先地位。

日本的内装工业化技术体系以SI体系为主，S（Skeleton）为支撑体，主要为主体结构构件、围护墙体和主要的内隔墙；I（Infill）为填充体，也叫"内装体和设备管线"。支撑体和填充体完全分离（SI分离体系），二者采用干式连接、全干法施工。内装修体和设备管线均采用成熟的部品部件干式安装和施工，实现装修和设备管线的可维修和更换性。

（2）PC技术体系

WPC（PC墙板结构）：日本的WPC体系主要由PC墙板组成结构的竖向承重体系和水平抗侧力体系，PC墙板与PC楼板之间，以及PC墙板自身之间采用干式连接或半干式连接。WPC体系作为一种简易连接的PC结构体系，在日本主要适用于5层及以下纵横墙布置均匀的住宅类建筑。WPC体系是日本工业化住宅早期发展的主要结构形式之一，目前在日本已经较少采用WPC工法体系。

WRPC（PC框架-墙板体系）：在WPC工法的基础上，结合PC框架及湿式连接节点，研发出了带预制墙板的PC框架-墙板体系（WRPC），其主要运用在6~15层的共同住宅中。由于采用部分PC框架代替了PC墙板，因此其建筑平面布局更加灵活，同时由于采用湿式连接节点，因此其整体结构的安全性、抗震性能及适用高度都有所提高。

（3）RPC（PC框架体系）：主体结构采用PC梁、PC柱、叠合楼板、预制楼梯等主要预制混凝土构件。通过现浇连接阶段将PC构件连接成整体，达到与现浇混凝土结构等同性能的预制结构体系。

（4）HPC（钢结构与PC结构相结合技术体系）：HPC工法是将钢结构与PC结构相融合的PC工法，结合了预制混凝土结构和钢结构的优点，广泛运用于办公类建筑中。

（5）钢结构住宅。日本在部分住宅中采用钢结构技术体系，其中主体结构采用钢框架结构或支撑钢框架结构；外围护结构采用ALC板材（蒸压加气混凝土板材）、PC外挂墙板等预制构件；内填充结构采用ALC板材、轻钢龙骨墙体等。

（6）模块化住宅。日本在多层钢结构住宅中，将主体结构与填充围护结构高度集成，采用模块化的集成单位或模块；其中主要的住宅模块采用工厂化生产、整体吊装和安装形式，做到主体结构、围护结构、填充结构、外装饰和内装饰一体化。

2. 英国

从使用的承重结构体系的特点，英国主要的装配式建筑技术体系为：

（1）预制木结构体系：适用于低多层民用建筑为主，具有百多年的应用历史，以密肋墙体系为主，目前较广泛应用于住宅；

（2）装配式钢结构体系；

（3）大体量模块化钢结构体系。

3. 中国台湾地区

（1）装配式整体式混凝土框架结构：预制柱/预制叠合梁/预制叠合板，整浇组合；

（2）钢结构住宅及写字楼；

（3）预制外墙挂板。

六、主要管理部门和运行机构及其作用

1．日本

（1）通产省（现为经济产业省）和建设省（现为国土交通省）两个专门机构负责住宅产业化的推进工作；通产省从调整产业结构角度出发研究住宅产业发展中的问题，通过课题形式，以财政补贴支持企业进行新技术的开发。

（2）建设省则着重从住宅生产工业化和技术方面引导住宅产业发展，并设立了专门进行住宅方面工作的机构及组织。建设省设立住宅局、住宅研究所和住宅整备公团三个机构，分别负责政策监管、技术研究和公团住宅的开发和运营。

（3）作为通产省下属咨询机构，产业结构审议会组建了"住宅与都市产业分会"，作为通产大臣的咨询机构。住宅与都市产业审议分会的建议为通产大臣的决策（制订规划、计划）提供有力支撑，为引导住宅产业各企业的发展提供方向。

（4）行业协会：日本预制建筑协会由日本交通建设省和经济产业省主管，为一般社团法人。协会从1988年开始，对PC构件生产厂家的产品质量进行认证。日本预制建筑协会成立50多年来，在促进PC构件认证、相关人员培训和资格认定、地震灾难发生后紧急供应标准住宅、促进高品质住宅建造、建筑质量保险和担保等方面，发挥了积极作用。

2．新加坡

（1）建设局（BCA）；

（2）建屋发展局（HDB）。

3．英国

建筑业管理的主要特点是行业自治，由专业协会和组织进行规则制定、整合、协调与推广职能，包括：

（1）首相办公室及主管副首相：制定城市与行业发展战略规划，主要从社会发展等角度考虑，不涉及具体行业管理问题；

（2）The Construction Industry Council（CIC）建筑业协会，下属Build offsite分会，制定整体行业发展规划和行业管理；

（3）BRE，重要的技术体系研究、开发或认证机构；

（4）Buildoffsite协会，装配式建筑行业企业和市场整合平台。

4．中国台湾地区

无专门管理部门，与传统建筑行业都属营建署管理。

附表：部分国家相关统计资料

因数据来源有限，只收集到20世纪70年代的相关数据。

各国新建的独户和公寓式住宅的比例（1965～1975年）　　　　附表1

国家	年度	住宅类型		
		独户住宅（%）	公寓住宅（%）	其他（%）
美国[3]	1965	63.0	37.0	
	1970	55.3	44.7	
	1977	72.0	28.0	
法国[3]	1972	20.6	29.5	49.9
	1975	21.9	28.0	50.1
	1977	26.9	23.0	50.1
捷克斯洛伐克	1966～1970	24.9	75.1	
	1971～1975	27.2	72.8	
瑞典	1966～1970	29.1[1]	70.9	
	1971～1975	43.6	56.4	
	1977	74	26	
波兰	1966～1970	27.1（其中农村占60%）	72.9	
	1971～1975	30	70	
丹麦	1970	58[2]	52	
	1975	66[2]	34	
挪威	1970	64[2]	36	
	1975	74[2]	26	
日本	1975	71.7	28.3	—
英国	1975	71.9	28.1	—
德意志联邦共和国	1975	48.2	51.8	—
意大利	1973	26.9	73.1	—

注：① 独户和双户住宅；② 单层独户；③ 竣工情况。

各国城市住宅层数的变迁（1963～1975年）　　　　　　　　　　附表2

单位：%

国别	项目\年份		1963	1970	1972	1973	1974	1975
保加利亚	一、二户住宅		—	35.3	28.4	22.7[①]	23.9	15.6
	多户住宅		—	64.7	71.6	77.8[①]	76.1	84.4
	多户住宅中	5层以下	93.8	60.0	53.1	48.0	48.1	38.4
		6～8层	—	30.6	38.8	39.0	42.1	48.6
		9～11层	6.2	1.6	2.3	2.9	2.3	2.6
		12层以上	—	7.8	5.7	10.1	7.5	10.4
捷克斯洛伐克	一、二户住宅		—	26.3	25.5	24.8	25.3	25.4
	多户住宅		—	73.7	74.5	75.2	74.7	74.6
	多户住宅中	5层以下	70.8	32.6	33.7	31.6	30.5	30.6
		6～8层	—	38.5	31.8	35.4	40.7	40.6
		9～11层	29.2	14.0	15.4	14.5	12.3	12.5
		12层以上	—	14.9	19.1	18.6	16.5	16.3
德意志民主共和国	一、二户住宅		—	—	3.5	6.4	10.8	11.7
	多户住宅		—	100.0	96.5	93.6	89.2	88.3
	多户住宅中	5层以下	—	69.6	67.1	64.2	61.7	63.1
		6～8层	—	6.7[②]	3.1	5.6	7.8	16.7
		9～11层	—	23.9[③]	26.4	25.7	25.3	16.2
		12层以上	—		3.4	4.5	5.2	4.0
匈牙利	一、二户住宅		—	59.5	57.6	49.8	46.1	47.8
	多户住宅		—	40.5	52.4	50.2	53.9	52.2
	多户住宅中	5层以下	79.7	62.2	53.8	53.2	7.1	49.4
		6～8层	5.0[⑤]	1.7	1.9	2.6	3.3	4.2
		9～11层	15.3	34.8	42.9	41.6	46.0	41.8
		12层以上	—	1.2	1.4	2.6	3.5	4.8
波兰	一、二户住宅		—	29.2	26.0	25.1	23.5	22.6
	多户住宅		—	70.8	74.0	74.9	76.5	77.4
	多户住宅中	5层以下	—	69.6	71.1	68.8	68.4	64.5
		6～8层	—	0.6	0.4	0.3	0.5	0.5
		9～11层	—	27.0	26.9	28.0	27.7	25.8
		12层以上	—	3.0	1.5	2.8	3.4	9.2

续表

国别	项目\年份		1963	1970	1972	1973	1974	1975
瑞典	4层以下		71.7	—	—	62.7	—	—
	5~8层		20.8	—	—	29.5	—	—
	9层以上		7.5	—	—	7.8	—	—
比利时	一、二户住宅		—	62.4	70.3	64.7	64.7	—
	多户住宅		—	37.6	29.7	35.3	35.3	—
	多户住宅中	5层以下	—	86.4	85.6	85.6	87.5	—
		6~8层	—	9.9	10.1	9.6	8.5	—
		9~11层	—	2.5	2.9	2.4	2.0	—
		12层以上	—	1.2	1.5	2.4	2.0	—
法国	一、二户住宅		—	38.6	41.1	43.9	45.9	—
	多户住宅		—	61.4	58.9	56.1	54.1	—
	多户住宅中	4层以下	23.7	—	25.6	—	—	—
		5~9层	46.7	—	19.0	—	—	—
		10~24层	19	—	10.4	—	—	—
		25层以上	0.6	—	0.8	—	—	—
意大利	一、二户住宅		—	23.7	24.6	26.9	—	—
	多户住宅		—	76.3	75.4	73.1	—	—
	多户住宅中	5层以下	—	93.6	95.3	96.4	—	—
		6~8层	—	5.5	4.1	3.1	—	—
		9层以上	—	0.9	0.6	0.5	—	—
荷兰	一、二户住宅		—	71.0	77.0	79.0	78.0	76
	多户住宅		—	27.0	23.0	21.0	22.0	24
	多户住宅中	5层以下	—	31.0	43.5	42.9	54.5	70.8
		6~8层	—	24.1	21.7	23.8	18.2	20.8
		9~11层	—	44.8	21.7	14.3	27.3	12.5[①]
		12层以上	—		13.0	19.0		
英国	一、二户住宅		—	70.6	77.0	77.8	73.1	71.9
	多户住宅		—	29.4	23.0	22.2	26.9	28.1
	多户住宅中	4层以下	—	65.0	74.3	82.0	88.1	89.0
		5层以上	—	35.0	25.7	18.0	11.9	11.0

续表

国别	项目\年份	1963	1970	1972	1973	1974	1975
日本	1~5层	98.9[5]	93.4	90.1	88.0	92[4]	92[4]
	6~9层	1.1[5]	2.8	4.9	6.2	4.1	4.6
	10层以上	—	3.8	5.0	4.9	3.3	3.4
苏联	1~2层	36.1	13				5~6
	3~4层		9				7~8
	5层	61.8	59	—	—	—	47~49
	6~9层		16				29~31
	10层以上	2.1	3				8~10
罗马尼亚	4层以下	—	—	29.2			—
	5层	—	—	31			
	11层	—	—	30~40			
朝鲜		—	主要街道临街住宅4~6层	—	—	—	主要街道临街住宅6~18层

① 原文如此，可能有计算误差；② 6~9层；③ 10层以上；④ 其中1~2层76%，3~5层16%；⑤ 1965年统计。

各国各种结构体系住宅所占比例（1963~1975年）

附表3

单位：%

国别	项目\年份		1963	1970	1971	1972	1973	1974	1975
保加利亚	住宅建筑中	① 砖石及其他传统材料	76.1	43.7	35.4	26.8	26.8	26.5	14.3
		② 整体现浇钢筋混凝土	19.0	32.9	29.4	32.8	34.6	20.7	26.2
		③ 中型板材	2.0	22.0	29.1	27.4	30.4	33.4	39.3
		④ 装配式钢筋混凝土框架	1.1	1.4	2.6	4.5	8.1	19.5	7.5
		⑤ 现场工业化	—	—	—	—	—		12.5
捷克斯洛伐克	公寓住宅中	① 砖和转砌块	29.9	7.4	6.3	6.4	5.3	3.7	3.7
		② 中型板材	10.7	17.0	12.3	9.3	9.6	7.1	7.2
		③ 整体现浇框架	—	0.2	—	—	0.6	—	—
		④ 装配式框架	—	2.3	—	2.7	3.9	2.8	2.7
		⑤ 整间大板	36.6	72.6	77.2	80.9	80.0	85.9	85.8

续表

国别			项目\年份	1963	1970	1971	1972	1973	1974	1975
德意志民主共和国	住宅建筑中		① 传统材料	23.9	10.0	11.0[①]	13.2	15.7	20.4	19.9
		② 工业化施工	a. 混凝土砌块和条板	58.1	35.6	26.9[①]	23.1	22.0	16.7	17.5
			b. 5t以内大型板材	18.0	54.4	61.2[①]	63.5	61.6	62.9	62.0
			c. 现场工业化	—	—	—	0.1	0.7	—	—
匈牙利	公寓住宅中		① 砖和砖砌块	—	18.6	—	11.4	9.5	11.4	9.6
			② 轻混凝土的大、中型砌块	42.5	22.7	19.1	14.5	13.7	12.5	10.1
			③ 整间大板	1.3	49.7	55.1	59.5	62.4	59.9	63.2
			④ 现浇混凝土	2.1	3.7	7.5	10.3	11.3	13.8	14.3
			⑤ 钢筋混凝土框架	15.8	4.9	5.2	3.1	1.8	2.2	2.3
			⑥ 其他	4.9	0.4	0.1	1.2	1.6	0.2	0.5
德意志联邦共和国	公寓住宅中		大型预制构件	—	7.6	6.1	8.0	5.7	—	8.4
意大利	住宅建筑中	① 现场施工	a. 砖石	—	66.4	66.0	67.0	66.0		
			b. 钢筋混凝土	—	28.3	28.4	28.1	29.1		
			c. 其他	—	5.1	—	4.5	4.4		
			② 预制混凝土框架或板材	—	0.4	—	0.4	0.5	—	—
荷兰	住宅建筑中		① 现浇混凝土	—	—	—	22.4	27.7	28.9	—
			② 重型整间构件	—	—	—	6.5	6.3	5.9	—
			③ 轻型构件（包括砖）	—	—	—	71.1	66.0	65.2	—
英国	公寓住宅中		① 传统方法（砖为主）	64.0[⑥]	58.5	62.8	—	79.8	77.4	83.1
			② 工业化建筑（工业化=100%）	36.0[⑥]	41.5	37.2	—	20.2	22.6	16.9
		工业化建筑中	a. 混凝土板材	—	63.0	66.9	52.8	43.4	33.3	13.2
			b. 混凝土框架	—	2.2	2.5	1.6	2.4	4.3	—
			c. 混凝土盒子	—	0.6	—	—	—	—	—
			d. 混凝土现浇	—	20.2	17.4	27.2	26.5	32.5	47.2
			e. 木板	—	3.4	—	7.2	9.6	14.0	31.9
			f. 钢框架	—	2.9	—	4.8	7.2	9.7	3.3
			g. 砖（传统施工合砌化）	—	7.8	6.8	6.4	10.8	6.2	4.4

续表

国别	项目\年份	1963	1970	1971	1972	1973	1974	1975
挪威	木材	0.4	21.9	24.7	29.6	—	—	—
	轻混凝土	23.0	0.7	0.3	0.5	—	—	—
	混凝土	40.0	57.0	60.1	59.9	—	—	—
瑞典	砖		2.4	1.6	1.4	—	—	—
	混凝土	—	93.8	95.1	97.6	—	—	—
	轻混凝土砌块		0.7	1.2	0.3	—	—	—
罗马尼亚	砖砌		44.0②					16.0
	大板	—	49.0②	—	—	—	—	36.0
	现浇							48.0
法国	砌块		33.0③					
	大板	—	25.0③	—	—	—	—	—
	现浇		>25.0③					
苏联	砖砌		45.0②					30~33
	砌块	—	10.0②	—	—	—	—	8~9
	大板		42.0					56④
	现浇							1.5~2.0
波兰	砖砌	27.0②	14.0⑤	8.05				6.0
	砌块	47.0②	59.0	60.0	—	—	—	30.0
	大板	18.0②	22.0	29.0				60.0
	现浇	—	5.0	3.0				4.0

① 苏格兰和威士士；② 1967年；③ 1968年；④ 1976年；⑤ 其他；⑥ 1969年。

日本新建预制住宅所占比例（2006～2015年）　　　　　　　　附表4

时间	新建预制建筑总数	新建住宅总数	预制建筑占比/%
2006年	160347	1290391	12.4
2007年	145360	1060741	13.7
2008年	154427	1093519	14.1
2009年	125924	788410	16.0
2010年	126671	813126	15.6
2011年	126770	834117	15.2

续表

时间	新建预制建筑总数	新建住宅总数	预制建筑占比/%
2012年	132244	882797	15.0
2013年	146402	980025	14.9
2014年	140501	892261	15.7
2015年	143549	909299	15.8

专题19
领导讲话及主要文件汇编

第一部分　主要政策文件摘要

一、《国务院关于加强和发展建筑工业的决定》

发布时间：1956年5月8日

重要观点：实现机械化、工业化施工，完成对建筑工业的技术改造，逐步地完成向建筑工业化的过渡。

全文见第三部分重要文件汇编

二、《建筑工业化发展纲要》

发布时间：1995年4月6日

文　　号：建字第188号文

重要观点：强调"建筑工业化是我国建筑业的发展方向"。

文件相关内容：

"建筑工业化是我国建筑业的发展方向。近年来，随着建筑业体制改革的不断深化和建筑规模的持续扩大，建筑业发展较快，物质技术基础显著增强，但从整体看，劳动生产率提高幅度不大，质量问题较多，整体技术进步缓慢。为确保各类建筑最终产品特别是住宅建筑的质量和功能，优化产业结构，加快建设速度，改善劳动条件，大幅度提高劳动生产率，使建筑业尽快走上质量效益型道路，成为国民经济的支柱产业，根据《九十年代国家产业政策纲要》和《九十年代建筑业产业政策》要求，特制定《建筑工业化发展纲要》，作为各省、市、区制定建筑工业化发展规划的依据和参考。"

三、《关于推进住宅产业现代化提高住宅质量的若干意见》

发布时间：1999年8月20日

文　　号：国办发［1999］72号

重要观点：系统地提出了推进住宅产业化工作的目标和任务。

全文见第三部分文件汇编。

四、《国务院办公厅关于转发发展改革委住房城乡建设部绿色建筑行动方案的通知》

发布时间：2013年1月1日

文　　号：国办发〔2013〕1号

重要观点：推动建筑工业化。

文件相关内容：

第三项"重点任务"第八款"推动建筑工业化"：

住房城乡建设等部门要加快建立促进建筑工业化的设计、施工、部品生产等环节的标准体系，推动结构件、部品、部件的标准化，丰富标准件的种类，提高通用性和可置换性。推广适合工业化生产的预制装配式混凝土、钢结构等建筑体系，加快发展建设工程的预制和装配技术，提高建筑工业化技术集成水平。支持集设计、生产、施工于一体的工业化基地建设，开展工业化建筑示范试点。积极推行住宅全装修，鼓励新建住宅一次装修到位或菜单式装修，促进个性化装修和产业化装修相统一。

五、《国家新型城镇化规划（2014－2020年）》

发布时间：2014年3月16日

重要观点：提出要"强力推进建筑工业化"。

文件相关内容：

第十八章"推动新型城市建设"第一节"加快绿色城市建设"：

将生态文明理念全面融入城市发展，构建绿色生产方式、生活方式和消费模式。严格控制高耗能、高排放行业发展。节约集约利用土地、水和能源等资源，促进资源循环利用，控制总量，提高效率。加快建设可再生能源体系，推动分布式太阳能、风能、生物质能、地热能多元化、规模化应用，提高新能源和可再生能源利用比例。实施绿色建筑行动计划，完善绿色建筑标准及认证体系、扩大强制执行范围，加快既有建筑节能改造，大力发展绿色建材，强力推进建筑工业化。合理控制机动车保有量，加快新能源汽车推广应用，改善步行、自行车出行条件，倡导绿色出行。实施大气污染防治行动计划，开展区域联防联控联治，改善城市空气质量。完善废旧商品回收体系和垃圾分类处理系统，加强城市固体废弃物循环利用和无害化处置。合理划定生态保护红线，扩大城市生态空间，增加森林、湖泊、湿地面积，将农村废弃地、其他污染土地、工矿用地转化为生态用地，在城镇化地区合理建设绿色生态廊道。

六、《2014-2015年节能减排低碳发展行动方案》

发布时间：2014年5月15日

重要观点：提出"要以住宅为重点，以建筑工业化为核心，加大对建筑部品生产的扶持力度，推进建筑产业现代化"。

文件相关内容：

第三项"狠抓重点领域节能降碳"第十款"推进建筑节能降碳"：

深入开展绿色建筑行动，政府投资的公益性建筑、大型公共建筑以及各直辖市、计划单列市及省会城市的保障性住房全面执行绿色建筑标准。到2015年，城镇新建建筑绿色建筑标准执行率达到20%，新增绿色建筑3亿平方米，完成北方采暖地区既有居住建筑供热计量及节能改造3亿平方米。以住宅为重点，以建筑工业化为核心，加大对建筑部品生产的扶持力度，推进建筑产业现代化。

七、住房城乡建设部《关于推进建筑业发展和改革的若干意见》

发布时间：2014年7月1日

文　　号：建市〔2014〕92号

重要观点：提出将"推动建筑产业现代化"作为"转变建筑业发展方式"的主要措施之一。

文件相关内容：

第一项"指导思想和发展目标"第二款"发展目标"：

简政放权，开放市场，坚持放管并重，消除市场壁垒，构建统一开放、竞争有序、诚信守法、监管有力的全国建筑市场体系；创新和改进政府对建筑市场、质量安全的监督管理机制，加强事中事后监管，强化市场和现场联动，落实各方主体责任，确保工程质量安全；转变建筑业发展方式，推进建筑产业现代化，促进建筑业健康协调可持续发展。

第四项"促进建筑业发展方式转变"

（十六）推动建筑产业现代化。统筹规划建筑产业现代化发展目标和路径。推动建筑产业现代化结构体系、建筑设计、部品构件配件生产、施工、主体装修集成等方面的关键技术研究与应用。制定完善有关设计、施工和验收标准，组织编制相应标准设计图集，指导建立标准化部品构件体系。建立适应建筑产业现代化发展的工程质量安全监管制度。鼓励各地制定建筑产业现代化发展规划以及财政、金融、税收、土地等方面激励政策，培育建筑产业现代化龙头企业，鼓励建设、勘察、设计、施工、构件生产和科研等单位建立产业联盟。进一步发挥政府投资项目的试点示范引导作用并适时扩大试点范围，积极稳妥推进建筑产业现代化。

八、住房城乡建设部关于印发《工程质量治理两年行动方案》的通知

发布时间：2014年9月1日

文　　号：建市〔2014〕130号

重要观点：明确到2015年底的建筑产业现代化发展目标。

文件相关内容：

第二项"重点工作任务"第四款"大力推动建筑产业现代化"：

1. 加强政策引导。住房城乡建设部拟制定建筑产业现代化发展纲要，明确发展目标：到2015年底，除西部少数省区外，全国各省（区、市）具备相应规模的构件部品生产能力；新建政府投资工程和保障性安居工程应率先采用建筑产业现代化方式建造；全国建筑产业现代化方式建造的住宅新开工面积占住宅新开工总面积比例逐年增加，每年比上年提高2个百分点。各地住房城乡建设主管部门要明确本地区建筑产业现代化发展的近远期目标，协调出台减免相应税费、给予财政补贴、拓展市场空间等激励政策，并尽快将推动引导措施落到实处。

2. 实施技术推动。各级住房城乡建设主管部门要及时总结先进成熟、安全可靠的技术体系并加以推广。住房城乡建设部组织编制建筑产业现代化国家建筑标准设计图集和相关标准规范；培育组建全国和区域性研发中心、技术标准人员训练中心、产业联盟中心，建立通用种类和标准规格的建筑部品构件体系，实现工程设计、构件生产和施工安装标准化。各地住房城乡建设主管部门要培育建筑产业现代化龙头企业，鼓励成立包括开发、科研、设计、构件生产、施工、运营维护等在内的产业联盟。

3. 强化监管保障。各级住房城乡建设主管部门要在实践经验的基础上，探索建立有效的监管模式并严格监督执行，保障建筑产业现代化健康发展。

九、工业和信息化部住房城乡建设部关于印发《促进绿色建材生产和应用行动方案》的通知

发布时间：2015年8月31日

文　　号：工信部联原〔2015〕309号

重要观点：发展钢结构和木结构建筑。

文件相关内容：

第三项"水泥与制品性能提升行动"

（九）大力发展装配式混凝土建筑及构配件。积极推广成熟的预制装配式混凝土结构体系，优化完善现有预制框架、剪力墙、框架-剪力墙结构等装配式混凝土结构体系。完善混凝土预制构配件的通用体系，推进叠合楼板、内外墙板、楼梯阳台、厨卫装饰等工厂化生产，引导构配件产业系列化开发、规模化生产、配套化供应。

第四项"钢结构和木结构建筑推广行动"

（十）发展钢结构建筑和金属建材。在文化体育、教育医疗、交通枢纽、商业仓储等公共建筑中积极采用钢结构，发展钢结构住宅。工业建筑和基础设施大量采用钢结构。在大跨度工业厂房中全面采用钢结构。推进轻钢结构农房建设。鼓励生产和使用轻型铝合金模板和彩铝板。

（十一）发展木结构建筑。促进城镇木结构建筑应用，推动木结构建筑在政府投资的学校、幼托、敬老院、园林景观等低层新建公共建筑，以及城镇平改坡中使用。推进多层木-钢、木-混凝土混合结构建筑，在以木结构建筑为特色的地区、旅游度假区重点推广木结构建筑。在经济发达地区的农村自建住宅、新农村居民点建设中重点推进木结构农房建设。

第六项"新型墙体和节能保温材料革新行动"

（十六）新型墙体材料革新。重点发展本质安全和节能环保、轻质高强的墙体和屋面材料，引导利用可再生资源制备新型墙体材料。推广预拌砂浆，研发推广钢结构等装配式建筑应用的配套墙体材料。

第九项"试点示范引领行动"

（二十三）工程应用示范。制定绿色建材应用试点示范申报、评审和验收等办法。结合绿色建筑、保障房建设、绿色生态城区、既有建筑节能改造、绿色农房、建筑产业现代化等工作，明确绿色建材应用的相关要求。选择典型城市和工程项目，开展钢结构、木结构、装配式混凝土结构等建筑应用绿色建材试点示范。

十、《国务院关于深入推进新型城镇化建设的若干意见》

发布时间：2016年2月2日

文　　号：国发〔2016〕8号

重要观点：积极推广绿色新型建材、装配式建筑和钢结构建筑。

文件相关内容：

第三项"全面提升城市功能"第九款"推动新型城市建设"

推动分布式太阳能、风能、生物质能、地热能多元化规模化应用和工业余热供暖，推进既有建筑供热计量和节能改造，对大型公共建筑和政府投资的各类建筑全面执行绿色建筑标准和认证,积极推广应用绿色新型建材、装配式建筑和钢结构建筑。

十一、中共中央国务院《关于进一步加强城市规划建设管理工作的若干意见》

发布时间:2016年2月6日

文　　号:中发〔2016〕6号

重要观点:发展新型建造方式。

文件相关内容:

第四项"提升城市建筑水平"

(十一)发展新型建造方式。大力推广装配式建筑,减少建筑垃圾和扬尘污染,缩短建造工期,提升工程质量。制定装配式建筑设计、施工和验收规范。完善部品部件标准,实现建筑部品部件工厂化生产。鼓励建筑企业装配式施工,现场装配。建设国家级装配式建筑生产基地。加大政策支持力度,力争用10年左右时间,使装配式建筑占新建建筑的比例达到30%。积极稳妥推广钢结构建筑。在具备条件的地方,倡导发展现代木结构建筑。

全文见第三部分文件汇编

十二、《中华人民共和国国民经济和社会发展第十三个五年规划纲要》

发布时间:2016年3月17日

重要观点:推广装配式建筑和钢结构建筑。

文件相关内容:

第三十四章"建设和谐宜居城市"第四节"提升城市治理水平"

创新城市治理方式,改革城市管理和执法体制,推进城市精细化、全周期、合作性管理。创新城市规划理念和方法,合理确定城市规模、开发边界、开发强度和保护性空间,加强对城市空间立体性、平面协调性、风貌整体性、文脉延续性的规划管控。全面推行城市科学设计,推进城市有机更新,提倡城市修补改造。发展适用、经济、绿色、美观建筑,提高建筑技术水平、安全标准和工程质量,推广装配式建筑和钢结构建筑。

第二部分　重要会议及领导讲话

一、原国家建委建筑工业化规划会议

会议时间:1978年

主要观点：到2000年，全面实现建筑工业的现代化。

相关内容摘要：

提出以"三化一改"（建筑设计标准化、构件生产工厂化、施工机械化和墙体改革）为重点，发展建筑工业化的要求；要求到1985年，全国大中城市基本实现建筑工业化，到2000年，全面实现建筑工业的现代化。

二、全国政协双周协商座谈会

会议时间：2013年10月22日

主要观点：提出"发展建筑产业化"建议。

会议相关内容：

在座谈会上，厉以宁、李毅中、陈锡文、刘遵义、贺强、郑跃文、方方、闫冰竹、张泓铭、赵海英、王娴、杨绍信等全国政协委员分别围绕加强和改善宏观调控、巩固农业基础地位、推进工业化城镇化、加快调整产业结构、深化经济体制改革等问题谈了各自的看法。

（来源：中国政协网）[①]

三、全国政协双周协商座谈会

会议时间：2013年11月7日

主要观点：制订和完善推进建筑产业化相关政策法规，积极抓好落实。

会议相关内容：

全国政协主席俞正声主持会议。俞正声说，建筑业是国民经济的重要物质生产部门，与整个国家经济的发展，人民生活的改善有着密切的关系。通过协商座谈会，大家对推进建筑产业化在节能节水、降低污染、提高效率等方面的重要性达成了共识。要按照转变经济增长方式、调整优化产业结构的要求，制订和完善推进建筑产业化的相关政策法规，积极抓好落实。

（来源：中国政协网）[②]

[①] 《全国政协召开第一次双周协商座谈会》http://www.cppcc.gov.cn/zxww/2014/03/25/ARTI1395734010526320.shtml

[②] 《全国政协召开双周协商座谈会建言"建筑产业化"》http://www.cppcc.gov.cn/zxww/2014/03/25/ARTI1395729872363980.shtml

四、2013年全国住房城乡建设工作会议

会议时间：2013年12月

主要观点：促进建筑产业现代化。

会议相关内容：

原部长姜伟新提出重点做好十个方面的工作，其中第7方面是要"加快推进建筑节能工作，促进建筑产业现代化。2014年，政府投资的办公和公益性建筑及大型公共建筑，要全面执行绿色建筑标准。确保北方采暖地区既有居住建筑供热计量及节能改造1.7亿m^2以上。力争完成夏热冬冷地区既有居住建筑节能改造面积1800万m^2以上。以住宅建设为重点，抓紧研究制订支持建筑产业现代化发展的政策措施。"

五、2014年全国住房城乡建设工作会议

会议时间：2014年12月19日

主要观点：实现建筑产业现代化新跨越。

会议相关内容：

陈政高部长明确提出将"实现建筑产业现代化新跨越"作为住房城乡建设领域6个努力实现新突破的工作任务之一。

第一，大力提高建筑业竞争力，实现转型发展。抓紧制定支持政策，完善标准规范体系，以住宅建设为重点，以保障房为先导，推动绿色建筑规模化、整体化发展，实现建筑产业现代化新跨越。

（来源：住房和城乡建设部部网站）[1]

六、第十四届中国国际住宅产业博览会开幕见面会

会议时间：2015年9月9日

主要观点：原副部长王宁提出编制发展规划，加快出台若干政策引导文件，抓紧推进成熟可靠的装配式建筑技术体系等住宅产业现代化工作重点。

全文见王宁副部长讲话

七、2015年全国住房城乡建设工作会议

会议时间：2015年12月28日

---

[1] 《勇于担当 突破重点 努力开创住房城乡建设事业新局面》http://www.mohurd.gov.cn/jsbfld/201412/t20141222_219836.html

主要观点：陈政高部长明确提出推动装配式建筑取得突破性进展，并作为2016年的重点工作之一。

会议相关内容：

第二项"2016年工作任务"第七款"推动装配式建筑取得突破性进展"

装配式建筑是建造方式的重大变革。与传统施工方法相比，装配式建筑以标准化设计、工厂化生产、装配化施工、一体化装修、信息化管理、智能化应用为主要特征，节能、节水、节材、节时、节省人工，并可以大幅减少建筑垃圾和扬尘，实现环保的目的。"二战"以后，发达国家已广泛采取装配式建筑，而目前我国仍以传统现场浇筑作业为主，新建建筑装配式建筑比例不足5%，与国际先进水平相比差距甚大。

装配式建筑可以极大地促进混凝土结构、钢结构、木结构等绿色建筑材料的发展，是建筑材料的重大变革，还将带来建筑队伍结构的重大变革，这是实现高水平建筑节能和绿色建筑的重要途径。

明年一个重要任务就是，我们要在充分调研的基础上，向国务院提出建议，在全国城市全面强制推广装配式建筑，推动装配式建筑跨越式发展。

我们要看到，现在推广装配式建筑，成本、工艺和材料早已不是主要问题，关键是认识到位不到位的问题，是政府下不下决心的问题。国外在发展装配式建筑初期，也是通过政府的强制推广。上海市已经要求，自明年起，所有外环以内的新建民用建筑都必须全部采用装配式建造。各个地方、各个城市一定要进一步理解推广装配式建筑的重大意义，认准目标，下定决心，力争用十年左右时间，实现中央城市工作会议提出的、使装配式建筑占新建建筑比例达到30%的目标。同时，也丝毫不能放松推进建筑节能和绿色建筑的工作。我们如果再不全力去推，就会错失建造方式转变的历史机遇，就会进一步拉大与发达国家的差距，那将是我们的重大遗憾。

八、中央城市工作会议

会议时间：2015年12月20日

主要观点：李克强总理讲话中提出要大力推动建造方式创新。

九、2016年政府工作报告

会议时间：2016年3月5日

主要观点：大力发展钢结构和装配式建筑，提高建筑工程标准和质量。

会议相关内容：

第三项"2016年重点工作"第三款：

（三）深挖国内需求潜力，开拓发展更大空间。适度扩大需求总量，积极调整改革需求结构，促进供给需求有效对接、投资消费有机结合、城乡区域协调发展，形成对经济发展稳定而持久的内需支撑。

深入推进新型城镇化。城镇化是现代化的必由之路，是我国最大的内需潜力和发展动能所在。今年重点抓好三项工作。一是加快农业转移人口市民化。深化户籍制度改革，放宽城镇落户条件，建立健全"人地钱"挂钩政策。扩大新型城镇化综合试点范围。居住证具有很高的含金量，要加快覆盖未落户的城镇常住人口，使他们依法享有居住地义务教育、就业、医疗等基本公共服务。发展中西部地区中小城市和小城镇，容纳更多的农民工就近就业创业，让他们挣钱顾家两不误。二是推进城镇保障性安居工程建设和房地产市场平稳健康发展。今年棚户区住房改造600万套，提高棚改货币化安置比例。完善支持居民住房合理消费的税收、信贷政策，适应住房刚性需求和改善性需求，因城施策化解房地产库存。建立租购并举的住房制度，把符合条件的外来人口逐步纳入公租房供应范围。三是加强城市规划建设管理。增强城市规划的科学性、权威性、公开性，促进"多规合一"。开工建设城市地下综合管廊2000km以上。积极推广绿色建筑和建材，大力发展钢结构和装配式建筑，提高建筑工程标准和质量。打造智慧城市，改善人居环境，使人民群众生活得更安心、更省心、更舒心。

十、2016两会陈政高部长答记者问

时　间：2016年3月5日

主要观点：大力推进工厂式建筑、装配式建筑。

相关内容：

陈部长两会答记者问：

我们都知道，"创新和发展"是今年"两会"的一个关键词，其实深圳一直都在坚持质量驱动、创新发展和绿色低碳发展，目前深圳已经在全国率先以及全面实施绿色建筑的标准，目前绿色建筑的面积已经超过了2100万m^2，这个规模可以说居于全国首位。请问陈部长对此怎么看？国家提出一个目标，到2020年全国绿色建筑的比例推广要达到50%，您对这样一个目标是否有信心？目前的推广进度如何？

陈政高部长：

你刚才提到的问题是这样的，深圳的绿色发展、绿色建材是我们高度重视的，也是充分肯定的。大家都知道，绿色发展是我们"十三五"期间五大发展理念之一，我们建筑行业也要贯彻中央的决定，要实行绿色发展。绿色发展分两个方面：一是建造过程的绿色发展，二是使用过程的绿色发展。建造过程的绿色发展一个是建材，我们应该用绿色的建

材，就是你刚才讲的深圳的情况。建造方式也是建造过程的一个方面，我们正在大力推进工厂式建筑、装配式建筑，在工厂生产各种件儿，然后到现场进行组装，可以大大节约能源，减少污染，也会节约成本。同时在工程的使用方面，在房屋使用方面，我们也要大力推进绿色发展。只有这两个过程都实现了绿色发展，我们才能真正把中央有关绿色发展的要求落到实处。谢谢。

第三部分　重要文件汇编

一、《国务院关于加强和发展建筑工业的决定》（1956年5月8日）

二、转发建设部等部门《关于推进住宅产业现代化提高住宅质量若干意见的通知》（国办发［1999］72号）

三、中共中央国务院《关于进一步加强城市规划建设管理工作的若干意见》（中发［2016］6号）

国务院关于加强和发展建筑工业的决定

1956年5月8日国务院常务会议通过

在我国的社会主义建设事业中，建筑工委担负着重大的基本建设任务。在第一个五年计划的前三年中，由于建筑业全体职工的积极努力和各方面的大力支援，已经有253个限额以上的重大工业项目全部或部分地投入了生产，完成了大量的铁路、公路、水利、邮电等建筑工程，建成并交付使用的住宅和文化福利建筑总数约达六千七百多万平方公尺，在同一时期，我国的建筑工业也获得了很大的发展，建筑工业已经成为国民经济中的一个重要部门。

由于建设规模的多大和建设速度的加快，1956年基本建设的投资额约比1955年增加60%以上。到的第二个和第三个五年计划时期，基本建设任务比第一个五年计划时期将要大得多，在技术上的要求也将越来越高。今后的基本建设任务较之过去是更加繁重了。但是，我国的建筑工业，由于基础差，技术装备落后，在组织领导和管理制度方面也还存在着很多问题，远不能满足今后巨大的基本建设任务对建筑业的要求。为了改变这种状况，必须把我国建筑工业的技术水平、组织水平和管理水平大大提高一步，采取积极步骤逐步实现建筑工业化，逐步完成对建筑工业的技术改造，并积极地实行施工组织的专业化，提高建筑企业的管理水平，大力发展建筑材料的生产，加强设计工作和建筑科学研究工作，培养干部，开展社会主义劳动竞赛，提高劳动生产率，改善职工物质文化生活，以便又多、又快、又好、又省地完成基本建设任务。

（一）

为了从根本上改善我国的建筑工业，必须积极地有步骤地实行工业化、机械化施工，逐步完成对建筑工业的技术改造，逐步完成向建筑工业化的过渡。采用工业化的建筑方法，可以加快建设速度，降低工程造价，保证工程质量和安全施工。但是在确定我国事项建筑工业化的步骤时，必须充分考虑到我们的具体条件，由于我国建筑机械与液体燃料的生产还很落后，为工业化建筑所必需的熟练的工人、干部和专家还很少，因而，又不可能在短期内全部实行建筑的工业化。

根据上述情况，对于我国建筑工业化的发展速度，作如下的规划：

重点工程，即重要的工业厂房、矿井、电站、大的桥梁、隧道、水工建筑等工程的建筑，必须积极地提高工厂化施工的程度，积极采用工厂预制的装配式的结构和配件，尽速提高机械化施工的水平，特别是那些非人力所能代替的笨重劳动，或者是建设地区人口稀少、劳动力供应困难的工程。在这类工程的施工中应该在5年到7年左右的时间内基本上实现工厂化和笨重劳动的机械化。

小型的工业厂房、住宅和其他民用建筑方面，在相当时期内应该很好地利用我国丰富的劳动资源，努力提高手工劳动的技巧，提高技术水平，积极采用各种先进工具，逐步采用工厂预制的轻型的预制装配式的结构和配件，增加手动工具和轻便的机械进行施工。在这类工程中，应该逐步地提高工厂化施工的水平，并争取在12年左右的时间内，基本上实现笨重劳动的机械化。

为了适应建筑工业化的需要，国家建设委员会应该根据国务院关于加强设计工作的决定，组织有关设计院对建筑物的标准化问题进行研究，并迅速编出标准结构和配件的目录图册。

为了有计划地实行工厂化和机械化施工，国家建设委员会和各部在批准初步设计的时候，应该会同有关部门具体确定某工程采用工厂化、机械化施工的水平。国家建设委员会应该在1956年年底前会同有关各部，做出2年和7年内提高工业化和机械化水平的规划。

为了保证重点工程工业化施工的需要，国家计划委员会和国家建设委员会应该会同各有关部门，结合区域规划做出建筑基地的规划。规划原则是，在工业集中、建设期限较长的地区和城市，应该根据需要有计划地建设统一的永久性混凝土和钢筋混凝土预制工厂、金属结构加工厂、木材加工厂等。在一般建设地区，应该根据气候条件和施工期限的长短，建设露天预制场或临时预制场以及其他必需的加工厂。

为了提高建筑机械的生产能力，逐步满足建筑工业化的需要，第一机械工业部应该加强关于建筑机械和筑路机械生产的规划，并在1956年内提出新建和改建各种建筑和筑路机械制造厂的建厂计划。各建筑部门也应该根据需要和可能条件，建立中、小型建筑机械、手工机械和大型建筑机械配件的工厂，并且由第一机械工业部会同有关部做出统一的规划。

为了改善建筑机械的维修保养工作，各建筑安装部门应该根据需要和可能的条件在1956年9月底以前提出建筑机械修理厂的增建计划，送国家计划委员会，由国家计划委员会会同国家经济委员会和国家建设委员会核定。在制定和批准建筑机械修理厂的计划时，要防止在同一地区内分散重复建厂和浪费资金的现象。

为了改变建筑机械的使用状况，国家建设委员会应该在1956年年底前编好主要建筑机械的年产量定额和台班取费定额，于1957年发布施行。

为了改变建筑机械使用方面忙闲不均的现象，国建建设委员会应该在1956年年底以前提出合理使用办法。

（二）

大规模的基本建设，要求建筑安装组织的专业化，如果没有精通本行技术业务的专门人才和专业化的建筑安装组织，便很难胜任巨大的和复杂的建设任务。我国目前的建筑安装组织，很多还是采用"一揽子"的综合性的建筑公司的形式，这种形式对于迅速掌握技术，提高机械化施工程度，保证质量和安全，提高劳动生产率方面，都是不利的。为了适应建筑业发展的需要，应该有步骤地将现有"一揽子"的建筑安装公司改变为专业化的建筑安装公司，并按照这一原则发展新的建筑安装组织。在安装方面，可根据需要设置机械安装公司、电气安装公司、金属结构公司、管道安装公司和其他特种公司等。在土建方面，应该根据工作发展的需要和建设企业的组织水平，有计划地逐步地分设土方工程公司、混凝土工程公司、砌筑工程公司、吊装工程公司和装修工程公司等。在煤矿矿井建设方面，还可根据需要设置特殊凿井公司、井筒掘进公司和其他专业公司。在组织土建专业公司的时候，可采取各种过渡的形式，如首先在工程处方位内实行专业化；然后在公司范围内实行专业化，最后实行公司专业化等等。

施工组织专业化以后，需要明确规定总包同分包的关系，搞好施工中协作。为此，各建筑安装部门应该根据今后基本建设的需要，在1956年9月底前提出1957年的和第二个五年计划期间的建筑安装力量发展的规划，送国家建设委员会。国家建设委员会应该会同有关部门，在1956年9月底前制定总包机构和专业分包机构工作的规程，发各有关部门执行。

（三）

提高建筑安装企业的管理水平，是当前建筑工业中一项迫切的任务。为了改变目前建筑安装企业生产不均衡，质量不高，浪费现象严重的情况，一切建筑安装企业都必须做好计划工作，争取均衡施工；加强技术管理，提高工程质量；实行严格的经济核算，降低成本。

（一）为了改善建筑安装企业的计划工作，应该规定合理的工期定额，做好设计、设备、材料、机械、劳动力的平衡，保证把资金、材料、机械和施工力量集中使用在最重要的和已经开工的工程项目上；编号和贯彻施工技术财务计划、技术组织措施计划和施工组织设计，加强施工准备工作，组织冬季和雨季施工，合理安排跨年度工程，搞好月旬作业计划和调度工作。

国家经济委员会应该采取措施，提前下达基本建设年度计划的时间。国家计划委员会、国家经济委员会和各部在编制基本建设计划时，必须切实做好勘测、设计、技术供应、施工力量各方面的平衡。并由物资供应总局在1956年年底以前制定主要建筑材料的储备方案，保证建筑材料的充分供应。

各建设部门应该依照国务院关于加强设计工作的决定，争取在施工前的1个月到3个月，按照工程的施工顺序将施工图纸分批交给施工部门。

国家建设委员会应该在1956年年底制定工业和民用建筑的工期定额，1857年开始实行。

（二）为了加强技术管理，提高工程质量，必须认真会审施工图纸，严格按图施工，遵守施工验收技术规范和操作规程，制定工艺卡片和采用新的技术，加强材料和半成品的检验，在施工过程中建立自下而上的和自上而下的以及甲方的技术监督工作，对质量低劣的工程必须采取补救措施或返工重做，对不合设计要求的建筑材料和半成品不能允许出厂。

各建筑安装部门应该根据所属企业的不同情况，从1956年起逐步建立起总工程师制度，建立起必要的实验室，加强技术领导和技术监督。

国家建设委员会应该迅速审定建筑安装工程施工及验收技术规范，在1956年9月底前发布施行。

国家建设委员会应该制定基本建设工程的奖励办法，对提前移交生产、质量合乎设计要求的优良工程予以奖励。监察部应该加强对基本建设工程的监察工作，对质量特别低劣的工程和主要的失职人员，应该依照规定随时处理。

（三）为了贯彻经济核算，降低建筑成本，必须严格执行预算合同制度，合理地使用建筑材料、人力和机械，加强工人小组、混合工作队和工长的经济核算，改善成本管理制度，做好经济活动分析工作。

为了鼓励建筑安装企业降低成本的积极性，由于乙方改善了施工方法，或者在取得甲方同意后而采用了更经济的材料，或者在保证工程质量而又取得了甲方和设计单位同意的条件下变更施工图中所规定的部分结构和其他技术决定的时候，工程结算仍然应该按照甲方交出的预算造价办理。乙方由于实行了合理化建议而节约了资金，应该说他是很好地完成了任务，并且算在施工单位降低成本的任务之内。为了节约基本建设中临时建筑的费用，工程预算的第三部分资金除甲方必须留用的一部分外，其余部分应统一交给乙方支配，以便有计划地建设附属企业和职工住宅。

国家建设委员会应该会同有关部门迅速补充和修正设计预算定额，并在1956年年底前提出提高设计预算质量和简化预算的方法。

指定国家建设委员会在1956年年底前拟订建筑安装工程包工规程，报国务院批准后发布施行。

财政部应该会同有关部门在1956年9月底以前提出改善拨款结算和成本管理制度的办法，以消除以前在基本建设拨款结算中的纠纷，克服成本会计报表同经济活动的实际情况脱节的现象。

中国人民建设银行应该继续加强对基本建设的财务监督工作，保证拨款，鼓励节约，严防各种违犯财政纪律和浪费行为的发生。

（四）

扩大建筑材料的生产，是保证大规模的基本建设得以顺利进行的重要条件。我国建筑材料的生产，目前还是数量太少，品种不足。地方建筑材料还未被充分利用。主要建筑材料（钢材、木材、水泥）使用中的浪费现象还很严重。必须大力发展建筑材料和结构配件的生产，增加数量和品种，提高质量，降低价格，并合理地使用建筑材料，才能适应基本建设任务对建筑材料日益增长的需要。

在发展建筑材料的生产中，必须注意原料基地的选择和配置，务使原料基地和采掘场尽可能地接近适用地区。在建设项目多的地区，应该建立统一的非矿冶性材料的采掘场，给施工单位供给价廉物美的建筑材料。

建筑材料工业部应该会同有关部门，在1956年9月底以前提出1957年和第二个五年计划期间建筑材料的生产计划；应该迅速发展水泥工业，特别注意多生产高标号水泥和特殊水泥。在大规模建设的地区应该有计划地建立永久性的混凝土和钢筋混凝土制品工厂，生产规划统一的结构和配件；要组织新的砌筑材料、各种管材、防水材料、屋面材料、卫生技术设备、陶瓷砖和石膏胶结材料等的生产。

冶金工业部应该根据建筑部门的需要，扩大高强度的钢丝和高炭钢筋特别是螺纹钢筋的生产。

建筑材料工业部应该负责地方建筑材料生产的规划工作，逐步统一材料规格，提高质量，降低价格，并会同各省、市人民委员会在1956年年底前提出地方建筑材料增产的计划。在组织地方建筑材料的生产方面，要充分利用当地出产的各种原料（如竹材、芦苇、石灰、石料、沙子、黏土等）和工业企业的废料（如矿渣等），使生产出的建筑材料既合用又经济。

由国家建设委员会组织有关部门积极进行建筑材料标准的编制工作，并在1957年年底以前完成主要建筑材料标准的编制。

国家建设委员会应该订出在建筑中节约钢材、木材和水泥的规定，发布全国执行。从现在起，各部和各省（市）、自治区就应该积极地用钢筋混凝土装配式结构和配件，来代替原来用木材和钢材制作的铁路轨枕、矿坑支撑、输电线路的架线塔等。

各设计和施工部门在选择和使用材料时，要尽量使用当地材料和廉价的代用品。

（五）

为加强建筑工业，提高建筑业的水平，必须积极开展建筑科学的研究工作。目前我国建筑科学技术研究工作是很落后的，同规模巨大的建设事业极不相称，必须以最快的速度掌握苏联和其他国家先进的科学技术成就，对我们建设中需要解决的科学技术问题进行系统的研究，以丰富建筑科学，是我国建筑科学按不同门类，分别在5年、7年、12年内，接近世界最先进的水平。

建筑科学研究工作的基本任务是：对于建筑的工业化，建筑物的全面定型化，改进建筑材料，以及建筑的质量、建筑经济和建筑艺术等问题进行研究；并对于区域规划和城市建设工作进行研究。

国家建设委员会应该会同中国科学院及其他有关部在1956年9月底前提出建筑科学研究工作和城市建设研究工作的长期计划，包括各部发展建筑科学研究机构的具体计划。国家建设委员会还应该会同有关部门编制年度的建筑科学和城市建设的研究计划。

各建筑部门应该加强推广新的建筑技术和先进经验的工作。从1956年起，以部为单位编制推广新的技术和先进经验的计划，并加以贯彻。国家建设委员会应该会同各部制订示范工程项目表，由有关部门贯彻实施。

国家建设委员会应该在1956年年底以前提出建立国建建筑展览馆的方案。

国家建设委员会和各建筑部门应该建立并加强建筑经济技术情报工作和出版工作。

（六）

积极培养技术力量，是加强建筑工业的重要措施之一。目前建筑安装企业技术干部的不足，妨碍了建筑工业的发展，影响了劳动生产率的提高和企业管理工作的改善。必须迅速地培养大量新的精通技术业务的人才，积极提高教育部和有关部门根据建筑工业发展的需要，在1956年年底以前拟定第二个五年计划期间培养建筑专业干部的计划，并作出实现这个计划的具体措施。

各建筑安装部门应该在1956年10月底以前提出1957年和第二个五年计划时期内需要技术干部、技术工人的数量和培养工作的全面规划。

各建筑安装部门应该从1956年开始，积极动员和组织现有的中等技术人员参加各种业余学校学习，争取到1962年时，其中绝大部分人员能够达到或接近高等学校毕业的水平。对工人出身的技术人员采用轮训、业余训练等办法，争取到1962年时，有的达到初中毕业的文化程度，有的达到中等技术学校毕业的水平。对现有的高等学校毕业的技术人员，组织他们学习苏联及其他国家的先进经验，参加学位考试。用业余学校或轮训办法，组织各企业领导干部的学习，使他们能够在三五年内成为内行。对上述技术人员和全体人员还要注意加强政治思想教育工作。

各建筑安装部门应该加强干部的管理工作，根据工作发展的需要和专才专用的原则，调整干部力量，大胆提拔德才兼备的干部。

办好技工学校，争取在二三年内将工人的技术水平提高一级到两级。

（七）

提高劳动生产率在基本建设中有重大意义。几年来，由于广大职工创造性的劳动，建筑企业的劳动生产率有了很大的提高。但是在这方面的巨大潜力，远还没有加以充分利用，最近在建筑工业的劳动竞赛中很多定额被大大突破的事实，就是证明。为了大大提高劳动生产率，除了有计划地扩大工厂化和机械化的施工范围外，必须继续开展大规模的社会主义劳动竞赛，推广先进经验，提高工人的技术水平；合理地组织劳动，大大减少停工窝工现象；实行计件工资制度和合理的奖励制度，鼓励工人的劳动积极性。

现在土建企业中的混合工作队和安装企业中的综合安装小组（队），以及在这个基础上发展起来的专业工作队（或专业工段）的劳动组织形式，已被证明能够大大地提高劳动生产率，保证工程质量和促进经济核算的进行。各建筑安装企业应该普遍推广这种经验。扩大计件工资的范围，采用综合工程任务单以及其他合理的奖励制度，对于鼓励工人的劳动热情，提高劳动生产率有很大作用，各种建筑安装企业必须认真实行。加强劳动保护和技术安全工作，也是提高劳动生产率的必要条件，必须做好。

国家建设委员会应该会同劳动部和其他有关部门并商同全国总工会，提出全国统一的建筑安装工程施工定额和全国统一的建筑安装工人技术等级标准。

为了推广先进经验，国家建设委员会和各建筑安装部门应该经常地总结全国建筑工业的先进经验，刊印发行，广为传播。

在劳动生产率不断提高的基础上，必须相应地提高勘察测量人员和建筑业职工的工资水平，切实改善他们的物质生活和文化福利设施。所有建筑安装企业都应该正确地贯彻工资制度、奖励制度和考工评级制度。必须积极地、分期分批地解决职工的宿舍和福利问题。在建筑基地有有计划地修建职工宿舍、子弟学校、托儿所和必要的医疗所，为此指定由建筑工程部负责会同有关部迅速商定办法报国务院批准实行。建筑工人临时宿舍定额偏低，国家建设委员会应即会同国家经济委员会加以解决。劳动保险费和企业的奖励基金应该很好地加以利用。

劳动部应该商同国家建设委员会、全国总工会及有关部门于1956年9月底前提出改进建筑业职工奖励津贴和福利措施的方案，并监督其实施。

转发建设部等部门《关于推进住宅产业现代化提高住宅质量若干意见的通知》

国办发〔1999〕72号

各省、自治区、直辖市人民政府，国务院各部委、各直属机构：

建设部等部门《关于推进住宅产业现代化提高住宅质量的若干意见》已经国务院同意，现转发给你们，请参照执行。

国务院办公厅

一九九九年八月二十日

关于推进住宅产业现代化提高住宅质量的若干意见

为了满足人民群众日益增长的住房需求，加快住宅建设从粗放型向集约型转变，推进住宅产业现代化，提高住宅质量，促进住宅建设成为新的经济增长点，现提出如下意见：

一、指导思想

（一）提高居住区规划、设计水平，改善居住区环境和住房的居住功能，合理安排住房空间，力求在较小的空间内创造较高的居住生活舒适度。

（二）坚持综合开发、配套建设的社会化大生产方式。住宅建设应规模化，并与市政设施及公共服务设施建设相配套，提高住宅经济建设的经济效益、社会效益和环境效益。

（三）以经济适用住房建设为重点，建设二、三居室套型为主的小套型住房，使住宅建设既能满足广大居民当前的基本需要，又能适应今后居住需求的变化。

（四）加快科技进步，鼓励技术创新，重视技术推广。积极开发和大力推广先进、成熟的新材料、新技术、新设备、新工艺，提高科技成果的转化率，以住宅建设的整体技术进步带动相关产业的发展。

（五）促进住宅建筑材料、部品的集约化、标准化生产，加快住宅产业发展。要十分重视产业布局和规模效益，统筹规划，合理布点，防止重复建设。住宅建筑材料、部品的生产企业要走强强联合、优势互补的道路，发挥现代工业生产的规模效应，形成行业中的支柱企业，切实提高住宅建筑材料、部品的质量和企业的经济效益。

（六）坚持可持续发展战略。新建住宅要贯彻节约用地、节约能源的方针。新建采暖居住建筑必须达到建筑节能标准，并积极采用符合国家标准的节能、节材、节水的新型材料和部品，鼓励利用清洁能源，保护生态环境；已建成的旧住宅也要逐步实施节能、节水和改善功能的改造。

（七）加强和改善宏观调控。要制定有利于推进住宅产业现代化、提高住宅质量的住宅产业政策。以住房商品化、社会化为导向，充分发挥市场在资源配置中的基础性作用，搞好住宅建设的总量控制与结构调整。

二、主要目标

（一）到2005年解决城镇住宅的工程质量、功能质量通病，初步满足居民对住宅的适用性要求；到2010年城镇住宅应符合适用、经济、美观的要求，工程质量、功能质量基本满足居民的长期居住需求，居住环境有较大改善。

（二）到2005年初步建立住宅及材料、部品的工业化和标准化生产体系；到2010年初步形成系列的住宅建筑体系，基本实现住宅部品通用化和生产、供应的社会化。

（三）到2005年城镇新建采暖住宅建筑要在1981年住宅能耗水平的基础上，达到降低能耗50%的要求；到2010年，在2005年的基础上再降低能耗30%。非采暖地区的住宅建筑，也应贯彻节能的方针，制定节能标准，采取节能措施。

（四）到2005年，科技进步对住宅产业发展的贡献率要达到30%，到2010年提高到35%。

三、加强基础技术和关键技术的研究，建立住宅技术保障体系

（一）要高度重视基础技术和关键技术的研究工作，采取积极有效的措施，加快完善住宅建设的规划、设计、施工及材料、部品和竣工验收的标准、规范体系，特别是重视住

宅节能、节水和室内外环境等标准的制定工作。

（二）尽快完成住宅建筑与部品模数协调标准的编制，促进工业化和标准化体系的形成，实现住宅部品通用化。重点解决住宅部品的配套性、通用性等问题。

（三）加强新型结构技术的开发研究。在完善和提高以混凝土小型空心砌块和空心砖为主的新型砌体结构、异型柱框轻结构、内浇外砌结构和钢筋混凝土剪力墙结构技术的同时，积极开发和推广使用轻钢框架结构及其配套的装配式板材。要在总结已推行的大开间承重结构的基础上，研究、开发新型的大开间承重结构。

（四）要通过住宅设计的技术创新和标准设计，缩短施工工期，降低成本，提高劳动生产率。要把住宅设计的标准化、多样化、工业化和提高住宅的工程质量、功能质量、环境质量紧密地结合起来。

（五）建立居住区及住宅的给水、排水、供暖、燃气、电气、电讯等各种管网系统统一设计、统一施工的管理制度。住宅建设项目要编制统一的管网综合图，在保证各专业安全技术要求前提下，合理安排管线，统筹设计和施工，以改善住宅的适用性，提高住宅建设的效率和质量。

四、积极开发和推广新材料、新技术、完善住宅的建筑和部品体系

（一）住宅建筑体系的选择，应当符合区域地理、气候特征、符合地方社会经济发展水平和材料供应状况，有利于新材料、新技术的推广使用，有利于工业化水平的提高，有利于住宅产业群体的形成。

（二）积极发展各种新型砌块、轻质板材和高效保温材料，推行复合墙体和屋面技术，改善和提高墙体保温及屋面的防水性能。要开发有利于空间利用、方便施工的坡屋顶结构。

（三）要开发经济、方便、性能良好，便于灵活分隔室内空间，满足住宅适应性要求的轻质隔断板材及其配套产品。

（四）要树立厨房、卫生间整体设计观念，在完善、提高厨房、卫生间功能的基础上，推行厨房、卫生间装备系列化、多档次的定型设计，确保产品与产品、建筑与产品之间合理的连接与配合。

（五）水、暖、电、卫、气、通风等设施应积极采用节能、节水、节材并符合环境保护和计量要求的新技术、新设备，电度表、水表、燃气表、热量表安装使用前应进行首次强制检定。要积极推广应用各种塑料管材，并妥善解决大开间住宅的管网铺设问题。严格禁止使用无生产许可证的产品和假冒伪劣产品。

（六）积极发展通用部品，逐步形成系列开发、规模生产、配套供应的标准住宅部品体系。重点推广并进一步完善已开发的新型墙体材料、防火保温隔热材料、轻质隔断、节能门窗、节水便器、新型高效散热器、经济型电梯和厨房、卫生间成套设备。

（七）建设部、国家经贸委、国家质量技术监督局、国家建材局要根据有关法律、法规和实际情况，对不符合节能、节水、计量、环境保护等要求及质量低劣的部品、材料实行强制淘汰，同时根据技术进步的要求，编制《住宅部品推荐目录》，并适时予以公布，公布内容包括产品的形状尺寸、性能、构造细部、施工方法及应用实例等，提高部品的选用效率和组装质量，促进优质部品的规模效益，提高市场的竞争力。

积极推广应用塑料管材、塑钢窗和节水型卫生洁具，分地区限时淘汰铸铁管、镀锌管、实腹钢窗和冲水量9升以上的便器水箱。从2000年1月1日起，大中城市新建住宅强制淘汰铸铁水龙头，推广使用陶瓷芯水龙头。从2000年6月1日起，禁止用原木生产门窗，沿海城市和其他土地资源稀缺的城市，禁止使用实芯黏土砖，并根据可能的条件限制其他黏土制品的生产和使用。

五、健全管理制度，建立完善的质量控制体系

（一）住宅开发企业、建设单位为住宅产品质量的第一责任人。设计单位、施工企业、材料供应部门的质量责任，依据有关法律、法规规定或以合同约定。

（二）住宅开发企业都应向用户提供《住宅质量保证书》和《住宅使用说明书》，明确住宅建设的质量责任及保修制度和赔偿办法，对保修3年以上的项目要通过试点逐步向保险制度过渡。

（三）强化规划、设计审批制度。对住宅建设项目规划及设计方案是否符合城市规划要求，对单项工程是否符合设计规范等进行审查审批，保证规划、设计的质量和标准、规范的实施。要进一步完善住宅设计的市场竞争机制，优化规划、设计方案。

（四）实行住宅市场准入制度。对从事住宅建设的开发企业、设计单位和施工企业要进行资质管理；对设计、建设劣质住宅，违反规定使用淘汰产品的开发企业、设计单位和施工企业，要依法吊销其资质证书，并进行经济处罚，造成严重后果的，要依法追究刑事责任。

（五）加强对住宅装修的管理，积极推广一次性装修或菜单式装修模式，避免二次装修造成的破坏结构、浪费和扰民等现象。

（六）加强住宅建设中各个环节的质量监督，完善单项工程竣工验收和住宅项目综合验收制度，未经验收的住宅，不得交付使用。对违反法规、违反强制性规范的行为要依法严肃查处。

（七）重视住宅性能评定工作，通过定性和定量相结合的方法，制定住宅性能评定标准和认定办法，逐步建立科学、公正、公平的住宅性能评价体系。

六、加强领导、认真组织实施

（一）地方各级人民政府应根据当地经济发展水平和住宅产业的现状，确定推进住宅产业现代化、提高住宅质量的目标和工作步骤，统筹规划、明确重点、集中力量、分步实施。

（二）促进科研单位、生产企业、开发企业组成联合体，选择对提高住宅综合性能起关键作用的项目，集中力量开发攻关，并进行单项或综合性试点，以带动和推进住宅产业现代化的全面实施。

（三）加强对住宅产业政策的研究，通过税收、价格、信贷等经济杠杆，鼓励小套型、功能良好的经济适用住房的建设，鼓励推广应用有利于环境保护、节约资源的新技术、新材料、新设备和新产品。对节能住宅按照有关规定免征投资方向调节税。

（四）国家对规划设计水平高、环境质量好、工程质量及功能质量优秀、住宅建设科技含量高的住宅小区的开发建设单位、予以表彰。

建设部、国家计委、国家经贸委、财政部、

科技部、税务总局、质量技术监督局、建材局

一九九九年七月五日

中共中央国务院《关于进一步加强城市规划建设管理工作的若干意见》

中发〔2016〕6号

（2016年2月6日）

城市是经济社会发展和人民生产生活的重要载体，是现代文明的标志。新中国成立特别是改革开放以来，我国城市规划建设管理工作成就显著，城市规划法律法规和实施机制基本形成，基础设施明显改善，公共服务和管理水平持续提升，在促进经济社会发展、优化城乡布局、完善城市功能、增进民生福祉等方面发挥了重要作用。同时务必清醒地看到，城市规划建设管理中还存在一些突出问题：城市规划前瞻性、严肃性、强制性和公开性不够，城市建筑贪大、媚洋、求怪等乱象丛生，特色缺失，文化传承堪忧；城市建设盲目追求规模扩张，节约集约程度不高；依法治理城市力度不够，违法建设、大拆大建问题突出，公共产品和服务供给不足，环境污染、交通拥堵等"城市病"蔓延加重。

积极适应和引领经济发展新常态，把城市规划好、建设好、管理好，对促进以人为核心的新型城镇化发展，建设美丽中国，实现"两个一百年"奋斗目标和中华民族伟大复兴的中国梦具有重要现实意义和深远历史意义。为进一步加强和改进城市规划建设管理工作，解决制约城市科学发展的突出矛盾和深层次问题，开创城市现代化建设新局面，现提

出以下意见。

一、总体要求

（一）指导思想。全面贯彻党的十八大和十八届三中、四中、五中全会及中央城镇化工作会议、中央城市工作会议精神，深入贯彻习近平总书记系列重要讲话精神，按照"五位一体"总体布局和"四个全面"战略布局，牢固树立和贯彻落实创新、协调、绿色、开放、共享的发展理念，认识、尊重、顺应城市发展规律，更好发挥法治的引领和规范作用，依法规划、建设和管理城市，贯彻"适用、经济、绿色、美观"的建筑方针，着力转变城市发展方式，着力塑造城市特色风貌，着力提升城市环境质量，着力创新城市管理服务，走出一条中国特色城市发展道路。

（二）总体目标。实现城市有序建设、适度开发、高效运行，努力打造和谐宜居、富有活力、各具特色的现代化城市，让人民生活更美好。

（三）基本原则。坚持依法治理与文明共建相结合，坚持规划先行与建管并重相结合，坚持改革创新与传承保护相结合，坚持统筹布局与分类指导相结合，坚持完善功能与宜居宜业相结合，坚持集约高效与安全便利相结合。

二、强化城市规划工作

（四）依法制定城市规划。城市规划在城市发展中起着战略引领和刚性控制的重要作用。依法加强规划编制和审批管理，严格执行城乡规划法规定的原则和程序，认真落实城市总体规划由本级政府编制、社会公众参与、同级人大常委会审议、上级政府审批的有关规定。创新规划理念，改进规划方法，把以人为本、尊重自然、传承历史、绿色低碳等理念融入城市规划全过程，增强规划的前瞻性、严肃性和连续性，实现一张蓝图干到底。坚持协调发展理念，从区域、城乡整体协调的高度确定城市定位、谋划城市发展。加强空间开发管制，划定城市开发边界，根据资源禀赋和环境承载能力，引导调控城市规模，优化城市空间布局和形态功能，确定城市建设约束性指标。按照严控增量、盘活存量、优化结构的思路，逐步调整城市用地结构，把保护基本农田放在优先地位，保证生态用地，合理安排建设用地，推动城市集约发展。改革完善城市规划管理体制，加强城市总体规划和土地利用总体规划的衔接，推进两图合一。在有条件的城市探索城市规划管理和国土资源管理部门合一。

（五）严格依法执行规划。经依法批准的城市规划，是城市建设和管理的依据，必须严格执行。进一步强化规划的强制性，凡是违反规划的行为都要严肃追究责任。城市政府应当定期向同级人大常委会报告城市规划实施情况。城市总体规划的修改，必须经原审批机关同意，并报同级人大常委会审议通过，从制度上防止随意修改规划等现象。控制性详细规划是规划实施的基础，未编制控制性详细规划的区域，不得进行建设。控制性详细规划的编制、实施以及对违规建设的处理结果，都要向社会公开。全面推行城市规划委员会制度。健全国家城乡规划督察员制度，实现规划督察全覆盖。完善社会参与机制，充分发挥专家和公众的力量，加强规划实施的社会监督。建立利用卫星遥感监测等多种手段共同监督规划实施的工作机制。严控各类开发区和城市新区设立，凡不符合城镇体系规划、城市总体规划和土地利用总体规划进行建设的，一律按违法处理。用5年左右时间，全面清查并处理建成区违法建设，坚决遏制新增违法建设。

三、塑造城市特色风貌

（六）提高城市设计水平。城市设计是落实城市规划、指导建筑设计、塑造城市特色风貌的有效手段。鼓励开展城市设计工作，通过城市设计，从整体平面和立体空间上统筹城市建筑布局，协调城市景观风貌，体现城市地域特征、民族特色和时代风貌。单体建筑设计方案必须在形体、色彩、体量、高度等方面符合城市设计要求。抓紧制定城市设计管理法规，完善相关技术导则。支持高等学校开设城市设计相关专业，建立和培育城市设计队伍。

（七）加强建筑设计管理。按照"适用、经济、绿色、美观"的建筑方针，突出建筑使用功能以及节能、节水、节地、节材和环保，防止片面追求建筑外观形象。强化公共建筑和超限高层建筑设计管理，建立大型公共建筑工程后评估制度。坚持开放发展理念，完善建筑设计招投标决策机制，规范决策行为，提高决策透明度和科学性。进一步培育和规范建筑设计市场，依法严格实施市场准入和清出。为建筑设计院和建筑师事务所发展创造更加良好的条件，鼓励国内外建筑设计企业充分竞争，使优秀作品脱颖而出。培养既有国际视野又有民族自信的建筑师队伍，进一步明确建筑师的权利和责任，提高建筑师的地位。倡导开展建筑评论，促进建筑设计理念的交融和升华。

（八）保护历史文化风貌。有序实施城市修补和有机更新，解决老城区环境品质下降、空间秩序混乱、历史文化遗产损毁等问题，促进建筑物、街道立面、天际线、色彩和环境更加协调、优美。通过维护加固老建筑、改造利用旧厂房、完善基础设施等措施，恢复老城区功能和活力。加强文化遗产保护传承和合理利用，保护古遗址、古建筑、近现代历史建筑，更好地延续历史文脉，展现城市风貌。用5年左右时间，完成所有城市历史文化街区划定和历史建筑确定工作。

四、提升城市建筑水平

（九）落实工程质量责任。完善工程质量安全管理制度，落实建设单位、勘察单位、设计单位、施工单位和工程监理单位等五方主体质量安全责任。强化政府对工程建设全过程的质量监管，特别是强化对工程监理的监管，充分发挥质监站的作用。加强职业道德规范和技能培训，提高从业人员素质。深化建设项目组织实施方式改革，推广工程总承包制，加强建筑市场监管，严厉查处转包和违法分包等行为，推进建筑市场诚信体系建设。实行施工企业银行保函和工程质量责任保险制度。建立大型工程技术风险控制机制，鼓励大型公共建筑、地铁等按市场化原则向保险公司投保重大工程保险。

（十）加强建筑安全监管。实施工程全生命周期风险管理，重点抓好房屋建筑、城市桥梁、建筑幕墙、斜坡（高切坡）、隧道（地铁）、地下管线等工程运行使用的安全监管，做好质量安全鉴定和抗震加固管理，建立安全预警及应急控制机制。加强对既有建筑改扩建、装饰装修、工程加固的质量安全监管。全面排查城市老旧建筑安全隐患，采取有力措施限期整改，严防发生垮塌等重大事故，保障人民群众生命财产安全。

（十一）发展新型建造方式。大力推广装配式建筑，减少建筑垃圾和扬尘污染，缩短建造工期，提升工程质量。制定装配式建筑设计、施工和验收规范。完善部品部件标准，实现建筑部品部件工厂化生产。鼓励建筑企业装配式施工，现场装配。建设国家级装配式建筑生产基地。加大政策支持力度，力争用10年左右时间，使装配式建筑占新建建筑的比例达到30%。积极稳妥推广钢结构建筑。在具备条件的地方，倡导发展现代木结构建筑。

五、推进节能城市建设

（十二）推广建筑节能技术。提高建筑节能标准，推广绿色建筑和建材。支持和鼓励各地结合自然气候特点，推广应用地源热泵、水源热泵、太阳能发电等新能源技术，发展被动式房屋等绿色节能建筑。完善绿色节能建筑和建材评价体系，制定分布式能源建筑应用标准。分类制定建筑全生命周期能源消耗标准定额。

（十三）实施城市节能工程。在试点示范的基础上，加大工作力度，全面推进区域热电联产、政府机构节能、绿色照明等节能工程。明确供热采暖系统安全、节能、环保、卫生等技术要求，健全服务质量标准和评估监督办法。进一步加强对城市集中供热系统的技术改造和运行管理，提高热能利用效率。大力推行采暖地区住宅供热分户计量，新建住宅必须全部实现供热分户计量，既有住宅要逐步实施供热分户计量改造。

六、完善城市公共服务

（十四）大力推进棚改安居。深化城镇住房制度改革，以政府为主保障困难群体基本住房需求，以市场为主满足居民多层次住房需求。大力推进城镇棚户区改造，稳步实施城中村改造，有序推进老旧住宅小区综合整治、危房和非成套住房改造，加快配套基础设施建设，切实解决群众住房困难。打好棚户区改造三年攻坚战，到2020年，基本完成现有的城镇棚户区、城中村和危房改造。完善土地、财政和金融政策，落实税收政策。创新棚户区改造体制机制，推动政府购买棚改服务，推广政府与社会资本合作模式，构建多元化棚改实施主体，发挥开发性金融支持作用。积极推行棚户区改造货币化安置。因地制宜确定住房保障标准，健全准入退出机制。

（十五）建设地下综合管廊。认真总结推广试点城市经验，逐步推开城市地下综合管廊建设，统筹各类管线敷设，综合利用地下空间资源，提高城市综合承载能力。城市新区、各类园区、成片开发区域新建道路必须同步建设地下综合管廊，老城区要结合地铁建设、河道治理、道路整治、旧城更新、棚户区改造等，逐步推进地下综合管廊建设。加快制定地下综合管廊建设标准和技术导则。凡建有地下综合管廊的区域，各类管线必须全部入廊，管廊以外区域不得新建管线。管廊实行有偿使用，建立合理的收费机制。鼓励社会资本投资和运营地下综合管廊。各城市要综合考虑城市发展远景，按照先规划、后建设的原则，编制地下综合管廊建设专项规划，在年度建设计划中优先安排，并预留和控制地下空间。完善管理制度，确保管廊正常运行。

（十六）优化街区路网结构。加强街区的规划和建设，分梯级明确新建街区面积，推动发展开放便捷、尺度适宜、配套完善、邻里和谐的生活街区。新建住宅要推广街区制，原则上不再建设封闭住宅小区。已建成的住宅小区和单位大院要逐步打开，实现内部道路公共化，解决交通路网布局问题，促进土地节约利用。树立"窄马路、密路网"的城市道路布局理念，建设快速路、主次干路和支路级配合理的道路网系统。打通各类"断头路"，形成完整路网，提高道路通达性。科学、规范设置道路交通安全设施和交通管理设施，提高道路安全性。到2020年，城市建成区平均路网密度提高到8km／km²，道路面积率达到15%。积极采用单行道路方式组织交通。加强自行车道和步行道系统建设，倡导绿色出行。合理配置停车设施，鼓励社会参与，放宽市场准入，逐步缓解停车难问题。

（十七）优先发展公共交通。以提高公共交通分担率为突破口，缓解城市交通压力。统筹公共汽车、轻轨、地铁等多种类型公共交通协调发展，到2020年，超大、特大城市公共交通分担率达到40%以上，大城市达到30%以上，中小城市达到20%以上。加强城市综合交通枢纽建设，促进不同运输方式和城市内外交通之间的顺畅衔接、便捷换乘。扩大公共交通专用道的覆盖范围。实现中心城区公交站点500m内全覆盖。引入市场竞争机制，改革公交公司管理体制，鼓励社会资本参与公共交通设施建设和运营，增强公共交通运力。

（十八）健全公共服务设施。坚持共享发展理念，使人民群众在共建共享中有更多获得感。合理确定公共服务设施建设标准，加强社区服务场所建设，形成以社区级设施为基础，市、区级设施衔接配套的公共服务设施网络体系。配套建设中小学、幼儿园、超市、菜市场，以及社区养老、医疗卫生、文化服务等设施，大力推进无障碍设施建设，打造方便快捷生活圈。继续推动公共图书馆、美术馆、文化馆（站）、博物馆、科技馆免费向全社会开放。推动社区内公共设施向居民开放。合理规划建设广场、公园、步行道等公共活动空间，方便居民文体活动，促进居民交流。强化绿地服务居民日常活动的功能，使市民在居家附近能够见到绿地、亲近绿地。城市公园原则上要免费向居民开放。限期清理腾退违规占用的公共空间。顺应新型城镇化的要求，稳步推进城镇基本公共服务常住人口全覆盖，稳定就业和生活的农业转移人口在住房、教育、文化、医疗卫生、计划生育和证照办理服务等方面，与城镇居民有同等权利和义务。

（十九）切实保障城市安全。加强市政基础设施建设，实施地下管网改造工程。提高城市排涝系统建设标准，加快实施改造。提高城市综合防灾和安全设施建设配置标准，加大建设投入力度，加强设施运行管理。建立城市备用饮用水水源地，确保饮水安全。健全城市抗震、防洪、排涝、消防、交通、应对地质灾害应急指挥体系，完善城市生命通道系统，加强城市防灾避难场所建设，增强抵御自然灾害、处置突发事件和危机管理能力。加强城市安全监管，建立专业化、职业化的应急救援队伍，提升社会治安综合治理水平，形成全天候、系统性、现代化的城市安全保障体系。

七、营造城市宜居环境

（二十）推进海绵城市建设。充分利用自然山体、河湖湿地、耕地、林地、草地等生态空间，建设海绵城市，提升水源涵养能力，缓解雨洪内涝压力，促进水资源循环利用。鼓励单位、社区和居民家庭安装雨水收集装置。大幅度减少城市硬覆盖地面，推广透水建材铺装，大力建设雨水花园、储水池塘、湿地公园、下沉式绿地等雨水滞留设施，让雨水自然积存、自然渗透、自然净化，不断提高城市雨水就地蓄积、渗透比例。

（二十一）恢复城市自然生态。制定并实施生态修复工作方案，有计划有步骤地修复被破坏的山体、河流、湿地、植被，积极推进采矿废弃地修复和再利用，治理污染土地，恢复城市自然生态。优化城市绿地布局，构建绿道系统，实现城市内外绿地连接贯通，将生态要素引入市区。建设森林城市。推行生态绿化方式，保护古树名木资源，广植当地树种，减少人工干预，让乔灌草合理搭配、自然生长。鼓励发展屋顶绿化、立体绿化。进一步提高城市人均公园绿地面积和城市建成区绿地率，改变城市建设中过分追求高强度开发、高密度建设、大面积硬化的状况，让城市更自然、更生态、更有特色。

（二十二）推进污水大气治理。强化城市污水治理，加快城市污水处理设施建设与改造，全面加强配套管网建设，提高城市污水收集处理能力。整治城市黑臭水体，强化城中村、老旧城区和城乡结合部污水截流、收集，抓紧治理城区污水横流、河湖水系污染严重的现象。到2020年，地级以上城市建成区力争实现污水全收集、全处理，缺水城市再生水利用率达到20%以上。以中水洁厕为突破口，不断提高污水利用率。新建住房和单体建筑面积超过一定规模的新建公共建筑应当安装中水设施，老旧住房也应当逐步实施中水利用改造。培育以经营中水业务为主的水务公司，合理形成中水回用价格，鼓励按市场化方式经营中水。城市工业生产、道路清扫、车辆冲洗、绿化浇灌、生态景观等生产和生态用水要优先使用中水。全面推进大气污染防治工作。加大城市工业源、面源、移动源污染综合治理力度，着力减少多污染物排放。加快调整城市能源结构，增加清洁能源供应。深化京津冀、长三角、珠三角等区域大气污染联防联控，健全重污染天气监测预警体系。提高环境监管能力，加大执法力度，严厉打击各类环境违法行为。倡导文明、节约、绿色的消费方式和生活习惯，动员全社会参与改善环境质量。

（二十三）加强垃圾综合治理。树立垃圾是重要资源和矿产的观念，建立政府、社区、企业和居民协调机制，通过分类投放收集、综合循环利用，促进垃圾减量化、资源化、无害化。到2020年，力争将垃圾回收利用率提高到35%以上。强化城市保洁工作，加强垃圾处理设施建设，统筹城乡垃圾处理处置，大力解决垃圾围城问题。推进垃圾收运处理企业化、市场化，促进垃圾清运体系与再生资源回收体系对接。通过限制过度包装，减少一次性制品使用，推行净菜入城等措施，从源头上减少垃圾产生。利用新技术、新设备，推广厨余垃圾家庭粉碎处理。完善激励机制和政策，力争用5年左右时间，基本建立餐厨废弃物和建筑垃圾回收和再生利用体系。

八、创新城市治理方式

（二十四）推进依法治理城市。适应城市规划建设管理新形势和新要求，加强重点领域法律法规的立改废释，形成覆盖城市规划建设管理全过程的法律法规制度。严格执行城市规划建设管理行政决策法定程序，坚决遏制领导干部随意干预城市规划设计和工程建设的现象。研究推动城乡规划法与刑法衔接，严厉惩处规划建设管理违法行为，强化法律责任追究，提高违法违规成本。

（二十五）改革城市管理体制。明确中央和省级政府城市管理主管部门，确定管理范围、权力清单和责任主体，理顺各部门职责分工。推进市县两级政府规划建设管理机构改革，推行跨部门综合执法。在设区的市推行市或区一级执法，推动执法重心下移和执法事项属地化管理。加强城市管理执法机构和队伍建设，提高管理、执法和服务水平。

（二十六）完善城市治理机制。落实市、区、街道、社区的管理服务责任，健全城市基层治理机制。进一步强化街道、社区党组织的领导核心作用，以社区服务型党组织建设带动社区居民自治组织、社区社会组织建设。增强社区服务功能，实现政府治理和社会调节、居民自治良性互动。加强信息公开，推进城市治理阳光运行，开展世界城市日、世界住房日等主题宣传活动。

（二十七）推进城市智慧管理。加强城市管理和服务体系智能化建设，促进大数据、物联网、云计算等现代信息技术与城市管理服务融合，提升城市治理和服务水平。加强市政设施运行管理、交通管理、环境管理、应急管理等城市管理数字化平台建设和功能整合，建设综合性城市管理数据库。推进城市宽带信息基础设施建设，强化网络安全保障。

积极发展民生服务智慧应用。到2020年，建成一批特色鲜明的智慧城市。通过智慧城市建设和其他一系列城市规划建设管理措施，不断提高城市运行效率。

（二十八）提高市民文明素质。以加强和改进城市规划建设管理来满足人民群众日益增长的物质文化需要，以提升市民文明素质推动城市治理水平的不断提高。大力开展社会主义核心价值观学习教育实践，促进市民形成良好的道德素养和社会风尚，提高企业、社会组织和市民参与城市治理的意识和能力。从青少年抓起，完善学校、家庭、社会三结合的教育网络，将良好校风、优良家风和社会新风有机融合。建立完善市民行为规范，增强市民法治意识。

九、切实加强组织领导

（二十九）加强组织协调。中央和国家机关有关部门要加大对城市规划建设管理工作的指导、协调和支持力度，建立城市工作协调机制，定期研究相关工作。定期召开中央城市工作会议，研究解决城市发展中的重大问题。中央组织部、住房城乡建设部要定期组织新任市委书记、市长培训，不断提高城市主要领导规划建设管理的能力和水平。

（三十）落实工作责任。省级党委和政府要围绕中央提出的总目标，确定本地区城市发展的目标和任务，集中力量突破重点难点问题。城市党委和政府要制定具体目标和工作方案，明确实施步骤和保障措施，加强对城市规划建设管理工作的领导，落实工作经费。实施城市规划建设管理工作监督考核制度，确定考核指标体系，定期通报考核结果，并作为城市党政领导班子和领导干部综合考核评价的重要参考。

各地区各部门要认真贯彻落实本意见精神，明确责任分工和时间要求，确保各项政策措施落到实处。各地区各部门贯彻落实情况要及时向党中央、国务院报告。中央将就贯彻落实情况适时组织开展监督检查。

编写人员：

负责人及统稿：
张　龙：北京市建筑设计研究院有限公司
王洁凝：住房和城乡建设部住宅产业化促进中心

参加人员：
刘美霞：住房和城乡建设部住宅产业化促进中心
武　振：住房和城乡建设部住宅产业化促进中心
刘洪娥：住房和城乡建设部住宅产业化促进中心
王广明：住房和城乡建设部住宅产业化促进中心
张　沂：北京市建筑设计研究院有限公司